Die Erfindung der modernen Wissenschaften

D1725070

EDITION PANDORA

Herausgegeben von
Gennaro Ghirardelli

Band 31

Europäische Vorlesungen VII

Isabelle Stengers

Die Erfindung der modernen Wissenschaften

Aus dem Französischen von
Eva Brückner-Tuckwiller und Brigitta Restorff

Campus Verlag · Frankfurt/New York
Editions de la Fondation Maison des Sciences
de l'Homme · Paris

Der vorliegende Text, zuerst in italienischer Sprache unter dem Titel *Le politiche de la ragione* erschienen, gründet auf drei Vorträgen, die am 28., 29. und 30. April 1993 im Rahmen der »Lezioni italiane«, einer Vorlesungsreihe der Wissenschaftsstiftung Sigma-Tau und des Verlags Laterza, an der Universität von Neapel gehalten wurden. Die französische Ausgabe *L'invention des sciences modernes* erschien 1993 bei Éditions La Découverte, Paris.
Copyright © 1993 by Editori Guis. Laterza & Figli Spa, Roma/Bari

Dieses Buch erscheint im Rahmen eines 1985 getroffenen Abkommens zwischen der Wissenschaftsstiftung Maison des Sciences de l'Homme und dem Campus Verlag. Das Abkommen beeinhaltet die Übersetzung und gemeinsame Publikation deutscher und französischer geistes- und sozialwissenschaftlicher Werke, die in enger Zusammenarbeit mit Forschungseinrichtungen beider Länder ausgewählt werden.

Cet ouvrage est publié dans le cadre d'un accord entre la Fondation Maison des Sciences de l'Homme et le Campus Verlag. Cet accord comprend la traduction en commun d'ouvrages allemands et français dans la domaine des sciences sociales et humaines. Ils seront choisis en collaboration avec des institutions de recherche des deux pays.

Die Deutsche Bibliothek – CIP-Einheitsaufnahme

Stengers, Isabelle:
Die Erfindung der modernen Wissenschaften : [der vorliegende Text ... gründet auf drei Vorträgen, die am 28., 29. und 30. April 1993 im Rahmen der »Lezioni italiane«, einer Vorlesungsreihe der Wissenschaftsstiftung Sigma-Tau und des Verlags Laterza, an der Universität von Neapel gehalten wurden] / Isabelle Stengers. Aus dem Franz. von Eva Brückner-Tuckwiller und Brigitta Restorff. – Frankfurt/Main ;
New York : Campus Verlag ; Paris : Ed. de la Fondation Maison des
Sciences de l'Homme, 1997
(Edition Pandora ; Bd. 31 : Europäische Vorlesungen ; 7)
Einheitssacht.: Le politiche de la ragione ⟨dt.⟩
ISBN 3-593-35482-9 (Campus Verlag) kart.
ISBN 2-7351-0600-4 (Ed. de la Fondation Maison des Sciences de l'Homme) kart.
NE: Edition Pandora / Europäische Vorlesungen

Umschlaggestaltung: Atelier Warminski, Büdingen
Satz: Typo Forum Gröger, Singhofen
Druck und Bindung: Druckhaus Beltz, Hemsbach
Gedruckt auf säurefreiem und chlorfrei gebleichtem Papier.
Printed in Germany

*Für Félix Guattari und Bruno Latour
in Erinnerung einer Begegnung,
die nicht stattgefunden hat*

INHALT

I

Erkundungen

Die Wissenschaften und ihre Interpreten

Skandale

Ein beunruhigendes Gerücht verbreitet sich in der wissenschaftlichen Welt. Es soll Forscher, gar Experten der Geistes- und Sozialwissenschaften geben, die das Ideal der reinen Wissenschaft angreifen. In England hat sich vor etwa zwanzig Jahren ein Forschungsfeld herausgebildet,[1] das in den angelsächsischen Ländern gedeiht, seither aber auch in Frankreich anzutreffen ist.[2] Es trägt verschiedene Namen, »social studies in science«, »Wissenschaftssoziologie«, »Wissenschaftsanthropologie« und stellt angeblich jede Trennung von Wissenschaft und Gesellschaft in Frage. Die dort versammelten Forscher wagten es, die Wissenschaft wie ein beliebiges gesellschaftliches Unterfangen zu behandeln, das weder von den Sorgen der Welt losgelöst, noch universaler oder rationaler ist. Den oft begangenen Verrat der Wissenschaftler an ihren Normen von Autonomie und Objektivität würden sie nicht mehr geißeln, sondern für

1 Siehe die Anthologie *La science telle qu'elle se fait* (Michel Callon und Bruno Latour, Hg.), Reihe »Textes à l'appui«, La Découverte, Paris, 1991.
2 Hauptsächlich in dem von Michel Callon geleiteten Centre de sociologie de l'innovation de l'École des mines. Siehe Michel Callon (Hg.), *La Science et ses réseaux*, La Découverte, Paris, 1989, und Bruno Latour: *Les Microbes, guerre et paix*, gefolgt von *Irréductions*, A.-M. Métailié, Paris, 1984; *La Vie de laboratoire* (mit Steve Woolgar), La Découverte, Paris, 1988; *La Science en action*, La Découverte, Paris, 1989; *Nous n'avons jamais été modernes*, La Découverte, Paris, 1991 (deutsch *Wir sind nie modern gewesen*, Berlin, 1995).

hohl halten, als sei jede Wissenschaft von Natur aus und nicht durch ihre Entfernung vom Ideal »unrein«.

Die Denker der Wissenschaft wetzen ihre Messer und schreiten zur Verteidigung einer bedrohten Sache. Manche vertrauen auf das überaus klassische Argument der Vergeltung. Es ist zwar schon recht abgegriffen, aber durchaus noch brauchbar. Zu behaupten, die Wissenschaft sei ein gesellschaftliches Unterfangen – hieße dies nicht, sie den Kategorien der Soziologen zu unterwerfen? Nun ist aber die Soziologie eine Wissenschaft und zufällig auch noch eine, die den Ehrgeiz hat, eine Meta-Wissenschaft zu werden, die alle anderen erklärt. Wie sollte sie aber selbst der Disqualifizierung entgehen, die sie gegen die anderen einsetzt? Sie disqualifiziert sich somit selbst und kann sich nicht anmaßen, ihre Lesart als verbindlich zu erklären. Andere spielen die Karte des Realismus aus: Wenn alles nur Konvention ist, das heißt, auf Übereinkunft und Willkür beruht, wie konnten wir dann Menschen zum Mond schicken (und, so könnte man hinzufügen, Atombomben zur Explosion bringen)? Laufen Wissenschaftssoziologen nicht wie jedermann zum Arzt und lassen sich von ihm Produkte der Wissenschaft wie Impfstoffe oder Antibiotika verschreiben? Andere wiederum schlagen vor, die Infragestellung der wissenschaftlichen Objektivität der Rechtfertigung eines brutalen Gesetzes des Stärkeren gleichzusetzen. Die Zivilisation ist in Gefahr!

Diese Unruhe in der wissenschaftlichen Welt wiederholt auf merkwürdige, zeitverschobene Weise jene andere, die die kleine Welt der Wissenschaftsphilosophen erfaßte, als der Historiker Thomas Kuhn 1962 die Kategorie der »Normalwissenschaft« aufbrachte. Nein, behauptete Kuhn, der Praktiker einer solchen Wissenschaft stellt nicht die gloriose Verkörperung kritischen Geistes und klarsichtiger Rationalität dar, zu der ihn diese Philosophen machen wollten. Er tut, was er gelernt hat: Er behandelt die Phänomene, die zu seiner Disziplin zu gehören scheinen, nach einem »Paradigma«, einem praktischen und zugleich theoretischen Modell, das sich ihm irgendwie aufdrängt und zu dem er nur sehr wenig Distanz hat. Und da jedes Paradigma die legitimen Fragen und Kriterien bestimmt, an denen sich die akzeptablen Antworten erkennen lassen, ist es unmöglich, eine dritte Position, eine Position außerhalb des Paradigmas, zu konstruieren, von der aus der Philosoph die jeweiligen Vorzüge rivalisierender Deutungen ermessen könnte (These von der Inkommensurabilität). Schlimmer noch: Die Unterwerfung des Wissenschaftlers unter das Paradigma seiner Gemeinschaft ist kein Fehler. Kuhn zufolge hat man ihr das zu verdanken, was man den »wissenschaftlichen Fortschritt« nennt, das kumulative Verfahren, dank dessen immer mehr Phänomene verstehbar, technisch kontrollierbar und theoretisch deutbar werden. Und schonungslos beschreibt Kuhn den Scharfblick von Wissenschaftlern, die einer paradigmenlosen Disziplin angehören: Sie streiten sich, zerfleischen sich, bezichtigen sich gegenseitig ideologischer Winkelzüge oder leben gleichgültig als Schulen nebeneinanderher, die sich durch Gründernamen Autorität verleihen. Man spricht von der »Piagetschen« Psychologie, der »Saussureschen« Linguistik, der »Lévi-Strausschen« Ethnologie, und schon der Beiname bedeutet den lieben Kollegen, daß hier die Wissenschaft über keine einigende Kraft verfügt. Man spricht doch auch nicht von »Crickscher« Biologie oder von »Heisenbergscher« Quantenmechanik.

Die Wissenschaftsphilosophen zeigten tiefe Unzufriedenheit. Natürlich griffen sie auf das Argument der Vergeltung zurück: Kuhn schlage dem Historiker und Wissenschaftsphilosophen ein Paradigma vor, dabei habe er doch, seinen eigenen Worten zufolge, kein Recht, sich anzumaßen, die Wissenschaften »so wie sie sind«, zu beschreiben. Sie stellten die Unmöglichkeit fest, eine überholte Wissenschaft – die beispielsweise das Wasser einem Element gleichsetzte – und die heutige Wissenschaft – die das Wasser als beliebig zusammensetzbar und zerlegbar erkennt – auf ein und derselben Ebene anzusiedeln. Sie wiesen empört darauf hin, welch ein Drama die Reduzierung der Wissenschaft auf eine *mob psychology*, auf eine Psychologie irrationaler Massen, die modischen und imitatorischen Effekten unterworfen ist, für die Zivilisation bedeuten würde.

Die Mehrzahl der Wissenschaftler reagierte jedoch ganz anders. Ihnen gefielen Kuhns »Paradigmen«. Sie erkannten darin sogar die überfällige zutreffende Beschreibung ihrer Tätigkeit. Der Begriff »Paradigmenwechsel«, der besagt, daß ein Paradigma durch ein anderes ersetzt wird, kam ihnen bei der Schilderung der Geschichte ihrer Disziplin zupaß. Und so manche Humanwissenschaft begann von dem Paradigma zu träumen, das ihnen eines Tages den Fortschrittsmodus ihrer glücklichen Kollegen bescheren würde. Fast überall sah man neue Paradigmen erblühen, von der Systematik über die Anthropologie bis hin zur Soziologie.

Warum hat das, was für die Philosophen ein Skandal war, so viele Wissenschaftler befriedigt? Und warum sind sie jetzt empört? Hatte Kuhn nicht schon die soziale Dimension der Wissenschaften hervorgehoben, indem er zeigte, daß der Wissenschaftler als Mitglied einer Gemeinschaft beschrieben werden muß und nicht als rationales und klarsichtiges Individuum? Die Frage nach dieser merkwürdigen Verlagerung soll mein Ausgangspunkt sein.

Autonomie

Man kann, glaube ich, behaupten, daß Kuhns Beschreibung das vom Standpunkt der Wissenschaftler aus Wesentliche beibehält: die Autonomie einer Wissenschaftsgemeinde ihrem politischen und sozialen Umfeld gegenüber. Sie behält sie nicht nur bei, sie macht sie zur Norm und Voraussetzung für die fruchtbare Ausübung einer Wissenschaft, ob es sich nun um die Praxis einer normalen Wissenschaft handelt oder um Paradigmenwechsel, die diese erneuern. Nicht nur fordert man vom Wissenschaftler keine Rechenschaft über seine Wahl und seine Forschungsprioritäten, es gilt auch als richtig und normal, daß er sie nicht geben kann. Denn der weitgehend stillschweigende Charakter des Paradigmas ist es, der ihm, vermittelt über das pädagogische

Regelwerk der zu lösenden Probleme und der in den Lehrbüchern behandelten Beispiele, seine Durchsetzungskraft verleiht. Weil das Paradigma nicht mit kritischer Distanz behandelt wird, gehen die Wissenschaftler vertrauensvoll die verwirrendsten Probleme an und entschlüsseln sie ohne Schwindelgefühle nach der Ähnlichkeit mit ihrem paradigmatischen Objekt. Mehr noch: Dieses Vertrauen erklärt auch den fruchtbaren Skandal, den Kuhn mit der Anomalie identifiziert, einem Wendepunkt, an dem eine Differenz als entscheidend erkannt wird, die nicht etwa die Kompetenz des Wissenschaftlers, sondern das Paradigma selbst in Frage stellt.

Kuhn zufolge erklärt das Paradigma also nicht nur einen kumulativen Fortschritt, sondern auch die Erfindung von Neuem. Die Anomalie, »agent provocateur« und Fixierung zugleich, setzt den Wissenschaftler »unter Spannung«, er wird zum Vektor einer Kreativität, die von einer klarsichtigen, das heißt, der Macht der Theorien gegenüber skeptischen Haltung vielleicht nicht hervorgebracht worden wäre. Dem entspricht die berechtigte Gleichgültigkeit einer Gemeinschaft angesichts von Schwierigkeiten oder wenig verständlichen Ergebnissen. Kein unaufbereitetes anormales »Faktum« ist von sich aus imstande, als Anomalie erkannt zu werden. Und keine Anomalie berechtigt denjenigen, der sie erkennt, von der Gemeinschaft Aufmerksamkeit zu fordern. Die »paradigmatische Krise« wird immer dann zu einer kollektiven, wenn der Wissenschaftler die Macht erobert hat, die Resultate seiner Kollegen zu kontra-interpretieren, sobald ein neues Paradigma, Träger eines neuen Typs von Erklärung, eine Wahl zwingend macht. Luzidität ist ein Produkt der Krise, sie muß erkämpft werden und darf nicht als normal gelten.

Die von Kuhn vorgeschlagene Lesart rechtfertigt folglich die radikale Differenzierung zwischen einer Wissenschaftsgemeinde, die von ihrer eigenen Geschichte hervorgebracht wurde und über Instrumente verfügt, welche Produktion (Forschung) und Reproduktion (Ausbildung jener, die zur Teilnahme an dieser Forschung berechtigt sind) untrennbar miteinander verbinden, und zum anderen einem Milieu, das sich darauf beschränken muß, diese Tätigkeit vorbehaltlos zu unterstützen, wenn es von ihrem Niederschlag profitieren will. Niemand darf auf den Wissenschaftler bei seiner Arbeit in dem Sinne Zwang ausüben können, daß er ihm Fragen aufnötigt, die nicht die »richtigen« Fragen seiner Gemeinschaft sind. Jeder Angriff auf die Autonomie einer unter einem Paradigma arbeitenden Gemeinschaft kommt letztlich einem »Schlachten der Milchkuh« gleich und beeinträchtigt damit die Voraussetzungen des wissenschaftlichen Fortschritts.

Tatsächlich hat Thomas Kuhn dieses Argument nicht erfunden, das verbietet, von den Wissenschaftlern Rechenschaft über ihre Entscheidungen und Prioritäten zu fordern. Bereits im Jahre 1958 hatte der Physiker Michael Polanyi die Fruchtbarkeit der wissenschaftlichen Forschung mit einem »stillschweigenden Wissen« in Zusammenhang gebracht, das sich von einem nach expliziten oder wissenschaftlich explizierbaren Inhalten strebenden Wissen unterscheidet. Polanyis Wissenschaftler steht einem »Experten« – im englischen Sinne von *connoisseur* – nahe, und seine Kompetenz ist untrennbar mit einem *Engagement* (*commitment*) verbunden, das Intelligenz, aber auch Gesten, Wahrnehmung, Leidenschaft und Glauben umfaßt.[3]

Polany betonte die »phänomenologische« Beschreibung des arbeitenden Wissenschaftlers weit mehr als die Art und Weise, wie die Wissenschaftsgemeinden die Weitergabe ihrer Form von Engagement absichern. Doch entbehrt seine Position deswegen nicht jeder gesellschaftspolitischen Reflexion, ganz im Gegenteil. Sein Werk schrieb sich in eine Debatte ein, die anläßlich des II. Internationalen Kongresses für Wissenschaftsgeschichte und Technologie (London 1931) in England aufkam. Auf diesem Kongreß hatte Nikolaj Bucharin, der an der Spitze der russischen Delegation stand, die »absolut neuen Perspektiven« ins Feld geführt, die in seinem Land durch die rationelle

---

3 Michael Polanyi, *Personal Knowledge. Towards a Post-Critical Philosophy,* Routledge and Kegan Paul, London 1958. In *Die Struktur wissenschaftlicher Revolutionen* (Suhrkamp, Frankfurt a.M., 1969) betont Kuhn die Ähnlichkeit zwischen Polanyis und seiner Beschreibung.

Verwirklichung der Wissenschaftsproduktion innerhalb der Planwirtschaft eröffnet würden.[4] Junge marxistische Wissenschaftler wie John D. Bernal und Joseph Needham waren von dieser Perspektive begeistert, und 1939 veröffentlichte Bernal sein Werk *The Social Function of Science*,[5] worin Wissenschaftsproduktion und soziale wie ökonomische Interessen als in faktischer und rechtlicher Hinsicht gleichberechtigt präsentiert werden. Bernal schloß auf die Notwendigkeit einer grundlegenden Neuorganisation der Wissenschaft, die sie in die Lage versetzen sollte, auf die tatsächlichen sozialen Bedürfnisse zu antworten. Gegen diesen »Bernalismus« gründete Michael Polanyi zu Anfang des Krieges eine »Society for Freedom in Science«.

Nach dem Krieg wurde die Debatte noch heftiger wiederaufgenommen, doch kam die Gefahr diesmal nicht von den marxistischen Intellektuellen. Es galt, gegen die Planung von Wissenschaftsinhalten seitens der westlichen Regierungen zu protestieren. 1962 veröffentlichte Polanyi einen Grundsatzartikel, »The Republic of Science«,[6] worin sich ausdrücklich die Forderung nach einer »Exterritorialität« der Wissenschaft mit der Gestalt des »kompetenten« Wissenschaftlers verband, der einzig fähig wäre, eine Forschung auf seinem Gebiet zu bewerten, ohne daß er jedoch seine Bewertungskriterien angeben könnte. Genauer: Polanyi argumentierte, daß die Wissenschaftsgemeinden im höchsten Sinne ein Prinzip realisierten, das dem Marktmechanismus *unterworfen* sei, wenn es auf ökonomische Tätigkeiten angewandt werde. Jeder Wissenschaftler füge sich in ein Netz gegenseitiger Bewertungen ein, das sich weit über seinen eigenen Kompetenzenhorizont erstrecke. »Die Wissenschaftsrepublik zeigt uns einen Zusammenschluß unabhängiger Initiativen, die

---

4 Die Protokolle dieses Kongresses wurden unter dem Titel *Science at the Cross Roads* bei Frank Cass, London 1971, neu aufgelegt.
5 John D. Bernal, *The Social Function of Science*, Routledge and Kegan Paul, London, 1939.
6 »The Republic of Science: its Political and Economic Theory«, in *Minerva*, Bd. 1, 1962, S. 54–73.

im Hinblick auf eine unbestimmte Verwirklichung angeordnet sind. Disziplin und Motivation erwachsen aus dem Gehorsam einer traditionellen Autorität gegenüber, doch ist diese Autorität dynamisch; ihre fortwährende Existenz hängt von ihrer steten Selbsterneuerung durch die Originalität jener ab, die ihr gehorchen.«[7]

Es geht hier nicht darum, die Gesamtheit dieser Geschichte nachzuzeichnen. Einerseits verweist sie auf die Frage der zunächst marxistischen und später stalinistischen Wissenschaftskonzeption – man denke an die Thesen über die bürgerliche und die proletarische Wissenschaft im Nachkriegsfrankreich. Andererseits ist sie mit der Historikerdebatte über die »interne« und »externe« Wissenschaftsgeschichte und mit Namen wie Alexandre Koyré und Charles Gillispie verbunden. Ich beschränke mich darauf hervorzuheben, daß die Verteidigung der »internen« Geschichte, für die sich die wissenschaftliche Erkenntnis nach ihren eigenen Kriterien entwickelt – »externe« Faktoren spielen lediglich eine untergeordnete Rolle –, nicht mit der Verteidigung einer »rationalen« Wissenschaft verwechselt werden darf, so wie sie damals die Mehrzahl der Wissenschaftsphilosophen verstand. Dies behauptet Polanyis »postkritische« Philosophie, und dies wird Kuhns *Die Struktur wissenschaftlicher Revolutionen* ausführen.

Die Neuartigkeit von Kuhns Werk ist also durchaus relativ. Sie besteht vor allem in der Erläuterung der Divergenzen zwischen den Interessen der Wissenschaftler und denen der Wissenschaftspilosophen. Erstere verspüren überhaupt kein Bedürfnis, auf die Verteidigung und Veranschaulichung der wissenshaftlichen Rationalität zurückzugreifen, um Fragen aufzuwerfen und die Ausschließlichkeit von Wert- und Prioritätsurteilen zu fordern. Die zweiten verlieren somit jeden privilegierten Status: Sie sind weder Schiedsrichter noch Zeugen, ja, sie vermögen nicht einmal die Normen zu entschlüsseln, die implizit innerhalb der Wissenschaften herrschen und die Unterscheidung zwischen Wissenschaft und Nicht-Wissenschaft ermöglichen.

7 *Ibid.*, S. 72 (übers. nach dem französischen Text).

Was hat es also mit der neuen »Anthropologie« oder »Sozialgeschichte« der Wissenschaften auf sich, die die Wissenschaftler empört? Sie schreibt sich ausdrücklich in das von Kuhn eröffnete Feld ein, aber ohne den gleichen Respekt vor wissenschaftlicher Produktivität. Ein neuer Diskurs hat sich herausgebildet, der zwischen dem, was die Wissenschaftler interessiert, und dem, was diejenigen interessieren muß, die die Wissenschaftler unter die Lupe nehmen, explizit unterscheidet. Letztere müssen sich einer Disziplin mit dem Namen »Symmetrieprinzip« unterwerfen, wollen sie als legitime Teilnehmer in dem neuen Feld anerkannt werden. Aus der Tatsache, daß keine allgemeinverbindliche methodologische Norm die Differenz zwischen Siegern und Besiegten rechtfertigen kann, die durch den Abschluß einer Kontroverse entsteht, gilt es, Schlußfolgerungen zu ziehen. Hier verließ sich Kuhn auf eine gewisse Rationalität der Wissenschaftler, von denen Fruchtbarkeit und Macht der widerstreitenden Paradigmen bewertet werden. Für ihn hatte die Differenz nichts Willkürliches. Das Symmetrieprinzip verlangt, daß man sich nicht auf diese hypothetische Rationalität verläßt, die den Historiker zur Anleihe beim Vokabular des Siegers verleitet, um die Geschichte einer Kontroverse zu erzählen. Im Gegenteil: Man muß die Situation einer grundlegenden Unentschiedenheit ans Licht bringen, das heißt, den Komplex der eventuell »unwissenschaftlichen« Faktoren, die zur Schaffung dieses vorliegenden Kräfteverhältnisses beigetragen haben, eines Verhältnisses, das auf uns übergeht, wenn wir glauben, die Krise habe tatsächlich die Differenz zwischen Siegern und Besiegten herbeigeführt.

Das Paradigma garantierte die Autonomie der Wissenschaftsgemeinschaften und beschränkte sich darauf, das, was traditionell das Ideal einer »wahren« Wissenschaft charakterisiert – kumulativer Fortschritt, Konsensmöglichkeit, Unumkehrbarkeit der Unterscheidung zwischen abgelebter Vergangenheit und unbekannter Zukunft –, anders zu interpretieren. Das Symmetrieprinzip verlangt vom Forscher, daß er auf all das achtet, was ebenso traditionell für eine Abweichung von diesem Ideal, für einen Makel gehalten wird: Kräfteverhältnisse und eindeutig gesellschaftliche Machtspiele, unterschiedliche Ressourcen und unterschiedliches Ansehen miteinander konkurrierender Laboratorien, mögliche Bündnisse mit »unreinen« Interessen ideologischer, industrieller, staatlicher Natur etc. Während das von Polanyi konstruierte Bild dem idealen freien Markt entsprach, entspringt das Kuhnsche Wissenschaftsbild, das weniger auf den individuellen Wissenschaftler zugeschnitten ist, der Hegelschen Idee der »List der Vernunft«: Durch irrationale Mittel baut sich eine Geschichte auf, die Zug um Zug und auf optimale Weise dem entspricht, was wir von einem rational geleiteten Unternehmen erwarten könnten. Das mit der Wissenschaftssoziologie verbundene neue Bild wirft ein Licht auf unsere Unfähigkeit, die Geschichte, deren Erben wir sind, angemessen zu beurteilen: In dem Maße, wie wir die Erben der Sieger sind, wiederholen wir – was die Vergangenheit betrifft – eine Geschichte, wo doch die internen Argumente einer Wissenschaftsgemeinde genügt hätten, diese Sieger zu bezeichnen. Weil uns als Erben diese Argumente überzeugen, sprechen wir ihnen im Nachhinein die Macht zu, die Differenz bewirkt zu haben.

Demzufolge verliert das Thema der »tiefen Spaltung« – der Differenz zwischen den »vier europäischen Jahrhunderten«, in denen die moderne Wissenschaft entstand, und allen anderen Zivilisationen – seinen ereignishaften Charakter, den ihm Kuhn und die Gesamtheit der »internalistischen« Historiker zugeschrieben hatten. Kuhn zufolge hat sich hier und nirgendwo anders die Existenzmöglichkeit der Wissenschaft verwirklicht, die Existenz von Gesellschaften, die den Wissenschaftsgemeinden Daseins- und Arbeitsbedingungen verschafften, ohne in deren Auseinandersetzungen einzugreifen. Doch noch andere merkwürdige Innovationen haben diese vier Jahrhunderte geprägt. Gehen Industrie, Staat, Armee und Handel nur unter dem doppelten Aspekt von Finanzierungsquellen und Nutznießern brauchbarer Ergebnisse in die Geschichte der Wissenschaftsgemeinden ein? Hier tauchen die Fragen der »externen« Wissenschaftsgeschichte wieder auf, doch sind sie nun weitaus furchterregender. Es handelt sich nicht mehr um eine allgemeine These über die Solidarität zwischen wissenschaftlichen Praktiken und ihrer Umwelt. Der Wissenschaftler ist nicht mehr wie jeder andere Mensch das Produkt einer sozialen, technischen, ökonomischen und politischen Geschichte. Er zieht vielmehr aktiv Nutzen aus den Ressourcen dieser Umwelt, um seinen Thesen Geltung zu verschaffen, und er *verbirgt* seine Strategien unter der Maske der Objektivität. Mit anderen Worten: Aus dem Wissenschaftler als Produkt seiner Zeit ist ein Akteur geworden, und wenn man, wie Einstein meint, nicht dem vertrauen sollte, was er zu tun behauptet, sondern betrachten sollte, was er wirklich tut, so keineswegs deshalb, weil sich die wissenschaftliche Erfindung nicht in Worte fassen ließe, sondern weil Worte eine strategische Funktion haben, auf deren Entschlüsselung man sich verstehen muß. Statt sich jeglichen Rückgriff auf die politische Autorität oder die Öffentlichkeit heroisch zu versagen, erscheint hier der Wissenschaftler in Begleitung einer Heerschar von Bündnispartnern, all jenen nämlich, deren Interesse in den Kontroversen mit seinen Rivalen eine Differenz herstellen konnte.

Zerstörerische Wissenschaft?

Die Mehrzahl der »relativistischen« Soziologen leugnet jede Absicht, die Wissenschaft zu »denunzieren«. Sie meinen, lediglich ihre Arbeit zu tun, welche einen prinzipiellen Unterschied zwischen der Interpretation voraussetzt, die eine gesellschaftliche Praxis von sich aus anbietet, und jener, die der Soziologe konstruiert. Eigentlich dürften sich die Wissenschaftler nicht mehr als andere Gesellschafts- oder Berufsgruppen darüber empören, daß sie Gegenstand soziologischen Interesses sind. Sind sie es doch, so denunzieren sie sich selbst; sie gestehen nämlich ein, daß sie sich eine unberechtigte Autorität anmaßen und bestätigen eben hierdurch die Legitimität der Untersuchung. Und doch überzeugt gerade hier das Argument der Vergeltung:

Ist die Soziologie nicht selbst eine Wissenschaft? Mit welchem Recht, wenn nicht im Namen der Wissenschaft, könnte der Soziologe darüber hinwegsehen, daß von allen Untersuchungen, deren Gegenstand die Wissenschaftler sind, sie gerade von den seinen am empfindlichsten getroffen werden? Denn er ist natürlich nicht der einzige, der wissenschaftliche Praktiken interpretiert; andere stellen Sinn und Einsatz der Wissenschaften weit energischer in Frage. Als Beispiel möchte ich die Kritik der Wissenschaft als einer »Technowissenschaft« und die radikale feministische Kritik der wissenschaftlichen Rationalität anführen und ausgehend von folgendem ersten Problem eine erste Charakterisierung der Wissenschaften versuchen: Warum wirken die Interpretationen, welche die wissenschaftliche Rationalität in Frage stellen, bei weitem nicht alle gleich beunruhigend auf die Wissenschaftler?

Man könnte annehmen, daß die Wissenschaftler einhellig gegen die radikale Gegensätzlichkeit zwischen »Wissenschaft« und »menschlicher Kultur« protestieren, wie sie von der Kritik an der Technowissenschaft in Szene gesetzt wird. Wie könnte man eine Darstellung der Wissenschaften als Ausdruck einer entfesselten Rationalität akzeptieren, welche sich der Kontrolle der Menschen entzieht und dazu bestimmt ist, alles zu leugnen, zu unterwerfen oder zu zerstören, was sie nicht auf das Berechenbare und Manipulierbare eingrenzen kann? Doch die Wissenschaftler protestieren selten, so als zollten sie der schmerzhaften Hypothese Anerkennung, es bestünde eine Kluft zwischen ihrem Unterfangen und den Werten der Aufklärung, zwischen dem Dienst an der Wissenschaft und dem an der Menschheit.

Die Kritik an der »Technowissenschaft« identifiziert die »wissenschaftliche Rationalität« mit einer rein operationalen, die das, was sie erobert, auf Berechenbarkeit und technische Beherrschung reduziert. Diese Kritik leugnet jede Möglichkeit der Unterscheidung zwischen wissenschaftlichen, technischen und technologischen Produktionen und beruft sich dabei ebenso auf sozio-technische Einrichtungen wie die Informatik, die die menschlichen Praktiken tatsächlich verändern, wie auch auf die

»wissenschaftliche Weltsicht«, die die Wirklichkeit auf einen Informationsaustausch reduzieren würde.

Die radikalfeministische Kritik macht sich im Prinzip die gleiche Beschreibung zueigen, identifiziert aber diese Rationalität nicht mit der Zerstörung aller Werte, sondern mit dem Triumph der »männlichen« Werte. Zahlreiche feministische Autorinnen haben schon seit langem hervorgehoben, wie sehr die wissenschaftliche Forschung von den Idealen des Wettstreits, der polemischen Rivalität, des opferbereiten Engagements für eine abstrakte Sache beherrscht werde, kurz: von einer Organisationsform, die ich weiter unten als *Mobilisierung* bezeichnen werde. Trotzdem stellten sie die von den Wissenschaften erfundene Welt des Wissens selbst nicht in Frage. Sie nahmen höchstens Bereiche wie Medizin, Geschichte, Biologie, Psychologie etc. ins Visier, die sich mit geschlechtlichen Wesen beschäftigen und in denen sich nachweisen läßt, daß die Fragen tatsächlich aufgrund bewußter oder unbewußter Vorurteile über Frauen verzerrt werden können. Dieser bisweilen als »empirisch«[8] bezeichneten Kritik hat sich ein radikal feministischer Standpunkt widersetzt, für den die Gesamtheit der Wissenschaften ein aus einer Männergesellschaft hervorgegangenes »sexistisch-soziales Produkt« darstellt. In diesem Fall darf der feministischen Kritik nichts entgehen, von der Mathematik bis zur Chemie, von der Physik bis zur Molekularbiologie. Beide, sowohl die technowissenschaftliche wie die feministische Kritik, verfolgen eine Perspektive des Widerstandes, doch wird in beiden Fällen die Zielscheibe dieses Widerstandes in einer Weise beschrieben, daß der Aufruf dazu prophetische Züge annimmt. Ob nun die Rationalität als etwas »Umfassendes« mit eigener Dynamik oder als Übersetzung eines geschlechtsspezifischen Beziehungsmodus' zur Welt und zu den anderen verstanden wird – sie hat jedenfalls die Macht, ihre Akteure zu definieren, und kann nur von außen, von einem »ganz Anderen«, das frei

8 Siehe Sandra Harding, *Feministische Wissenschaftstheorie. Zum Verhältnis von Wissenschaft und sozialem Geschlecht*, Argument, Hamburg, 1990.

ist von jedem Kompromiß, begrenzt, reguliert oder verändert werden. Wäre aber eine »andere«, eine feminine oder feministische Wissenschaft denkbar? Die Beweislast liegt bei den Frauen, und es könnte sein, daß der Wissenschaftler – im Spott oder aufrichtig – größtes Interesse an der Perspektive einer anderen Mathematik oder einer anderen Physik bekundet. Könnte nun ein neues ethisches Bewußtsein ein Gegengewicht zur technowissenschaftlichen Macht bilden? Hier liegt die Beweislast wiederum bei der Gesellschaft oder den Instanzen, die ihre Werte vertreten, und kein Wissenschaftler wird sich dagegen sträuben, an den »Ethikkommissionen« teilzunehmen, wo er, konfrontiert mit den »Zielen der Menschheit«, den verschiedenen Repräsentanten die »Ziele der Wissenschaft« erläutert.

Tatsächlich ist der Preis, mit dem die Radikalität der technowissenschaftlichen oder feministischen Kritik bezahlt werden muß, die Achtung vor dem Wissenschaftler als privilegiertem Interpreten dessen, was seine Wissenschaft vermag. Die wissenschaftliche Rationalität, so wie sie hier kritisiert wird, gehört nicht in eine Normenkategorie, die ja geprüft werden könnte. Sie unterliegt vielmehr einem Schicksal, und dessen Wahrheit wird aus jeder Sicht der Realität als manipulierbar gedeutet, egal, welcher Abstand zwischen den Ansprüchen dieser Sicht und den Praktiken, die sie gestatten, bestehen mag. In diesem Sinne gesteht die »radikale« Wissenschaftskritik den Wissenschaftlern all ihre ehrgeizigen Absichten zu. Sie erkennt die soziotechnischen Veränderungen, die unsere Welt berühren, als Produkte der (techno-)wissenschaftlichen oder männlichen Rationalität an und hat die Tendenz, für bare Münze zu nehmen, was die Wissenschaftler bis hin zu deren gewagtesten Extrapolationen »sagen«. Sie werden somit nicht als Verdächtige, sondern als wahrhafte Zeugen behandelt.

Es ist also kaum erstaunlich, daß die Frage der Technowissenschaft von den Wissenschaftlern selbst bisweilen aufgegriffen wird. Sie versetzt sie in die schmerzliche, doch ehrenvolle Rolle von Repräsentanten einer radikal neuen Mutation, die in der

Menschheitsgeschichte nicht ihresgleichen hat. Vielleicht Ausdruck eines inhumanen Imperativs, reinigt sie aber auch und bewahrt vor jeder vulgären Infragestellung. Wenn die Technowissenschaft die schreckliche Dynamik hervorhebt, die das Rationale mit dem Irrationalen, den Imperativ des Kontrollierens und Berechnens mit der Schaffung eines autonomen, von innen unkontrollierbaren Systems kommunizieren läßt, indem sie Macht und Abwesenheit von Sinn zusammenfallen läßt, dann sind auch Wissenschaftler, Techniker und Experten ausgeschlossen und warten wie alle anderen die Grenzen der Expansionsmacht einer Dynamik ab, von der sie selbst jenseits ihrer Absichten und Mythen definiert werden.

Dementsprechend und im Gegensatz zu den relativistischen Soziologen ist die radikale Wissenschaftskritik wenig daran interessiert, wissenschaftliche Kontroversen im Detail zu verfolgen oder das »Symmetrieprinzip« zwischen Siegern und Besiegten ins Spiel zu bringen. Welche auch immer die angegriffenen Thesen sein mögen – sobald sie von der technischen (oder der »männlichen«) Wissenschaft stammen, ist es unwichtig, welche siegt und wie sie siegt. Der Sieg wird jedenfalls den neuerlichen Vorstoß einer rein operationalen, dominanten Rationalität bestätigen, die die Wahrheit einzig mit dem Kriterium des »Funktionierens« zusammenfallen läßt, und dies auf Kosten der Kultur, ihrer Werte und Bedeutungen. Was für diejenigen sehr konkrete Folgen hat, die heute im Namen des Fortschritts oder der Rationalität die Notwendigkeit dieses oder jenes Forschungsprogramms verteidigen. So haben sie es etwa in den Bioethikkommissionen nicht unbedingt mit respektlosen Gegnern zu tun, die a priori davon überzeugt sind, daß die Argumente der Wissenschaftler nur an deren Interessen ausgerichtet sind, sondern mit Protagonisten, die im Prinzip ihren Status als Vertreter einer »operationalen Logik« akzeptieren und lediglich über mögliche Grenzen diskutieren, die man dieser Logik setzen muß.

Zwischen der relativistischen Beschreibung wissenschaftlicher Praktiken und den radikalen Wissenschaftskritiken besteht also ein Kontrast, der als eine erste Annäherung an die Besonderheit der Wissenschaften dienen könnte. Das von den Wissenschaftlern oft angeführte Argument, demzufolge der wissenschaftliche Fortschritt den Zielen der Menschheit dienen kann, scheint nicht den eigentlichen Sinn auszudrücken, den sie ihrer Tätigkeit beilegen. Unter bestimmten Umständen wird die Wissenschaft als kritische und luzide Tätigkeit bezeichnet, etwa, wenn es gilt, sie gegen die Astrologie oder Parapsychologie abzugrenzen. Ein springender Punkt scheint jedoch das Argument zu sein, die von den Wissenschaften erzeugte Erkenntnis stehe nicht in Relation zu den gesellschaftlichen Kräfteverhältnissen und könne sich auf eine privilegierte Beziehung zu den Phänomenen berufen, die sie betrifft. Daß diese Beziehung nicht neutral ist, sondern die Dinge auf etwas Berechenbares und Kontrollierbares reduziert, mag sein. Unhaltbar ist hingegen die Behauptung, sie sei willkürlich, schlicht das Produkt eines »Einverständnisses« unter den Wissenschaftlern und nicht beweiskräftiger als jede andere menschliche Übereinkunft. Die Wissenschaften mögen von Unreinheiten und Situationen durchsetzt sein, in denen modische Effekte und gesellschaftliche oder ökonomische Interessen eine Rolle spielen. Doch die Leugnung jeglichen Unterschiedes zwischen der »wahren« Wissenschaft, die im Idealfall »nicht-wissenschaftlichen« Interessen gegenüber autonom ist, und den vorhersehbaren und bedauerlichen Abweichungen von diesem Ideal ruft die empörtesten Proteste hervor.

Das wesentliche Problem der relativistischen soziologischen Annäherung an die Wissenschaften scheint also darin zu bestehen, daß sie heftig mit der Auffassung kollidiert, welche die Wissenschaftler selbst von der Wissenschaft haben. Doch wollen wir wirklich, daß die Wissenschaftler akzeptieren, der »Wahrheit« gegenüber gleichgültigen Strategen zu ähneln, die nur daran interessiert sind, sich mit Mächten zu verbünden, die ihnen helfen können, den »Unterschied« auszumachen? Wollen wir wirklich, daß diese Mächte wiederum von den Wissenschaftlern verlangen können, endlich mit der Haarspalterei aufzuhören und sich den Erfordernissen der Normierung, des Interesses und der

Rentabilität anzupassen?[9] In wessen Namen darf die Forderung nach Autonomie lächerlich gemacht werden?

Man kann den Protest der Wissenschaftler gegen die Annäherung der Soziologen als »Schrei«, als Ausdruck einer Verletztheit, einer Revolte und Beunruhigung zugleich verstehen.

Verletztheit, weil sie »sehr wohl wissen«, daß ihre Tätigkeit keine beliebige gesellschaftliche Tätigkeit ist, daß sie Risiko, Anspruch und Leidenschaft bedeutet, ohne die sie nur Zahlenbürokratie oder obsessionelle Konstruktion von Maß- und Gewichtseinheiten wäre. Sie sind die Ersten, die anerkennen, daß sie das »auch« ist, wissen aber zugleich, daß sie nicht »nur das« ist.

Revolte, weil sie von denjenigen verraten werden, denen unendlich mehr Worte, Bezugnahmen, argumentative Fähigkeiten – das ist ihr Beruf – zur Verfügung stehen, um die Wissenschaften in Szene zu setzen. Solange diese »Schwätzer« ihre Ressourcen nutzten, um ein privilegiertes Bild von der Wissenschaft zu entwerfen, war die Situation ausgeglichen. Ein Wissenschaftler konnte gar – was auch Einstein sich nicht versagte – das allzu rationale Bild kritisieren, das von der Wissenschaft vermittelt wurde. Wenn aber diejenigen, deren Beruf es ist, von den Wissenschaften zu sprechen, heute ihre argumentativen Ressourcen »gegen« die Wissenschaftler wenden, dann spielen sie auf empörende Weise die Macht der Rhetorik gegen die stumme und rechtschaffene Realität der Wissenschaft aus.

Beunruhigung schließlich, weil die rhetorischen Ressourcen des Diskurses über die Wissenschaft zu den Ressourcen der Wissenschaft gehören, was die internen Kontroversen ebenso betrifft wie die interdisziplinären und in Grenzbereichen stattfin-

---

9 Heute behaupten viele Forscher, vor allem Physiker und Chemiker, daß genau dies gerade geschieht. Die Institutionen, die die Gelder vergeben, interessierten sich nur noch für das, was »Anwendung« verspreche. Viele Forscher würden ihre Instrumente nur noch einsetzen, um »Zahlen« zu erhalten, die für die Industrie nützlich sein könnten. Die Studenten würden grinsen, wenn von »Grundsatzfragen« die Rede ist. Ich will das Thema des »Endes der wahren Forschung«, das Feldstudien erfordert, hier nicht weiterverfolgen. Ich wollte lediglich auf eine recht brutale Entwicklung während der letzten Jahre aufmerksam machen.

denden Auseinandersetzungen. Die jüngsten Paradigmen, aber auch, seit über einem Jahrhundert, die epistemologische Unterscheidung zwischen »reinen« und »angewandten« Wissenschaften gehören zu den Argumenten, die erlauben, Widerstand zu leisten, zu plädieren, sich zu schützen, Aufmerksamkeit zu erregen und Hilfe zu fordern. Diese Argumente werden zweifellos unbrauchbar, wenn sie lediglich als strategische Ressource und nicht als epistemologisch begründeter Ausdruck der wissenschaftlichen Realität begriffen werden. Wie sollte ein Wissenschaftler, der einer Minderheit angehört, seine Sache verteidigen, wenn das wissenschaftliche Wissen nur durch die Bündnispartner, die es anzuwerben versteht, einen Wert erhält? Wie soll der Wissenschaftler dem Anpassungsdruck widerstehen?

Es besteht also ein großer Unterschied zwischen den Positionen der Philosophen und der Wissenschaftler, die ich am Beginn dieses Kapitels skizziert habe. Die Philosophen forderten, daß die Wissenschaften, die sie nicht selbst ausüben, gleichwohl ihre Praxis als Wissenschaftsphilosophen rechtfertigen sollten. Eine Definition der wissenschaftlichen Rationalität hervorzubringen, obliege den Philosophen und verleihe ihnen die Macht, besser als die Wissenschaftler selbst zu wissen, was diese Wissenschaft ausmacht. Zum Berufsrisiko des Philosophen gehört also, genau von dem enttäuscht zu werden, dem er eine grundlegende Rolle zuzuschreiben hoffte. Nach Protest und Empörung mag die Zeit der Erfindung neuer Fragen anbrechen, die vielleicht sachdienlicher und geeigneter sind, die Enttäuschung, im Guten wie im Schlechten, in ein Problem zu verwandeln.

Die Wissenschaftler haben jedoch diese Freiheit nicht. Sie werden beschrieben, man versucht, ihre Tätigkeit zu charakterisieren, und seitdem sich die modernen Wissenschaften unseren Praktiken und unserem Wissen als verbindlich aufdrängten, wurden sie unentwegt auf diese Weise beschrieben und charakterisiert. Gewiß, die meiste Zeit bedeuteten ihnen Beschreibung und Charakterisierung ein strategisches Mittel, doch kann dies nicht ausreichen – als wohlverdiente Vergeltung gewissermaßen –, eine Beschreibung zu rechtfertigen, die sie empört und die die Richtigkeit ihres Engagements und ihrer Hingebung zu leugnen scheint. Und die guten Absichten derer, welche die Wissenschaft »entmystifizieren« wollen, reichen genauso wenig. Können sie denn gewährleisten, daß andere Protagonisten sie nicht beim Wort nehmen, das heißt, ihre Thesen nicht benutzen, um die Wissenschaften noch ein wenig mehr in den Dienst ihrer Interessen zu stellen?

Die Leibnizsche Beschränkung

Keine Aussage – selbst die im Namen der Wahrheit, des gesunden Menschenverstandes oder des Willens, sich nichts vormachen zu lassen – kann über die Folgen des Ausgesagten hinweggehen. Diesem Prinzip wollte ich jedenfalls meine Interpretation der Wissenschaften unterstellen. Genauer: Sie sollte der »Leibnizschen Beschränkung« entsprechen, derzufolge sich die Philosophie nicht zum Ideal setzen dürfe, eingewurzelte Gefühle zu verletzen.[10]

Wenige philosophische Aussagen sind so mißverstanden worden wie diese. Sogar Gilles Deleuze sprach in diesem Zusammenhang von »Leibniz' schändlicher Erklärung«. Dabei ist es so einfach, gegen die eingewurzelten Gefühle »das Wahre zu sagen« und sich dann der haßerfüllten und ressentimentgeladenen Wirkungen und der panischen Sturheit zu rühmen, die man hervorgerufen hat: Alles Beweise dafür, daß man ins Schwarze getroffen hat, selbst um den Preis der Verfolgung willen, denn Märtyrer und Wahrheit passen gut zusammen. Leibniz, der Diplomat, der verzweifelt die Bedingungen für einen Religions-

---

10 Alfred North Whitehead, dessen spekulative Kühnheit nur in der Leibnizschen Monadologie ihresgleichen findet, sagt ebenfalls: »Sie können den gesunden Menschenverstand polieren, ihm teilweise widersprechen, ihn ertappen. Aber letztlich besteht Ihre Aufgabe darin, ihm Genüge zu tun.« (*The Aims of Education and Other Essays*, The New American Library, New York, 1957, S. 110, übers. nach dem französischen Text).

frieden herzustellen suchte, wußte dies sehr wohl, in einem Europa, das sich unter dem Erbe so vieler Märtyrer duckte. Wenn es sein Ziel war, eingewurzelte Gefühle zu achten, so tat er es meiner Meinung nach wie ein Mathematiker, der die Zwänge achtet, die seinem Problem Sinn und Interesse verleihen. Und dieser Zwang, die eingewurzelten Gefühle nicht zu verletzen und zu verwirren, bedeutet nicht, niemanden vor den Kopf zu stoßen und alle in Einklang zu bringen. Wie sollte Leibniz nicht gewußt haben, daß der Gebrauch, den er von den Referenzen der abendländischen Tradition machte, all jene vor den Kopf stoßen mußte, die sich der eingewurzelten Gefühle bedienten, um den Haß zu mobilisieren und zu schüren? Das Problem, das die Leibnizsche Beschränkung bezeichnet, verbindet Wahrheit und Zukunft, es weist der Aussage dessen, was man für wahr hält, die Verantwortung zu, die Zukunft nicht zu behindern: nämlich, die bestehenden Gefühle nicht zu verletzen, damit versucht werden kann, sie dem zu öffnen, was ihre bestehende Identität zu verweigern, zu bekämpfen, zu leugnen zwingt.

Man setze dieses Vorhaben nicht vorschnell einem naiven Optimismus gleich! Es handelt sich vielmehr um einen technischen Optimismus, der das technische Wissen des Diplomaten um die vom Wahrheitsheroismus hervorgebrachten Verbrechen ausdrückt. Wenn die Natur keine Sprünge macht, so gibt es, wie Samuel Butler bemerkt, nichts Schrecklicheres als einen Menschen, der glaubt, einen gemacht zu haben, nichts Schrecklicheres als einen Konvertiten, der sich grausam oder devot gegen jene kehrt, die in der Illusion verharren, der er sich soeben entrissen hat.[11]

Heute töten oder sterben wir nicht mehr für die Verteidigung der wissenschaftlichen Objektivität oder das Recht, ihr den Prozeß zu machen. Doch die von uns gebrauchten Worte tragen die

---

11 »Es gibt keinen schlimmeren Verfolger für das Maiskorn als ein anderes Maiskorn, das sich völlig mit dem Huhn identifiziert hat« (*Life and Habit*, A.C. Fifield, London, S. 137, übers. nach dem französischen Text).

Macht in sich, zu verletzen und zu empören und haßerfüllte Mißverständnisse herauszubeschwören. In diesem Buch unternehme ich das Wagnis, wissenschaftliche Vernunft und Politik miteinander zu verbinden. Ich weiß, daß ich Gefahr laufe, all jene zu beleidigen, für die in existentieller, intellektueller und *politischer* Hinsicht nichts wichtiger ist als die Erhaltung einer Differenz. Soll man jedoch im Namen dieses – höchst achtbaren – eingewurzelten Gefühls Kategorien beibehalten, die täglich ihre Verletzbarkeit unter Beweis stellen? »Im Namen der Wissenschaft«, »im Namen der wissenschaftlichen Objektivität« sehen wir Definitionen und Neudefinitionen Gestalt annehmen, die die menschliche Geschichte einschließen. Muß man nicht die Worte erfinden, die erlauben, diesen tatsächlich politischen Bezug zur Wissenschaft diskutabel zu machen?

Die Herausforderung dieses Buches besteht folglich darin zu artikulieren, was wir unter Wissenschaft und was wir unter Politik verstehen. Wir wollen indes keineswegs alle »Gefühle«, sondern lediglich das verletzen, was ich mit Leibniz die eingewurzelten Gefühle nennen will, all jene Gefühle, die als Orientierung dienen, jene, die man nicht bedrohen darf, ohne panische Starrköpfigkeit, Empörung und Mißverständnisse hervorzurufen. Zu diesem Zweck werde ich anzuwenden suchen, was ich nach Bruno Latour, dem dieses Buch gewidmet ist, das »Prinzip der Nicht-Ableitung« nennen werde. Dieses Prinzip besteht aus einer Warnung und einer Forderung zugleich, die auf die Gesamtheit der Thesen abzielen, welche einer leichten Abwandlung zugänglich sind, ja sogar implizit dazu aufrufen: dem Übergang nämlich von »dies ist das« zu »dies ist lediglich das« oder »ist nur das«. Auf der politischen Ebene von Wissenschaft zu sprechen, ergäbe in etwa folgendes: »Wissenschaft ist lediglich Politik«, ein Unternehmen, dessen Einsatz die Macht ist, ein Unternehmen, das von einer lügnerischen Ideologie geschützt wird, der es gelingt, ihre eigenen Überzeugungen als universelle Wahrheiten zu oktroyieren. Würde man hingegen Protest anmelden und sagen, die Wissenschaft stehe über dem politischen Gezänk, so hieße das, die politische Ebene implizit mit den willkürlichen, tumultuarischen und irrationalen Wogen der menschlichen Kontroversen gleichzusetzen, die den Sockel der Festung Wissenschaft umspülen und gegebenenfalls Wissenselemente, die ursprünglich unschuldig waren, mitreißen zu perversen, unheilvollen und unverantwortlichen Anwendungen. Jede These, die eine Ableitbarkeit verkündet oder im Namen einer Transzendenz die Möglichkeit einer Ableitung leugnet, impliziert, daß der, der spricht, weiß, wovon er spricht, das heißt: Er selbst ist in der Position des Richters. Er weiß, was »Wissenschaft« ist und was »Politik«, er verleiht oder verweigert der einen die Macht, die andere zu erklären. Das Prinzip der Nicht-Ableitung schreibt ein Zurückweichen vor der Anmaßung des Wissens und Beurteilens vor. Und wenn nun das, was wir heute »Politik« nennen, ebenso durch die Tendenz geprägt wäre, die Wissenschaften auszuschließen, wie das, was wir »Wissenschaften« nennen, dazu neigt, sich als »apolitisch« darzustellen? Wie ist es um die »Wörter« Objektivität, Realität, Rationalität, Wahrheit und Fortschritt bestellt, wenn sie weder als Täuschungen, hinter denen sich ein beliebiges menschliches Unternehmen verbirgt, noch als Garanten einer essentiellen Differenz aufgefaßt werden?

Die Nicht-Ableitung bedeutet also, allen »Wörtern« zu mißtrauen, die gewissermaßen automatisch zu der Versuchung führen, etwas durch Ableitung zu erklären oder eine Differenz zwischen zwei Termini zu konstruieren, die sie auf ein nicht-ableitbares Gegensatzverhältnis reduziert. Mit anderen Worten – und hier folge ich abermals der von Latour in *Wir sind nie modern gewesen*[12] aufgestellten Forderung: Es geht darum, den Gebrauch von Wörtern zu erlernen, die nicht, gleichsam durch Berufung, die Macht verleihen, (die Wahrheit hinter den Erscheinungen) zu *enthüllen*, oder (die Erscheinungen, welche die Wahrheit verhüllen) zu *denunzieren*. Was keineswegs bedeutet – und dies gilt es zu untersuchen-, daß eine Welt entstünde, in der jedermann lieb und nett wäre. Ich hoffe, mir Haß zuzuziehen; doch nicht den Haß derer, die ich nicht beleidigen möchte, das

12 Bruno Latour, *Wir sind nie modern gewesen, op. cit.*

heißt, all jener, welche die mobilisierende Macht von Wörtern *erleiden*, von denen sie in antagonistischen Lagern rekrutiert werden, ohne jedoch mit der Aufrechterhaltung dieses Antagonismus direkt zu tun zu haben.

Die Herausforderung einer Annäherung an die Wissenschaften, welche die »Leibnizsche Beschränkung« respektiert, ließe sich auch auf der Ebene des Lachens ausdrücken, das sich den Wissenschaften gegenüber wieder anzueignen empfiehlt. Die Zeiten sind noch gar nicht so fern, da die Wissenschaften in den Salons diskutiert wurden. Damals stellte sich Denis Diderot den Mathematiker d'Alembert in einen Traum versunken vor, in dem sich Materie belebte, und den Doktor Bordeu, der Mlle de Lespinasse mit »verschiedentlichen und fortgesetzten Versuchen« unterhält, schließlich eine Rasse von intelligenten, unermüdlichen und schnellen »Ziegenfüßlern« zu züchten... die hervorragende Domestiken abgäben.[13] Welcher Philosoph würde sich heute an eine Fiktion über einen bekannten Mathematiker im Fiebertraum wagen, und wer würde es wagen, über das zu lachen, was Juristen, Moralisten, Theologen und Ärzte in den sogenannten Ethikkommissionen diskutieren und reglementieren? Und doch habe ich keine Lust, in einer Denunziationskampagne mitzutun, bevor ich das Lachen nicht gelernt habe, bevor ich gelernt habe, mich nicht als Mitglied einer mehrheitlich berufenen Gruppe, die ihrerseits bestrebt ist, ihre »Werte«, ihre »Imperative« und ihre »Weltsicht« durchzusetzen, umdefinieren zu lassen. Ich will nicht in einer »Ethikkommission« neben einem Theologen, einem Psychoanalytiker, einem Philosophen, der Spezialist in Technowissenschaften ist, und einem szientistischen und moralisierenden Medizinmandarin tagen. Ich will fähig werden – und andere dazu anregen –, in diese Geschichte einzugreifen, ohne eine Vergangenheit wiederzubeleben, in der andere moralische Mehrheiten herrschten.

13 Denis Diderot, *Le Rêve de d'Alembert (dt. D'Alemberts Traum)* und die folgenden Unterhaltungen. Siehe zum Beispiel die in »Livre de poche« erschienene Ausgabe, *Le Rêve de d'Alembert et autres écrits philosophiques*, Librairie générale française, Paris, 1984.

Der König ist nicht nackt: Verfahren, Experten, Bürokratien, die sich auf die Wissenschaft berufen, gibt es fast überall, und sie werden nicht wie durch ein Wunder verschwinden, wenn wir die Neigung, die in den Salons des 18. Jahrhunderts herrschte, wiederentdecken, die Neigung zu Wissenschaft und Technik und auch die Freiheit, darüber zu lachen; denn beides gehört untrennbar zusammen. Dabei ist das Wiedererlernen des Lachens niemals bedeutungslos. Wieviel Zeit und Energie verlieren heute diejenigen, die Grund zum Kämpfen haben, mit dem Anrennen gegen das rote Tuch, das man ihnen vor die Nase hält und das »wissenschaftliche Rationalität« oder »Objektivität« heißt? Das Lachen derer, die beeindruckt sein sollten, kompliziert stets das Leben der Macht. Und es ist auch stets die Macht, die sich hinter der Objektivität oder der Rationalität verbirgt, wenn diese zu einem amtlichen Argument werden.

Doch vor allem kommt es mir auf die Qualität des Lachens an. Ein spöttisches oder höhnisches oder ironisches Lachen, das stets jenseits der Differenzen liegt, interessiert mich nicht. Ich möchte ein humorvolles Lachen ermöglichen, das versteht und schätzt, ohne das Heil zu erwarten, und ablehnen kann, ohne sich terrorisieren zu lassen. Ich möchte ein Lachen ermöglichen, das nicht auf Kosten der Wissenschaftler geht, sondern im Idealfall mit ihnen geteilt werden kann.

Dies ist also die kurze Skizzierung der Landschaft, in der sich dieses Buch bewegt. Ich erhebe weder Anspruch auf Beweise durch Belegstellen noch auf eine objektive, vollständige, erschöpfende Beschreibung. Ich werde oft mit Fallstudien operieren, doch sind die Fälle hier »hypothetische Fälle«, wie man in der Mathematik sagt: Sie haben nicht die Aufgabe, etwas zu beweisen, sondern zu erkunden, auf welche Art wir die Situationen zum Ausdruck bringen. Denn mein Anspruch besteht darin, die Verwendungsmöglichkeiten des politischen Registers zur Beschreibung der Wissenschaften zu erkunden, ohne daß ich mich selbst von diesem Register ausnähme, das heißt, im Wissen, daß das »Gefühl für die Wahrheit« keinesfalls das Ignorieren der Konsequenzen dessen, was man für wahr hält, entschuldigt.

2

WISSENSCHAFT UND NICHT-WISSENSCHAFT

Im Namen der Wissenschaft

In »Feministische Wissenschaftstheorie« stellt Sandra Harding der »empiristischen« und der »radikalen« Wissenschaftskritik ein Perspektive entgegen, die uns auf den Weg des Lachens führen könnte: »Kann es sein, daß der Feminismus und andere dem Wissenschaftsbetrieb entfremdete Vorgehensweisen die wahren Erben von Kopernikus, Galilei und Newton sind? Und wäre dies wahr auch angesichts der Tatsache, daß der Feminismus und andere Bewegungen die Erkenntnis- und Wissenschaftstheorie unterminieren, welche Hume, Locke, Descartes und Kant entwickelt haben, um für ihre Kulturzusammenhänge die neuen Erkenntnisweisen, die die moderne Wissenschaft hervorbringt, zu rechtfertigen?«[1]

Bei »Hume, Locke, Descartes, Kant«…und so vielen anderen haben wir es mit Erkenntnistheoretikern zu tun, auf die die Epistemologie traditionell als ihren Ausgangspunkt verweist. Mit ihnen will die wissenschaftliche Praxis als »objektive« Praxis ver-

---

[1] Sandra Harding, *op. cit.*, S. 271. In diesem Zusammenhang muß man natürlich »Minorität« im Sinne von Deleuze und Guattari (siehe vor allem *Tausend Plateaus*, Merve Verlag, Berlin, 1992) verstehen, wo sich die Minorität nicht quantitativ, sondern qualitativ von der Mehrheit unterscheidet. So gibt es »nur ein minoritäres Werden. Frauen sind, ganz gleich, wie groß ihre Zahl ist, eine Minorität … und sie sind nur schöpferisch, wenn sie ein Werden möglich machen, über das sie nicht verfügen und in das sie selber eintreten müssen, ein Frau-Werden, das den Menschen als Ganzen betrifft.« S. 147–48.

standen werden, was für das gesamte Feld des positiven Wissens gelten soll: »Derselbe Wissenschaftler« könnte »denselben Typ von Objektivität« auf alles ausdehnen, womit er sich beschäftigt. Gegen dieses »methodologische und ontologische Kontinuum«, das sein Modell in den theoretisch-experimentellen Praktiken findet, macht Sandra Harding ein anderes Kontinuum geltend, das der ethischen, politischen und historischen Luzidität, das die Wissenschaftler von der Wissenschaft, die sie ausüben, fordern: »Eine im maximalen Sinne objektive (Natur- oder Sozial-) Wissenschaft umfaßt eine selbstbewußte und kritische Untersuchung der Beziehungen, die zwischen der gesellschaftlichen Erfahrung ihrer Erzeugerinnen und Erzeuger und den von ihrer Forschung bevorzugten kognitiven Strukturen bestehen.«[2]

In dieser Perspektive sind die experimentellen Wissenschaften für die Gesamtheit des Wissenschaftsfeldes keineswegs mehr repäsentativ. Die dort privilegierten »kognitiven Strukturen« entsprechen nämlich einer spezifischen »sozialen Erfahrung«, der des Laboratoriums, und wie wir sehen werden, sind beide insofern solidarisch, als die Einbeziehung einer »bewußten und kritischen« Prüfung ihrer Beziehung sich dort schwieriger gestaltet als anderswo. Daher kann sich Harding als Nachfahrin von Kopernikus, Galilei und Newton begreifen – obwohl sie sie als Modelle ablehnt – und behaupten, deren wahre Erben seien all diejenigen, Feministinnen oder andere minoritäre Bewegungen, die es im Namen der Wissenschaft ablehnen, die Objektivitätsnormen, denen das Laboratorium Sinn verleiht, »über das Labor hinaus« auszudehnen.

»Hume, Locke, Descartes, Kant« erklären natürlich nichts an sich. Das Bild, welches sie in philosophischen Termini von einem objektiven wissenschaftlichen Vorgehen entwerfen, wendet sich an eine zu Recht ihren Ansprüchen unterworfene Welt. Es wäre hier in keiner Weise zutreffend, wenn es nicht auf eine große Anzahl von Protagonisten gestoßen wäre, die wenig an der Phi-

---

2 Sandra Harding, *op. cit.*, S. 273f.

losophie, dafür aber umso mehr an den Vorteilen des Labels der Wissenschaftlichkeit interessiert waren, das die Ähnlichkeit mit diesem Bild gewährt. Ob sich dieses nun an Gott orientiert oder an der Erkenntnistheorie, an der Epistemologie oder der Transzendentalphilosophie, an der objektiven Vernunft oder den konstituierenden Bedingungen für den Fortschritt der Wissenschaften, was zählt, ist seine Konsequenz: Der Wissenschaftler wird in einen akkreditierten Vertreter einer Vorgehensweise verwandelt, der gegenüber jede Form von Widerstand als obskurantistisch oder irrational bezeichnet werden kann. Das Interesse der Wissenschaftler erklärt indes nichts an sich, wenn es von den anderen Interessen der Welt isoliert ist, die sich ebenfalls auf die Verfügbarkeit der Welt richten, das heißt, auf die Disqualifizierung all dessen, was ihnen als Hindernis erscheint. Wir werden darauf zurückkommen. Bleiben wir zunächst beim Problem der Koexistenz von Praktiken innerhalb der zeitgenössischen Wissenschaft, die Hardings Kriterium zu differenzieren erlaubt, obwohl sich alle auf dasselbe Objektivitätsmodell berufen: Seien es nun kreative experimentelle Praktiken – denken wir an die Entschlüsselung des genetischen Codes in den sechziger Jahren – oder Praktiken, die sich auf die Macht eines Instruments konzentrieren –, zum Beispiel das Gehirn oder die Entwicklung immer raffinierterer Techniken, welche die Anhäufung von Daten ermöglicht, die man eines Tages schon begreifen werde –, oder Praktiken, die schlicht das Experiment nachahmen und dabei systematisch Wesen hervorbringen, die der Versuchsanordnung gehorchen müssen, welche sie quantifiziert – so die berüchtigten Ratten und Tauben in den Labors der Experimentalpsychologie. »Im Namen der Wissenschaft« wurden unzählige Tiere viviseziert, ihres Gehirns beraubt und gefoltert, um »objektive Daten« zu erhalten. »Im Namen der Wissenschaft« hat ein Stanley Milgram die Verantwortung dafür übernommen, ein bereits von der Menschheitsgeschichte verwirklichtes Experiment zu »wiederholen«: Er hat bewiesen, daß man »im Namen der Wissenschaft« Folterknechte »fabrizieren« kann, wie andere es »im

Namen des Staates« oder »im Namen der menschlichen Gattung« getan haben.

Selbstverständlich werde ich definieren müssen, was ich unter »kreativen experimentellen Praktiken« verstehe. Doch kann ich jetzt schon die Sinnverschiebung charakterisieren, die den Terminus »wissenschaftliche Objektivität« in den angeführten Fällen bestimmt. Allein die Anhäufung raffinierter instrumenteller Daten setzt eine spezifische soziale Erfahrung voraus, *die sie selbst nicht zu schaffen vermag,* denn diese Erfahrung basiert auf dem Glauben an ein einheitliches Fortschrittsmodell: Jede Wissenschaft würde auf empirische Weise beginnen und dann durch »Reifen« den Produktionsmodus erwerben, der den älteren Wissenschaften eigen ist. Hier garantiert das epistemologische Bild, daß aus den Daten eines Tages Verständlichkeit erwächst; ein Paradigma oder eine Theorie wird die empirische Mühe belohnen. Wenn sich die Daten selbst auf eine Versuchsanordnung beziehen, die einseitig die Möglichkeit »schafft«, jemanden oder etwas quantitativen Methoden zu unterwerfen, so setzt der Sinn der Operation selbst eine Definition dessen voraus, was Wissenschaft ist – was sie erlaubt, was sie verbietet, wie sie Verstümmelung legitimiert. Wenn schließlich ein Experimentator »im Namen der Wissenschaft« die Bedingungen nachstellt, unter denen Menschen Auflagen Folge leisteten, die Folterknechte hervorbringen, beweist er die Existenz einer sozialen Erfahrung, in der im Namen der Wissenschaft die verschiedenen Bedeutungen der Termini »gehorchen« und »unterworfen sein« verwechselt werden können. »Im Namen der Wissenschaft« gehorchten Milgrams Versuchspersonen Anweisungen, die sie zu Folterern machten. »Im Namen der Wissenschaft« unterwarf Milgram sie einer Versuchsanordnung, die ihn selbst in die Persönlichkeit Himmlers oder Eichmanns versetzte.

Als letztes Fallbeispiel seien die von den Wissenschaftlern privilegierten kognitiven Strukturen genannt, die sich, ohne auch nur im mindesten bewußt und kritisch durchdacht zu sein, einem jeden als selbstverständlich aufdrängen wollen; das heißt, die als »unwissenschaftlich« definierte Öffentlichkeit wird gebeten, mit den Interessen wissenschaftlicher Rationalität gemeinsame Sache zu machen. Dies gilt beispielsweise für den Konflikt, der die offizielle, sogenannte Schulmedizin und die sogenannten »sanften« oder alternativen Heilmethoden entzweit.

Nicht zufällig wird die Öffentlichkeit im Rahmen dieser Auseinandersetzung ermahnt, den Werten der Wissenschaft treu zu bleiben. Im Gegensatz zu anderen sogenannten wissenschaftlichen Praktiken verfolgt die Medizin, seit Anbeginn der Zeiten, stets »dasselbe« Ziel, nämlich zu heilen, und die Frage, wer das Recht hat, Medizin zu betreiben, ist ebenfalls viel älter als ihre Berufung auf die Wissenschaft. Der Konflikt zwischen approbierten Ärzten und denen, die als Scharlatane denunziert werden, ist mit der »sozialen Erfahrung« des Arztes untrennbar verbunden und wurde nicht »im Namen der Wissenschaft« hervorgerufen. Vielmehr hat ihm diese Berufung auf die Wissenschaft eine neue Wendung gegeben. Die Herausforderungen dieser Berufung auf einem Feld, das stets unmittelbar Praktiker und Öffentlichkeit verband – da die Denunziation von Scharlatanen sich stets an die »geprellte Öffentlichkeit« richtete –, sind umso interessanter, als niemand hier versucht sein sollte, den Unterschied zwischen den Ärzten etwa des 17. Jahrhunderts und denen, an die wir uns heute wenden, zu »relativieren«. Die »wissenschaftliche Medizin« hat in der Tat eine Differenz geschaffen, deren Sinn wir werten können.

Zu welchem Zeitpunkt verändert die Berufung auf die Wissenschaft den Konflikt zwischen »Ärzten« und »Scharlatanen«? Ich wage die Hypothese, daß es nicht diese oder jene Innovation war, die es der Medizin ermöglichte, Anspruch auf den Titel Wissenschaft zu erheben, sondern die Art und Weise, wie sie die Macht des Scharlatans diagnostizierte und die Gründe ausführte, mit denen sie diese Macht disqualifizieren konnte. Dieser Hypothese zufolge beginnt die »wissenschaftliche Medizin« in dem Augenblick, da die Mediziner »entdecken«, daß nicht alle Heilungen gleichwertig sind. Die Heilung als solche beweist noch gar nichts; ein vulgärer Wunderpuder, magnetisches Bestreichen mit den Händen[3] können zwar eine Wirkung erzielen, behandeln aber nicht die Ursache. Fortan wird der als Scharlatan definiert, der die Wirkung für einen Beweis hält.

Diese Definition der Differenz zwischen »rationaler« Medizin und Scharlatanerie ist bedeutsam. Sie führte zur Entstehung der Praktiken, die Medikamente auf der Basis des Vergleichs mit »Placeboeffekten« erproben. Sie hat indes die Besonderheit, eine Eigenschaft des lebenden Körpers, seine Heilungsfähigkeit, aus »schlechten Gründen«, in ein Hindernis zu verwandeln. Diese Definition impliziert, daß die wissenschaftlich-medizinische Praxis herauszufinden sucht, wie der kranke Körper trotz allem zwischen »echtem« und »fiktivem« Heilmittel unterscheidet. Was einen lebenden Körper von einem experimentellen System unterscheidet, die Eigenheit nämlich, eine Fiktion »wahr«, das heißt, wirksam zu machen, hält sie also für einen parasitären, störenden Effekt. Die »kognitiven Strukturen«, die von der medizinischen Vorgehensweise privilegiert werden, ob es sich nun um die Forschung oder die Ausbildung von Therapeuten handelt, werden »im Namen der Wissenschaft«, die mit dem experimentellen Modell identifiziert wird, also von der »sozialen Erfahrung« einer Praxis bestimmt, die sich gegen die Scharlatane absetzt, das heißt auch, gegen die Macht, welche die Fiktion über den Körper zu besitzen scheint, wie die Scharlatane beweisen.

Wenn die wissenschaftliche Medizin von der Öffentlichkeit verlangt, ihre Werte zu teilen, dann verlangt sie damit von ihr, der Versuchung zu widerstehen, »aus schlechten Gründen« gesund zu werden. Und vor allem fordert sie von der Öffentlichkeit, daß sie zu unterscheiden weiß zwischen nicht wiederholbaren Heilungen, die von Personen und Umständen abhängen, und den Heilungen durch erprobte Mittel, die, statistisch jedenfalls, bei

---

3 Siehe Léon Chertok und Isabelle Stengers, *Le Cœur et la raison*, Payot, Paris, 1989, wo wir die 1784 von einer Kommission durchgeführte Untersuchung vorstellen, an der die berühmtesten Wissenschaftler der Zeit, darunter Lavoisier, beteiligt waren. Diese Untersuchung hatte die magnetischen Praktiken Mesmers als Gründungsakt dieser Definition der wissenschaftlichen Medizin zum Gegenstand. Wir beschäftigen uns mit ihrem Stellenwert innerhalb des Problems der Hypnose und der Psychotherapie.

jedermann wirken. Warum sollte aber ein Kranker, den einzig seine Heilung interessiert, eine solche Unterscheidung treffen? Er ist nicht jedermann, er ist kein anonymer Teil eines statistischen Musters. Was schert es ihn, daß die Heilung oder Besserung, von der er vielleicht profitiert, weder einen Beweis noch eine Veranschaulichung der Wirksamkeit der Behandlung darstellt, der er sich unterzogen hat?

Der für Magnetiseure, Scharlatane und Placeboeffekte empfängliche lebende Körper widersetzt sich der experimentellen Vorgehensweise, welche die Schaffung von Körpern verlangt, die den Unterschied zwischen »wahren Ursachen« und anekdotischen Erscheinungen zu bezeugen vermögen. Die Medizin, die ihre Legitimität vom theoretisch-experimentellen Modell herleitet, neigt dazu, dieses Hindernis dem zuzuordnen, was »noch« widersteht, eines Tages aber unterworfen sein wird. Das effektive Funktionieren der Medizin, das von einem Netz aus administrativen, verwaltungstechnischen, industriellen und beruflichen Zwängen bestimmt ist, privilegiert systematisch die kostspielige technische und pharmazeutische Investition, die angebliche Triebkraft einer Zukunft, in der das Hindernis bezwungen sein wird. Der Arzt, der dem Scharlatan nicht ähneln will, erlebt die wundertätige Dimension seines Berufs mit Unbehagen. Der Irrationalität bezichtigt und ermahnt, »aus guten Gründen« gesund zu werden, zögert der Patient. Wo bleibt die Objektivität in diesem Geflecht von Problemen, Interessen, Zwängen, Vorstellungen und Ängsten? Das Argument »im Namen der Wissenschaft« ist allgegenwärtig, doch ändert es unablässig seinen Sinn.

Bruch oder Abgrenzung?

Die Definition der »Wissenschaft« ist niemals neutral, da seit dem Bestehen der sogenannten modernen Wissenschaft der Titel Wissenschaft demjenigen, der sich als »Wissenschaftler« ausgibt,

Rechte und Pflichten überträgt. Hier schließt jede Definition ein Modell ein und aus, rechtfertigt es oder stellt es in Frage, schafft oder verbietet es. Die Strategien einer Definition durch Bruch oder durch Suche nach einem Abgrenzungskriterium unterscheiden sich aus dieser Perspektive auf äußerst interessante Weise. Der Bruch erzeugt stets einen Gegensatz zwischen »Vorher« und »Nachher«, welcher das »Vorher« disqualifiziert. Die Suche nach einem Abgrenzungskriterium ist bestrebt, die rechtmäßigen Anwärter auf den Titel Wissenschaft positiv zu qualifizieren.

Der Begriff »epistemologischer Bruch« stammt von Gaston Bachelard, doch scheint seine außergewöhnliche Karriere in der französischen Epistemologie weniger mit dem spezifischen Inhalt verbunden zu sein, den ihm dieser Autor aufgrund von Beispielen aus der Physik und Chemie konstruiert hat, als mit seiner strategischen Funktion in Bereichen, mit denen er selbst sich nicht befaßt hat. Als der »epistemologische Bruch« zum »Schnitt« wurde, konnte Louis Althusser mit seiner Hilfe den wissenschaftlichen Charakter der marxistischen Theorie sanktionieren. Noch heute erlaubt er, die Institution der »Freudschen Rationalität« als einen »point of no return« zu setzen, egal was an ganz allgemeinen empirischen Problemen von der psychoanalytischen Kur auch immer aufgeworfen wird.[4] Aufgrund der Intentionen und Unterscheidungen der Autoren kann man unter diesem strategischen Gesichtspunkt *cum grano salis* sagen, daß die Definition der Wissenschaft durch ihren Bruch mit allem, was ihr vorausgeht, in das Feld der »positivistischen« Definitionen der Wissenschaft gehört.

Woran erkennt man aus dieser Perspektive eine positivistische Definition der Wissenschaft? An ihrem Vorgehen, das vor allem in der Disqualifizierung der »Nicht-Wissenschaft« besteht, auf die sie folgt. Für Gaston Bachelard ist diese Disqualifizierung

4 Siehe hierzu das »historische« Werk von Elisabeth Roudinesco, sowie Léon Chertok, Isabelle Stengers und Didier Gille, *Mémoires d'un hérétique* (La Découverte, Paris, 1990) zur Rolle des »Bruchs« oder »Schnitts« in der Frage der Beziehungen zwischen Hypnose und Psychoanalyse.

mit der Vorstellung der »Meinung« verbunden, die »falsch denkt«, »nicht denkt«, »Bedürfnisse in Erkenntnisse übersetzt«.[5] Die Wissenschaft bildet sich somit immer »gegen« das Hindernis, das die Meinung darstellt, ein Hindernis, das Bachelard als eine quasi anthropologische Gegebenheit definierte. In den pathetischsten Momenten gerät der Kampf der Wissenschaft gegen die Meinung zur Konfrontation zwischen den »Interessen des Lebens« (denen die Meinung unterworfen ist) und den »Interessen des Geistes« (Träger der Wissenschaft). In diesem Sinne steht Bachelard dem »tiefen Positivismus« eines Auguste Comte näher als dem epistemologischen Positivismus des Wiener Kreises. Für die »Wiener« wie Moritz Schlick, Philip Frank oder Rudolf Carnap besitzt die Unterscheidung zwischen »Wissenschaft« und »Nicht-Wissenschaft« nicht die faszinierenden Attribute einer schöpferischen Revolution des Geistes gegen die Knechtschaft des Lebens. Sie rührt eher von einer Reinigung, einer Eliminierung jeglicher Aussage ohne empirischen Inhalt her, das heißt, vor allem von »metaphysischen« Aussagen, die sich nicht durch ein legitimes logisches Verfahren von Tatsachen ableiten lassen.

Meine »Definition« des Positivismus umfaßt nicht nur heterogene Gedanken, sondern auch solche, die in ihrer Zielsetzung explizit gegensätzlich sind. Während die Theoretiker des Wiener Kreises eine Definition der Wissenschaft suchten, die gleichermaßen eine Verheißung der Vereinheitlichung der Wissenschaften wäre, die alle, unabhängig von ihrem Anwendungsfeld, denselben Kriterien unterstünden, feiert Gaston Bachelard die mit dem Werk von »Genies« verbundenen Begriffsmutationen, welche die Differenz zwischen Wissenschaft und Meinung gleichzeitig erfinden und veranschaulichen. Der gemeinsame Punkt, den meine Definition zum Ausdruck bringt, nämlich die Disqualifizierung dessen, was nicht als wissenschaftlich anerkannt wird, hat jedoch zum Ziel, nicht etwa die Wahrheit der Autoren hervorzuheben, sondern die strategischen Ressourcen, die sie

5 Gaston Bachelard, *Die Bildung des wissenschaftlichen Geistes, Beitrag zu einer Psychoanalyse der objektiven Erkenntnis,* Suhrkamp Verlag, Frankfurt a.M., 1987, S. 47.

jenen bieten, für die der Titel Wissenschaft eine Herausforderung darstellt. Aus dieser Sicht schafft der »Bruch«, ob er sich nun der Reinigung oder der Mutation zuweisen läßt, eine radikale Asymmetrie, die dem, wogegen sich die »Wissenschaft« konstituiert hat, jede Möglichkeit raubt, deren Legitimität oder Triftigkeit zu bestreiten.[6]

Diese Asymmetrie, ein Charakteristikum dessen, was ich als Positivismus bezeichne, erlaubt die Behauptung, daß der Unterschied zwischen dieser Charakterisierungsweise der Wissenschaften und ihrer Denunzierung als »Technowissenschaft« nicht sehr groß ist. Er rührt vor allem von einer Umkehrung her: Was der Positivismus disqualifiziert, läßt sich ebenso als Gegenstand eines unwiderbringlichen Verlustes, als Opfer einer Bedeutungs- und Wertzerstörung beschreiben. Ein weiteres typisches Merkmal dieser Asymmetrie ist, daß ihre Charakterisierung der »Nicht-Wissenschaft« weit klarer und entschiedener ausfällt als die der »Wissenschaft«. Bachelard unterstrich, daß die »historische« Geschichte der Wissenschaften von der »Meinung«, oder, um mit Althusser zu sprechen, von der »Ideologie« durchdrungen sei. Das Problem ist, daß das Bild einer »gebremsten und zögernden Geschichte«, die vom effektiven Wachstum »der Populärwissenschaft, die (...) alle Irrtümer realisiert«,[7] ständig gehemmt wird, eine Moral voraussetzt, welche die Wissenschaftsgeschichte nicht aufweist, nämlich den aufgrund ihrer Unfruchtbarkeit abspaltbaren Charakter von Irrtum oder Ideologie, welche sich selbst bloßstellen. Wenn man bedenkt, daß ein »ideologischer Anspruch« im eigentlich wissenschaftlichen Sinne per definitio-

6 Natürlich abgesehen von neuer Wissenschaftsproduktion. Verweisen wir etwa auf das Argument des Psychoanalytikers O. Mannoni zur Frage der Hypnose in *Mémoires d'un hérétique* (*op. cit.*): Man muß »auf das Genie warten«, denjenigen, der aus der Hypnose einen Gegenstand der Wissenschaft machen wird. Solange es sich um ein »störendes« Phänomen ohne positive Charakterisierung handelt, stellt es keine Sache dar, die »es zu verteidigen gilt«, es wird ihm nicht zugebilligt, die Kategorien von Praktiken in Frage zu stellen, welche die Macht erobert haben, ihren Gegenstand zu definieren.

7 Gaston Bachelard, *Die Bildung des wissenschaftlichen Geistes, op. cit.*, S. 360f.

nem keine Geschichte machen kann, gelangt man rasch dahin, gravierende Einschnitte in Wissenschaftsbereiche vornehmen zu müssen, die heute völlig anerkannt sind.[8]

Daß die Denunzierung der Nicht-Wissenschaft als bloße Meinung bei Bachelard entschiedener ausfällt als die Definition der Wissenschaft, hat schwerwiegende Konsequenzen: Die Disqualifizierung der Meinung verbietet, daß man der Definition »ihres« Gegenstandes durch eine Wissenschaft all das entgegenhält, dem der so definierte Gegenstand keinen Sinn verleiht oder das er leugnet. Denn dann würde man die »Meinung«, die an dem interessiert ist, was der Gegenstand leugnet, gegen die Wissenschaft zum Zeugen aufrufen. Im Grenzfall kann diese Leugnung selbst »die Wissenschaft beweisen«: Diese demonstriert, daß sie einen Bruch vollzieht, indem sie das zu vernachlässigen wagt, was »zuvor« von allgemeinem Interesse war. Je mühseliger und verletzender die Trauerarbeit an der geforderten Vergangenheit erscheint, desto wirksamer ist das Thema des Bruchs.

Das Interessante an der Tradition der Abgrenzung, deren Ursprung sich mit dem Namen Popper verbindet, ist ihr Ansatz als Kritik des Positivismus (in seiner in Wien entwickelten logischen Form). Und zwar in zwei Punkten. Zum einen lehnt Popper die Gleichsetzung nicht-wissenschaftlicher Aussagen und sinnloser Aussagen ab. Für ihn gehören die »metaphysischen« Fragen keiner disqualifizierten Vergangenheit an, sondern übersetzen eine Sinnsuche, die die Wissenschaften nicht ersetzen können. Andererseits ist die Wiener Definition von wissenschaftlicher Aussage zu weit gefaßt. Sie läßt Anwärter auf den Wissenschaftstitel zu, die Popper für illegitim hält. Dazu zählten für Popper zunächst und vor allem Marxismus und Psychoanalyse. Doch für manche zeitgenössischen Epistemologen wie

8 Siehe Ilya Prigogine und Isabelle Stengers, *Entre le temps et l'éternité*, Fayard, Paris, 1988: Die Reduzierung der thermodynamischen Entropie auf eine dynamische Interpretation kann schwerlich anders denn als »ideologischer Anspruch« beurteilt werden, doch steht er am Ursprung einer Geschichte, unabhängig von der die Physik des zwanzigsten Jahrhunderts nicht erzählt werden kann.

Alan Chalmers[9] liegt das Problem eher in der wachsenden Bevölkerung akademischer Unternehmen, von den Kommunikationswissenschaften bis zu den Verwaltungswissenschaften, von der Wirtschaft bis zu den Erziehungswissenschaften, die alle in den Tatsachen, dem Maß, der Logik oder den statistischen Korrelationen die Gewähr dafür suchen, daß sie sehr wohl Wissenschaften sind. Aus dieser Perspektive werde ich mich hier für die Tradition der Abgrenzung interessieren. Ich werde mich also nicht bei Poppers »politischen« Thesen über die »offene Gesellschaft« aufhalten, auch nicht bei seiner Auffassung der Sozialwissenschaften. Ich werde mich mit dem Imperativ befassen, der ihn seit seinem Werk *Logik der Forschung* (1934) treibt: Es gilt, den Unterschied zwischen »Einstein« und einem illegitimen Kandidaten der Wissenschaft deutlich zu machen. Daß Popper Einstein für den »typischen Wissenschaftler« hält, hat nicht nur mit dem Renommee der Relativitätstheorie zu tun, die den jungen Philosophen begeistert. Einstein ist zugleich die Verkörperung des Scheiterns des Wiener Positivismus. Der hatte sich zwei Schutzheilige erwählt, Ernst Mach und Albert Einstein: Der zweite schien durch seine Eliminierung von absolutem Raum und absoluter Zeit die Thesen des ersten über die Notwendigkeit einer Reinigung der Wissenschaft von jeder metaphysischen Voraussetzung zu bestätigen. In den zwanziger Jahren kündigte Einstein jedoch das Bündnis auf, das ihm angetragen worden war. Er bezeichnete Mach als »jämmerlichen Philosophen« und stritt jeglichen fruchtbaren Einfluß ab: Machs Philosophie sei gerade gut genug, um »das Ungeziefer zu vertilgen«. Und er bekannte sich zu einem wirklich metaphysischen Motiv, der leidenschaftlichen Suche nach einem wahren Zugang zur Wirklichkeit.[10] Einstein, der für Popper stets der »wahre Wissenschaftler« bleibt, hat die positivistische Lesart der Wissenschaft also ausdrücklich in Frage gestellt.

9 Siehe Alan Chalmers, *Wege der Wissenschaft. Einführung in die Wissenschaftstheorie*, Springer, Berlin, 1994 (3. Aufl.).
10 Siehe Gerald Holton, »Mach, Einstein and the Search for Reality«, in *Thematic Origins of Scientific Thought. Kepler to Einstein*, Harvard University Press, Cambridge, 1973.

Mein Interesse an der Suche nach einem Abgrenzungskriterium zwischen Wissenschaft und Nicht-Wissenschaft hat also mit dem Versuch einer »positiven« Definition der »wahren« Wissenschaft zu tun. Daß dieser Versuch, wie wir sehen werden, zum Scheitern verurteilt ist, bringt nicht etwa eine mangelnde Triftigkeit der Frage zum Ausdruck, die für den Widerstand gegen das, was »im Namen der Wissenschaft« behauptet wird, wesentlich ist, sondern das Problem der angewandten Mittel. In diesem Sinne ist das Scheitern im Gegensatz zu den Strategien einer Disqualifizierung dessen, was eine Wissenschaft zu ihrer Durchsetzung bereits besiegt hat, an sich aufschlußreich.

Poppers Frage

Aus der *Logik der Forschung* hat man zu oft Poppers »falsifikatorische« Position herausgegriffen: Während keine irgendwie geartete Faktenanhäufung zur Bestätigung einer universellen Aussage genügen kann, genügt eine einzige Tatsache, um eine solche Aussage zu widerlegen (zu falsifizieren). Seine Gegner unterstellen ihm den Anspruch, auf dieser Position eine Wissenschaftsmethodologie begründen zu wollen. Sein Schüler Imre Lakatos[11] hat übrigens vorgeschlagen, »drei« Popper-Aspekte zu unterscheiden: (a) den »dogmatischen« oder »naturalistischen« falsifikatorischen Popper, der diesen Anspruch gehabt, aber nie eine Zeile geschrieben habe, (b) den »naiven« falsifikatorischen Popper von 1920 und (c) den »raffinierten« falsifikatorischen Popper, der der wahre Popper niemals wirklich war, den aber er, Lakatos, brauche, um zu seiner eigenen Lösung zu gelangen.

11 Siehe »Falsification and the Methodology of Research Programmes«, in *Criticism and the Growth of Knowledge* (Imre Lakatos und Alan Musgrave Hg.), Cambridge University Press, Cambridge, 1970. Dieses Buch kann als »Schlußpunkt« der Tradition der Abgrenzung betrachtet werden. Es ist aus einem 1965 abgehaltenen Kolloquium hervorgegangen, das die Positionen Poppers und seiner wichtigsten Schüler mit denen Thomas Kuhns konfrontierte.

Der »dreifache«, aus Lakatos' rationaler Rekonstruktion hervorgegangene Popper weist nicht etwa auf das komplexe Denken Poppers hin, der sich stets völlig deutlich ausdrückte, sondern auf eine dieser Position eigene Spannung hinsichtlich der Tragweite und des Vermögens des von ihm angestrebten »Abgrenzungskriteriums«. Gewiß, es muß eine Differenz sichtbar machen. Muß es aber deshalb jeder Wissenschaft die Möglichkeit garantieren, diese Differenz zu respektieren? Wäre dies der Fall, so könnte die Definition des Unterschieds zwischen Wissenschaft und Nicht-Wissenschaft eine »methodologische« Definition des Verfahrens hervorbringen, welches Wissenschaft erzeugt. Das ist die Position, die Popper (a) zugeschrieben wird, und sie führt zu einer Variante des Positivismus, da sich jedes Verfahren, das gegen das Kriterium verstößt, eben dadurch disqualifiziert. Ist dies aber nicht der Fall, worauf basiert dann für einen Forschungsbereich die Möglichkeit, »wissenschaftlich« zu werden? Von dieser Unklarheit hängt die Position ab, die der Philosoph den Wissenschaften gegenüber beanspruchen kann: Soll er sich jeden Anspruchs auf ein Urteil, auf Normenbildung enthalten, die ihm erlauben, dem Wissenschaftler zu sagen, »Sie hätten dies oder das tun sollen«, um sich dem »Kunstkritiker« anzunähern, der weiß, daß er dem Künstler keine Lektion zu erteilen hat, sondern sich bemüht, die Besonderheit des Kunstwerkes für die Nicht-Künstler zu kommentieren? Popper hat stets eine dem »Kunstkritiker« verwandte Position eingenommen, denn er hat die Wissenschaft, wie Einstein sie für ihn verkörperte, vor allem »geliebt«. Die Invariante seiner Laufbahn blieb stets folgende Überlegung: Gleichgültig, um welches Kriterium es sich handelt, es muß zu begreifen erlauben, warum Einstein Wissenschaftler ist und warum Marxisten und Psychoanalytiker keine sind. Seine Schüler dagegen versuchten, Normen zu konstruieren, die, wenn sie schon nicht die Wissenschaft erklären, so doch zumindest beweisen könnten, daß sich der Wissenschaftler bestimmten Zwängen unterwerfen muß, die seine Rationalität zu verifizieren vermögen. Auf jeden Fall ist der Ausgangspunkt der von ihm begründeten Tradition, die 1934 veröffentlichte *Logik der Forschung,* entschieden »antinaturalistisch«: Die Wissenschaft folgt keiner »natürlichen« Definition der Rationalität. Und in der Tat zeigt Popper, nachdem er die logische Differenz zwischen Bestätigung und Widerlegung festgestellt hat, daß sie unzureichend ist, sobald man sich vom logischen Universum entfernt, wo Aussagen eindeutig definiert sind. Die Logik genügt niemals, um die Schlußfolgerung zwingend zu machen, derzufolge eine Aussage von einer Beobachtung widerlegt wurde, wie Pierre Duhem 1904 in *La Théorie physique* bereits dargelegt hatte. Denn keine Beobachtung kann ohne Rückgriff auf eine Sprache, die ihr ihre Bedeutung verleiht und ihre Konfrontation mit der Theorie erlaubt, geäußert werden – heute sagt man, jede Tatsache sei von einer Theorie »durchdrungen«. Es steht dem Wissenschaftler also völlig frei, einen möglichen Widerspruch zwischen Beobachtung und Theorie aufzuheben: Er kann die theoretischen Termini neu definieren oder neue Anwendungsbedingungen entweder dieser Theorie oder des Instruments einführen, welches das »störende« Faktum erzeugt. Er kann, um mit Popper zu sprechen, »seine Theorie dank einer konventionalistischen List immunisieren«. Schon diese Bezeichnung drückt Poppers Urteil gegen die »konventionalistische« Wissenschaftsinterpretation aus, die mit Henri Poincaré, dem Gegner Einsteins, in Verbindung gebracht wird. Wären alle unsere wissenschaftlichen Definitionen lediglich Konventionen, die wir nach Belieben ändern könnten, so hätte Einstein nie über die gegnerische Interpretation von Lorentz triumphiert, der von Poincaré unterstützt wurde. Fortan liegt die Abgrenzung in der *Verweigerung* der Freiheit, welche die Logik dem Wissenschaftler läßt: Nur der ist ein wahrer Wissenschaftler, der auf die beliebige Neudefinition von »Grundaussagen« (die die Aussage der Beobachtung gestatten) zu verzichten weiß und akzeptiert, daß seine Theorie bewußt der Prüfung durch die so stabilisierten Tatsachen ausgesetzt wird.

Die Asymmetrie zwischen Bestätigung und Falsifizierung erzeugt also keinerlei logische Regel. Für Popper hat sie eher den

Status einer *Gelegenheit* für eine *Ethik:* Weil der Wissenschaftler diese Asymmetrie ausbeutet, wozu ihn die Logik nicht zwingt, was er aber zu tun *beschließen* kann, ist er wissenschaftlich. Diese Entscheidung findet ihren Sinn im »Ziel« der Wissenschaft: die Produktion von *Neuem,* neuen Experimenten, neuen Argumenten, neuen Theorien. Popper sagt: Wer wie der Marxist oder der Psychoanalytiker vom Kräfteverhältnis profitiert, das ihm stets erlaubt, eine Tatsache so zu interpretieren, daß seine Theorie intakt bleibt, sei logisch untadelig, bringe aber nie eine neue Idee hervor. Wer sich wie der Poppersche Einstein dafür entscheidet, sich der Widerlegung auszusetzen, beschreitet den einzig gangbaren Weg auf der Suche nach der *Wahrheit,* einen Weg, den Popper also in Zusammenhang mit einer Ästhetik des Risikos und der Kühnheit sieht. Dem »Ziel« der Wissenschaft gegenüber definieren sich unsere subjektiven Überzeugungen, unsere Suche nach Gewißheiten als verehrte *Götzenbilder,* als Hindernisse.

Es gibt 1934 also keine Poppersche Wissenschaftstheorie, sondern eine Charakterisierung des Wissenschaftlers, die man als ethisch und ästhetisch und auch als ethologisch bezeichnen kann. Die Frage lautet nicht, »wie ist man wissenschaftlich?«, sondern, »woran erkennt man den Wissenschaftler?« Durch welche Leidenschaften zeichnet er sich aus? Welches Engagement, das ihm rational durch nichts aufgezwungen wird, verleiht seiner Suche Wert? Welche Erwartungen kennzeichnen die Art und Weise, in der er sich mit den Tatsachen beschäftigt? Kurz: Wie sieht seine »Praxis« aus, in dem Sinne, in dem dieser Begriff vereint, was Kant mit der *Kritik der reinen Vernunft* und der *Kritik der praktischen Vernunft* unterscheiden wollte?[12] Was den Popperschen Wissenschaftler existent macht, ist nicht eine Wahrheit, die sich durch Einhaltung gewisser Regeln besitzen ließe, sondern die Wahrheit als »Ziel« (*aim*), legitimiert durch eine *Weise, sich auf*

12 Ethik, Ästhetik und Ethologie zu vereinen steht im Zusammenhang mit dem Begriff des »existentiellen Territoriums«, den Félix Guattari eingeführt hat (siehe *Chaosmose*, Galilée, Paris, 1992).

die Welt zu beziehen, sich ihren Herausforderungen zu stellen und die Möglichkeit zu akzeptieren, daß sie unsere Erwartungen enttäuscht.

Zu dieser Popperschen Charakterisierung lassen sich zahlreiche Fragen stellen. Die erste, die weder von Popper noch von der Tradition der Abgrenzung gestellt wird, lautet: Worauf zielt diese Charakterisierung ab? Auf den Wissenschaftler schlechthin oder auf den Spezialisten der Experimentalwissenschaften? Denn, wie etwa Alan Chalmers[13] einräumt, beziehen sich sämtliche von der Schule der Abgrenzung diskutierten Beispiele auf Physik oder Chemie. Und Popper selbst hat sich vor allem für die Geschichte und die Sozialwissenschaften interessiert, um die historizistischen, dialektischen, hermeneutischen und anderen Theorien zu kritisieren, doch hat er in diesem Bereich nie das Äquivalent eines »Einstein« gefunden.[14] Aber selbst bei den Wissenschaften, deren experimenteller Charakter unstrittig ist, kann man sich fragen, welchen Sinn das Abgrenzungskriterium beanspruchen darf. Handelt es sich um ein »realistisches« Kriterium, das die Normen charakterisieren will, nach denen sich die wahren Wissenschaftler tatsächlich richten? Reicht dieses Kriterium aus, um die Tätigkeit des Wissenschaftlers zu definieren? Erlaubt es, die Geschichte der Wissenschaften zu verstehen, zu deren Anerkennung als »wahrhaft wissenschaftlich« wir neigen? Dieser Frage wird Poppers wichtigster Schüler, Imre Lakatos, nachgehen.

13 Alan Chalmers, *Wege der Wissenschaft, op. cit.*
14 Was Raymond Boudon in *L'art de se persuader* erlaubt, das Kriterium der Abgrenzung als etwas zu definieren, das von einer »hyperbolischen Theorie« herrührt, das heißt, von einer Theorie, die zu Schlußfolgerungen gelangt, deren Allgemeinheit die anfechtbaren impliziten Apriori verbirgt. Boudon selbst gibt sich mit einer behäbigen (»polythetischen«) Charakterisierung der Wissenschaften zufrieden, die ihm gestattet, alle von den Sozial- und Wirtschaftswissenschaften akzeptierten allgemeinen Aussagen als »Theorien«, ja sogar als »Gesetze« aufzufassen. Die Frage der Besonderheit der Wissenschaften, eine Frage, die ich mit Popper teile, verliert somit zugunsten einer ökumenischen Sicht ihren Sinn: In jedem Bereich, so könnte man sagen, »gibt man sein Bestes«, und der gesunde Menschenverstand reicht aus, um die Vielzahl der Bedeutungen zu erkennen, die die Begriffe des Kriteriums dieses »Besten« haben: Fortschritt, Wahrheit, Theorie, Rationalität etc.

Popper selbst hat recht schnell erkannt, daß ohne die *Tatsache*, die den »Fortschritt« ausmacht – die Tatsache nämlich, daß Wissenschaftler imstande sind, Theorien zu produzieren, die eine zeitlang der Falsifikation widerstehen, und falsifizierte Theorien durch »bessere« zu ersetzen, die erfolgreich neue Wirkungen versprechen –, die Praxis der Falsifizierung aus der Wissenschaftsgeschichte einen wenig erfreulichen Theorienfriedhof machen würde. Diese Theorien hätten zwar, wie Popper schreibt, ihren wissenschaftlichen Charakter dadurch beweisen können, daß sie sich widerlegen ließen, doch stelle die stumpfsinnige Wiederholung dieses Beweises keine sehr erhebende Perspektive dar. Der Heroismus des Wissenschaftlers, der bereit ist, seine Theorie »auszusetzen«, beinhaltet sicher das Einverständnis mit einem Risiko, doch nicht die Ergebenheit in die permanente Widerlegung. Um ein »wahrer« Wissenschaftler im Sinne Poppers zu sein, muß man also einem Bereich angehören, der dem Wissenschaftler begründete Hoffnung gibt, daß seine Theorie standhält, einem Bereich, in dem die Möglichkeit des »Fortschritts« als gesichert gilt. Doch hier wird die Analyse tautologisch. Wenn die Bedingung, die den Wissenschaftlern erlaubt, sich als solche zu verhalten, nichts anderes als der Fortschritt ist, kann man den »progressiven« Charakter der Wissenschaften, die von ihnen dargestellte Möglichkeit, Neues zu lernen und hervorzubringen, nicht durch ihr Verhalten erklären. Das aber galt es zu erfassen.

Wie wir weiter unten sehen werden, hat Popper selbst im Hinblick auf die Wissenschaften schließlich einen Standpunkt bezogen, der diese Tautologie auf das Radikalste behauptet und ihr einen »kosmologischen« Sinn beilegt. Die Besonderheit der Wissenschaften gegenüber der psychologischen Suche nach Gewißheiten und Bestätigungen darf sich nicht durch eine dem Wissenschaftler eigene Psychologie erklären. Ebenso wie das Auftauchen des Lebens aus materiellen Prozessen muß sie sich bekunden, und sie ist es auch, die die subjektive Differenz zwischen Einstein und dem Marxisten oder dem Psychoanalytiker erklärt. Dagegen wollte die Schule der Abgrenzung ein »besseres Kriterium« konstruieren, das auf normative Weise die Zwänge beschreiben sollte, denen – selbst in der Physik – die wissenschaftliche Rationalität »außerhalb von Tautologie« ausgesetzt ist.

Das unauffindbare Kriterium

Die Besonderheit der von Popper ausgehenden Tradition der Abgrenzung besteht in ihrem Umgang mit der Wissenschaftsgeschichte: Diese fungiert als »Prüfstand« für die verschiedenen Abgrenzungskriterien, die vorgeschlagen wurden. Laut Lakatos, von dem ich mich hier leiten lassen will, müssen sie die *rationale Rekonstruktion* dieser Geschichte erlauben, die zwischen anekdotischer Dimension und Fortschritt unterscheidet. Ein Kriterium, das eine Position disqualifiziert, die wir als nützlich und für den wissenschaftlichen Fortschritt unerläßlich betrachten, hält somit der Prüfung durch die Geschichte nicht stand. Und das erste Opfer dieser Prüfung ist der »heroische Falsifikationismus« Poppers.

Was wäre passiert, wenn Kopernikus ein heroischer Falsifikationist gewesen wäre? Eine Katastrophe: Denn heroisch hätte er seiner heliozentristischen Theorie abgeschworen, die im wesentlichen durch ihre Behauptung widerlegt wurde, die Venus habe Phasen wie der Mond, was von den Astronomen niemals beobachtet worden war. Wie Lakatos sagt, wird jede Theorie »widerlegt geboren«; um ihre Chance zu erhalten, muß sie von Förderern beschützt und gehegt werden. Dann kann man nämlich versuchen, einen am Fortschritt orientierten »raffinierten Falsifikationisten« zu definieren. Die Möglichkeit, kühne Konjekturen, etwa die heliozentristische Theorie, zu bestätigen oder vorsichtige zu widerlegen, die sich aus einem Wissen ergeben, das man für gesichert halten kann, muß fortan die Urteile der Wissenschaftler auf die Theorien ausrichten. Aus dieser Position folgt zunächst, daß das Urteil über die Rationalität anhand der Richtlinien der Epoche zustande kommt, die definiert, was als Kühnheit und was als gesichertes Wissen gilt.

Gleichwohl bleibt der naive ebenso wie der raffinierte Falsifikationist auf einer typischen »Bühne«, befangen in der Konfrontation einer theoretischen Behauptung mit der Beobachtung. Diese Bühne läßt sich unmittelbar dem logizistischen Positivismus zuordnen, der die Wissenschaft auf eine doppelte Quelle reduziert, zum einen die Erkenntnis beobachtbarer Einzelfakten und zum anderen die Urteilskraft, die eine allgemeine theoretische Behauptung aufgrund von Tatsachen konstruiert, sei dieses Urteil nun vom induktivistischen oder vom falsifikationistischen Typ. Aber, protestiert Lakatos, die Wissenschaftsgeschichte liefert solche Bühnen nur durch künstliche Rekonstruktion a posteriori. Die »entscheidende Erfahrung«, für die der Wissenschaftler seine Theorie bewußt der Prüfung aussetzt, ist wahrscheinlich die rhetorischste und künstlichste Bühne der Geschichte: Meist wird sie *nach* der Erprobung, *wenn sie gesiegt hat,* als entscheidend inszeniert und stellt in Wirklichkeit die öffentliche und hochritualisierte Vernichtung einer konkurrierenden Hypothese dar.

Mit anderen Worten: Es genügt nicht zu sagen, die Tatsachen seien von »Theorie durchdrungen« und könnten folglich beliebig uminterpretiert werden. Diese Sicht der Dinge neigt dazu, die »Urszene« in ein Hindernis zu verwandeln, nämlich die Szene der Konfrontation von Faktum und Theorie, die Lakatos zufolge der Gegenstand der Wissenschaftsgeschichte schlechthin ist. Historisch gesehen wird eine beobachtbare Tatsache nicht mit einer Behauptung konfrontiert, die sie bestätigt oder widerlegt, sie findet ihren Sinn vielmehr in einem *Forschungsprogramm*.

Wie der »raffinierte Falsifikationist« impliziert, daß sich »kühne Konjekturen« nachprüfen lassen, so setzt der Begriff des Forschungsprogramms voraus, daß die Wissenschaften, die er charakterisiert, Erfolg haben. Tatsächlich übersetzt dieser Begriff eine *Differenzierung,* die keinen Sinn hätte, wenn sich eine Theorie auf das Überleben beschränkte, ohne die Überzeugung zu schaffen, daß sie sehr wohl einen privilegierten Zugang zu den Phänomenen darstellt, die von ihr betroffen sind: die Differenzierung zwischen dem »harten Kern«, von dem sich dieses Privileg herleitet, und dem »Schutzgürtel«, in dem unablässig die Bedeutungen verhandelt werden, die sich auf die »Tatsachen« und auf die aus dem harten Kern stammenden Aussagen beziehen.

In der dynamischen Perspektive des Forschungsprogramms gibt es folglich keine Konfrontation zwischen einem Faktum und dem Programm als solchem, denn das Faktum selbst kann niemals dessen Kern in Frage stellen. Eine Konfrontation findet nur mit Theorien statt, die zum »Schutzgürtel« gehören, Theorien, die auf vielfache Weise abgewandelt werden und trotzdem die Wahrhaftigkeit des Kerns bestätigen können. Innerhalb eines Forschungsprogramms wird also wie selbstverständlich im Sinne der von Popper scharf angegriffenen »konventionalistischen Listen« verhandelt, die den Kern gegen jede Widerlegung immun machen. Den dogmatischen, naiven oder raffinierten Kriterien zufolge hat der Wissenschaftler nicht zu entscheiden, ob eine Widerlegung stattgefunden hat oder nicht. Er muß innerhalb seines Forschungsprogramms die Fakten und diesen oder jenen Teil des Schutzgürtels so »anpassen«, daß sich ein kohärentes Ganzes ergibt. Wo läßt sich dann aber die Abgrenzung ansiedeln, die Differenz zwischen einem wirklich wissenschaftlichen Programm und der »Nicht-Wissenschaft«? Der entscheidende Ort ist für Lakatos die Wertung des langfristigen Transformationsmodus des Programms: Ist es progressiv oder degeneriert? Wie in der Konfrontationsszene hat der Wissenschaftler keine *kurzfristige Entscheidung* zu treffen, er muß sich vielmehr fragen: Haben die Veränderungen, die im Laufe der Zeit am Schutzgürtel seines Programms vorgenommen wurden, dessen Aussagekraft erhöht und den Weg zu neuen Faktentypen eröffnet; waren sie, unabhängig von ihrer Anpassungsfunktion, testbar, oder wurde umgekehrt das Programm durch ständige ad hoc-Anpassungen nur aufgebläht? Wenn das Fazit des rationalen Wissenschaftlers ist, daß sein Programm degeneriert, dann wird er es aufgeben.

Lakatos plädiert also für die Notwendigkeit der Entscheidung und vor allem für die Kriterien der Beurteilung eines Wissenschaftlers danach, wie er entscheidet, ob er gegebenenfalls sein Programm aufgibt. Denn daran erkennt die Tradition der Abgrenzung die Ihren: Wer vom Entscheidungsimperativ spricht, meint damit die Bewertung des »wahren« Wissenschaftlers nach seiner Luzidität, dem kritischen Verhältnis zu seiner eigenen Tätigkeit. Der wahre Wissenschaftler ist nicht *einer Norm unterworfen* wie Kuhns Normalwissenschaftler, er *unterwirft sich einer Norm* und gewährleistet so, daß die Wissenschaft einer soziopsychologischen Beschreibung entgeht, auf einer Theorie der Rationalität beruht. Um aber eine Beurteilungsmöglichkeit zu garantieren, muß diese Norm *explizierbar* sein. Und hier begegnen Lakatos' Forschungsprogramme selbst der Prüfung durch die Geschichte. Kurz vor seinem Tod hat Lakatos eingeräumt, daß sich Der Mann der Wissenschaft erst im Nachhinein beurteilen läßt.[15] Wir sind es, die jetzt wissen, daß das eine oder andere Programm degeneriert ist. Doch ist es jetzt die Geschichte selbst, die den Philosophen ermächtigt, zu beurteilen und zu bestimmen, *wann* es rational ist, ein Programm zugunsten eines anderen aufzugeben. Und diese von der Geschichte verliehene Macht ist *redundant*: Der Philosoph bestätigt den »Besiegten«, daß sie tatsächlich besiegt sind, kann aber überhaupt nicht einschätzen oder beurteilen, weshalb sie sich an ihr Programm geklammert haben. Er kann lediglich sagen, daß die Geschichte diese Gründe nicht zur Kenntnis genommen hat.

Lakatos' Auffassungen stoßen auf andere Schwierigkeiten, bei denen ich mich nicht aufhalten möchte. Vor allem implizieren sie, daß die normale wissenschaftliche Situation vom Wettstreit rivalisierender Forschungsprogramme gekennzeichnet ist – was dem Wissenschaftler erlaubt, seine Kritikfähigkeit auszuüben. Hier prallt der historische Stil Lakatos' und seiner Schüler auf den Stil Kuhns und dessen Schüler, die den engen Zusammenhang zwischen der »Krise«, die ein Programm durchmacht, und

---

15 Imre Lakatos, »Replies to Critics«, in *Boston Studies in Philosophy of Science*, Bd. 8, 1971.

der Erfindung eines Alternativprogramms betonen. Doch der springende Punkt, der meiner Ansicht nach das Ende der Abgrenzungs-Tradition bezeichnet, bleibt die Unmöglichkeit, eindeutig Kriterien zu formulieren, die, zwar gültig in der Vergangenheit, auch in der Gegenwart gelten könnten. Mit anderen Worten: Nicht die jeweils aktuelle Rationalitätsvorstellung in der Wissenschaft verleiht dem Wissenschaftsphilosophen die Macht des Urteils, sondern die Geschichte, da nämlich diese Geschichte – wie in der Physik oder der Chemie – als Verlauf ihres Fortschritts gelesen werden kann. Die Abgrenzungstradition, die keinesfalls den Fortschritt erklärt, der die »wahre« Wissenschaft belohnt, endet im Kommentieren, wie die »wahren Wissenschaften« fortgeschritten sind.

Eine historische Tradition unter vielen?

Es gibt viele Lesarten des Wortes »Vernunft«, das die Philosophen umtreibt. Man könnte zu Recht sagen, daß die normative Rationalität, die Suche nach dem Kriterium, dem sich jeder, der sich als Wissenschaftler versteht, nolens volens unterwerfen muß, zu den armseligsten überhaupt gehört. Interessant ist aber daran, daß es aus der Bemühung entstanden ist, zu beweisen, daß sich die Wissenschaft nicht auf die Kategorien zurückführen läßt, mit denen wir gewöhnlich die menschlichen Tätigkeiten dechiffrieren, das heißt, explizit zu beweisen, was die Wissenschaftler von der Wissenschaft behaupten.

Dieser Bemühung verdankt sich übrigens das Scheitern der Formulierung dieses Wortes. Solch ein Scheitern bedroht keineswegs die Denker, die aus der wissenschaftlichen Produktion ein beliebiges Werk oder ein beliebiges Moment herausgreifen, an dem sich die Arbeit der »Vernunft«, wie sie sie verstehen, nachvollziehen läßt. Derartige Lesarten der Wissenschaft müssen *erbaulich* sein: Wie die Heiligenviten die Macht der Gnade veranschaulichen, veranschaulicht das Leben der Wissenschaften oder

der Begriffe also eine Idee der Vernunft. Der Philosoph gibt sich das Recht und die Pflicht, aus den Wissenschaften gewisse begriffliche Mutationen herauszugreifen, die er zu Recht oder Unrecht für bedeutsam hält, und auf dieser Basis eine philosophische Grundlage der Vernunft zu konstruieren. Entgegen dieser gewiß erhebenden Sicht bevorzuge ich, und das ist meine Schwäche, eine sehr verletzliche Annäherung an die Geschichte, damit man trotz der Urteilskraft, die uns, den Erben, von den Urteilen dieser Geschichte übertragen ist, von »Scheitern« sprechen kann.

Was kann man aber mit diesem Scheitern anfangen? Was mit der Unmöglichkeit, Kriterien zu formulieren, die allgemeingültig wären, und damit die Möglichkeit eines Diskurses über die Wissenschaft zu begründen, der sie von dem abgrenzt, was ihr nur ähnelt? Muß man mit Paul Feyerabend, dem desillusionierten Popper-Schüler, schließen, daß jeder Versuch einer Definition »der« Differenz nur Propaganda ist?

Mit seinem Buch *Wider den Methodenzwang*[16] hat Feyerabend die eingewurzelten Gefühle verletzt. Er verglich die wissenschaftliche Tätigkeit mit der Astrologie, mit Voodoo, sogar mit der Mafia; und er hat den Preis für diese Strategie bezahlt: Die Brüskierten reduzierten das von ihm aufgeworfene Problem auf diesen skandalösen Vergleich. Die Herausforderung der »relativistischen« Position Feyerabends bestand jedoch nicht darin, Einstein einem Astrologen oder Galilei einem Mafioso gleichzusetzen. Er wollte zeigen, daß kein Wissenschaftler, der Geschichte machen will und seine Auffassung von »objektivem« Wissen anerkannt sehen möchte, sich an das halten kann, was wiederum die Philosophen für »objektiv« halten. Die Konstruktion der Objektivität ist nicht an sich objektiv[17]: Sie erfordert

---

16 Le Seuil, Paris, 1979.
17 Bruno Latour, in *Wir sind nie modern gewesen* (*op. cit.*): «Die Worte Wissenschaft, Technik, Organisation, Ökonomie, Abstraktion, Formalismus, Universalität bezeichnen sehr wohl reale Wirkungen, die wir in der Tat anerkennen und erklären müssen. Aber sie bezeichnen keinesfalls die Ursachen dieser Wirkungen. Es sind gute Substantive, aber schlechte Adjektive und fürchterliche Adverbien.« (S. 155).

eine besondere, jedoch nicht exemplarische Weise, sich auf die Dinge und den Anderen zu beziehen, genau wie die mafiose Aktivität. Was nicht heißen soll, daß sie dem gleichen Typ von Engagement entspringt wie die mafiose Aktivität.

Feyerabends These richtet sich also nicht gegen die wissenschaftliche Praxis[18], sondern gegen die Gleichsetzung der Objektivität mit dem Produkt eines objektiven Verfahrens. Zwar offenkundig eine Binsenwahrheit, ist diese Gleichsetzung dennoch ein schreckliches Machtinstrument. Sie macht die Objektivität zum allgemeinverbindlichen Schicksal unseres Wissens, zum Ideal dieses Wissens. Jede Erkenntnispraxis wird zum Unterscheiden dessen aufgerufen, was sie gern vermengt, wenn sie nicht wissenschaftlich ist: objektive, wissenschaftliche Erkenntnis auf der einen Seite, Vorhaben, Werte, Bedeutungen, Absichten auf der anderen.

In diesem Sinne ist Feyerabends erste Zielscheibe der Positivismus, wie ich ihn definiert habe, samt seiner insofern verräterischen Variante, als sie den Fortschritt der »Technowissenschaft« einem an sich unerbittlichen Schicksal gleichsetzt, das stärker ist als die (guten) Absichten der Wissenschaftler. Außerdem nimmt Feyerabend den wundersam szientistischen Diskurs jener zahlreichen Theoretiker der menschlichen Subjektivität aufs Korn, welcher alles, was nicht »das Subjekt«, seine Rechte, seine Werte, seine Freiheit etc. ist, der objektiven Wissenschaft ausliefert. Diese Geste ist alles andere als neutral: Man gebe dem Kaiser, was des Kaisers ist; das heißt zugleich, alles für sich zu beanspruchen, was ihm nicht gehört. Vom allgemein rechtlich anerkannten Triumph der Objektivität hängt die Möglichkeit ab, sich als Repräsentant der Subjektivität schlechthin zu setzen, die dann als der unzerstörbare, unveräußerliche *andere Pol* menschlicher Daseinsweise anerkannt wird.

Gegen diese Spaltung, bei der die scheinbar feindlichen Brüder unter einer Decke stecken, schreibt Feyerabend: »Entschei-

18 In diesem Zusammenhang sei auf das Kapitel »Die Trivialsierung der Erkenntnis« in *Irrwege der Vernunft*, Suhrkamp Verlag, Frankfurt 1989, verwiesen.

dungen über den Wert, die Nützlichkeit und den Gebrauch der Wissenschaften sind nicht wissenschaftlich, sondern Entscheidungen, die man ›existentielle‹ nennen könnte. Sie sind Entscheidungen, auf eine bestimmte Weise zu leben, zu denken, zu fühlen und sich zu verhalten.«[19] Mit anderen Worten, die einmal produzierte Objektivität gestattet keinesfalls – schließlich gereinigt und frei zur Selbstbestimmung –, die Subjektivität zu ihrem Gegenpol zu ernennen. Das so definierte »subjektive Moment«[20] ist nur ein »Rest«, das Produkt des Vergessens der Entscheidung, welche die Objektivität und ihre Folgen für unsere Art »zu leben, zu denken, zu fühlen und sich zu verhalten« produziert.

Doch hat die Strategie Feyerabends ihre Schwächen, da sie sich auf ein Scheitern gründet, nämlich der Formulierung allgemeiner Kriterien der Wissenschaftlichkeit. Zwar zerstört sie nachhaltig den Glauben an die Objektivität, aber die These, derzufolge es »keine objektiven Gründe (gibt), den Wissenschaften und dem abendländischen Rationalismus größeres Gewicht in einem Staatssystem oder überhaupt zuzuschreiben als anderen Traditionen«[21], so wohltuend sie auch sein mag, ist eine etwas abstrakte Lösung des Problems der »tiefen Spaltung«, die unsere Gesellschaften, welche »die Wissenschaft« produziert haben, von allen anderen trennt. Sicher ist es schwierig, auf die von Feyerabend über die nicht-wissenschaftlichen Traditionen – »wurden sie auf rationale Weise eliminiert, indem man einen ›objektiven‹ und kontrollierten Wettkampf zwischen ihnen und einem wissenschaftlichen Vorgehen in Gang setzte, oder war ihr Verschwinden das Ergebnis militärischer, ökonomischer, politischer und anderer Druckmanöver?«[22] – anders zu antworten als er, aber die Alternative ist nicht sehr überzeugend. Ist die Tatsache, daß »die abendländischen Wissenschaften die ganze Welt

---

19 *Ibid.*, S. 49.
20 Um mit Luc Ferry in *Le Nouvel Ordre écologique* (Grasset, Paris, 1992) zu sprechen: ein schönes Beispiel für den wissenschaftlichen Humanismus.
21 *Irrwege der Vernunft, op. cit.*, S. 431.
22 *Ibid.*, S. 439.

wie eine ansteckende Krankheit infiziert haben«,[23] wirklich ausschließlich von militärischen, ökonomischen und politischen
Kräfteverhältnissen bestimmt? Verdankt sie nichts den Wissenschaften selbst? Ist der Relativist Feyerabend nicht noch zu
rationalistisch, wenn er als einzige Arena, in der die Wissenschaften die eigene Rolle zur Geltung bringen können, die sie beim
Triumph über andere Traditionen gespielt haben, einen »›objektiven‹ und kontrollierten Wettkampf« präsentiert? Mit anderen
Worten, die These, derzufolge die Wissenschaft eine historische
Tradition unter vielen darstellt, ist anfällig im Hinblick auf ihre
reduktionistische Übersetzung: Die Wissenschaft stellt lediglich
eine historische Tradition unter vielen dar, wobei die einzig
»wahren« Unterschiede von äußerlichen politischen, militärischen, ökonomischen Faktoren herrühren. Eine Enthüllungs-
und Denunziationsstrategie.

Das erste, vom »relativistischen« Feyerabend verfaßte Buch
Wider den Methodenzwang war Imre Lakatos gewidmet, dem
»Freund und Bruder im Anarchismus«: Feyerabend verstand
sich als Erbe von Lakatos' Scheitern, eine Abgrenzung zu konstruieren, das heißt auch, als Erbe der luziden Redlichkeit, mit
der Lakatos sein Scheitern erkannte. Die Anfälligkeit seiner
These für ihr reduktionistisches Abgleiten ist ebenfalls das Erbe
der Epistemologie der Abgrenzung: Wenn die Wissenschaft auf
keinerlei epistemologisches Privileg Anspruch erheben kann,
verliert sie jedes Anrecht auf die Behauptung ihrer Differenz
vom epistemologischen Standpunkt aus. Anstatt der Vernunft
Adieu zu sagen,[24] hätte Feyerabend besser von einem »Abschied
von der Epistemologie« sprechen sollen. Das werde ich hier tun,
indem ich im Blick behalte, daß die Tätigkeit des einzelnen Wissenschaftlers nicht unabhängig von der historischen Tradition
erfaßt werden kann, in der sein Engagement und vielleicht seine
Besonderheit wurzeln.

---

23 *Ibid.*, S. 432.
24 Eine Anspielung der Verfasserin auf den Originaltitel des Werkes *Irrwege der Vernunft: Farewell to Reason*, französisch *Adieu à la raison*. (A.d.Ü.)

3

Die Macht
der Geschichte

Die Besonderheit der Wissenschaftsgeschichte

Die Wissenschaften erwecken oft den Eindruck eines »ahistorischen« Unternehmens. Wäre Beethoven in der Wiege gestorben, hätten seine Symphonien niemals das Licht der Welt erblickt. Wäre Newton hingegen mit fünfzehn Jahren gestorben, so hätte ein anderer an seiner Stelle... Diese Differenz verweist offensichtlich zum Teil auf die Stabilität bestimmter Probleme, in dem Fall auf die beobachtbare Regelmäßigkeit der Bewegungen von Himmelskörpern, deren Hinterfragung zweifellos stetigen Bestand hatte. Doch ist diese Differenz nicht so allgemein, wie man annehmen könnte. So glaube ich, behaupten zu können, daß die Thermodynamik nicht das wäre, was sie ist, wäre Carnot in der Wiege gestorben. Dennoch ist der Eindruck von Ahistorizität eine Besonderheit der Wissenschaftsgeschichte, die erklären mag, warum sich bis heute so wenige professionelle Historiker mit ihr beschäftigt haben.

Das Auftreten eines Streites zwischen »internalistischen« und »externalistischen« Historikern vor einigen Jahren ist symptomatisch. Welches andere Feld würde auf eine derartige Spaltung verfallen, nämlich zwischen der eigentlichen Geschichte der wissenschaftlichen Produktionen auf der einen Seite und der Geschichte der Institutionen, der Beziehungen der Wissenschaftler zu ihrem Milieu, der sozialen, ökonomischen und institutionellen Zwänge oder Zweckmäßigkeiten auf der anderen Seite, von denen ein wissenschaftliches Feld zu einer bestimmten Epoche beeinflußt wird? Sicherlich kann man zum Prinzip erheben, daß die Wissenschaften wie jede andere menschliche Praxis im geschichtlichen Kontext gesehen werden *müssen* und es aus dieser Sicht weder Kompromiß noch Halbheiten geben kann. Doch dieses legitime Ideal erklärt nicht das Problem: Warum ist diese Berücksichtigung des historischen Kontextes nicht selbstverständlich?

Hier genügt es nicht, auf den »technischen« Charakter der wissenschaftlichen Fragen zu verweisen, oder darauf, daß sich die Historiker von den Wissenschaftlern oder Epistemologen einschüchtern lassen. Diese Argumente, die zu Lösungen der Art »man muß nur…« führen, scheinen mir ein weit interessanteres Problem zu verschleiern, nämlich weshalb so viele Teilnehmer am Abenteuer der modernen Wissenschaften davon überzeugt sind, es sei keine gesellschaftliche Praxis. Mit anderen Worten: Die Frage der Wissenschaftsgeschichte wird mir eine neue Annäherung an die Besonderheit der Wissenschaften erlauben: als Erprobung der historischen Praxis.

Gemeinhin wird ein seriöser Historiker protestieren, wenn man ihn verdächtigt, den zeitlichen Abstand als Machtinstrument zu gebrauchen, das ihm erlaubt, eine vergangene Situation und das, was diejenigen, die er in Szene setzt, wußten, glaubten, wollten und dachten, zu beurteilen. Doch gewöhnlich wird diese Disziplin, die er sich auferlegt, durch den Zeitabstand erleichtert, der bereits ermöglicht hat, jene »auf eine Stufe zu stellen«, die sich in der Vergangenheit für Sieger halten oder als Besiegte erleben konnten. Sie alle waren in der Zukunft, die sie stifteten, vielfachen Interpretationen und Reduktionen ausgesetzt, durch die der Historiker seine eigene Position konstruiert: Er ist derjenige, der diese einfache Lösung ablehnt und versucht, wieder zusammenzusetzen, was zersetzt worden war.

Nun bringt aber die Wissenschaftsgeschichte Akteure ins Spiel, deren Besonderheit gerade in der Zielsetzung zu bestehen scheint, daß der Zeitabstand keine Gleichheit schaffen kann. Eine Art, den Imperativ der Objektivität auszudrücken, dem auf die eine oder andere Weise eine als wissenschaftlich anerkannte Aussage entsprechen muß, ist die folgende: »Niemand soll in der Gegenwart, und wenn möglich in Zukunft, fähig sein, das, was ich aussage, von etwas abzuleiten und in meinen Aussagen das zu unterscheiden, was von meinen Ideen und Ansprüchen herrührt und was von den Dingen. Niemand soll mich als Autor im herkömmlichen Sinne identifizieren können.« Die innovativen Wissenschaftler sind nicht nur einer Geschichte *unterworfen,* die ihren Grad an Freiheit definiert, sie nehmen im Gegenteil das Risiko auf sich, sich in eine Geschichte einzuschreiben und versuchen, sie umzugestalten. Die Wissenschaftsgeschichte hat als Akteure keine Menschen »im Dienste der Wahrheit«, wenn sich diese Wahrheit durch Kriterien definiert, die der Geschichte entgehen, sondern »Menschen im Dienst der Geschichte«, deren Problem es ist, die Geschichte so umzugestalten, *daß ihre Kollegen, aber auch diejenigen, die nach ihnen die Geschichte berichten, gezwungen sind, von ihrer Erfindung als einer »Entdeckung« zu sprechen, die auch andere hätten machen können.* Die Wahrheit ist unter diesen Umständen dasjenige, was gemäß diesem Zwang Geschichte zu machen vermag. In dem Maße, wie das, was ein Autor hervorbringt, tatsächlich Geschichte zu machen vermag, wird also diese Geschichte, welche die Arbeit des Historikers alles andere als erleichtert, eine Differenzierung schaffen, die sich immer schwerer in Frage stellen läßt. Der Historiker kann mit den »Besiegten« nach Belieben verfahren, kann sogar versuchen, ihre Überzeugungen verständlich zu machen. Er kann zugleich erhellen, warum die Sieger »trotz allem« Kinder ihrer Zeit waren, indem er den Kontrast zwischen dem zeigt, was sie glaubten entdeckt zu haben, und dem, was die Wissenschaft heute dazu sagt. Doch schon der Kontrast drückt die Macht der entdeckten Wahrheit aus, da sich der Historiker hier vom zeitlichen Abstand und von der Differenz zwischen dem definieren läßt, dessen Infragestellung ihm die Wissenschaftsgeschichte ermöglicht, und dem, was die Geschichte als unstrittig definiert hat.

So hat Bernadette Bensaude-Vincent in *Etudes sur Hélène*

Metzger[1] gezeigt, daß der Stil der »Ideen- und Doktrinenge-
schichte« der Wissenschaftshistorikerin Hélène Metzger in
einem ihrer Bücher, *La Chimie,* als es um die Chemie nach 1830
geht, plötzlich einem pädagogischen Bericht der aufeinander
folgenden und sich häufenden Entdeckungen und Theorien
weicht. Im selben Werk verband G. Freudenthal den von Metzger für die Chemie vor 1830 verwandten Erzählstil mit der hermeneutischen Tradition: Es handle sich darum, einem Autor
»Gerechtigkeit widerfahren zu lassen«, ihn zu rehabilitieren und
interessant zu machen, indem man ihn in seiner Zeit sieht, indem
man seinen Denkhorizont nachempfindet. Wird der Stil der
hermeneutischen Geschichte unpassend, wenn die Chemie
»seriös«, »wirklich wissenschaftlich« wird? Muß man den Chemiker nicht mehr begreifen? Ist er »objektiv« geworden? Dies
war die These Gadamers, der die wissenschaftlichen Praktiken
von der Hermeneutik ausschloß. Doch ist dieser Ausschluß
selbst ein Geständnis, das ein Licht auf die Macht wirft, die der
Historiker gewöhnlich über seine Akteure hat, eine Macht, die
der Zeitabstand verleiht.

Judith Schlanger hat in den gleichen Studien bemerkt, daß
diese Situation Metzgers Stil gerade da in Frage stellt, wo sie ihn
gebrauchen kann. Wie immer, wenn sich die Wissenschaftshistoriker vom Vorgehen der Kunsthistoriker inspirieren lassen, ten-
diert dieser Stil nämlich dazu, das Auftauchen eines neuen Per-
zeptionsmodus zu über- und die Argumentationspraktiken zu
unterschätzen. Hier zeigt sich, daß wir die von den Akteuren der
Epoche ausgetauschten Argumente nicht mehr ernst nehmen
(da die nachfolgende Geschichte sie obsolet gemacht hat). Für
Schlanger gibt es kein historisches Verfahren, das gleichermaßen
auf die Geschichte der Philosophie, der Kunst und der Wissenschaft anwendbar wäre; denn jedes dieser Unternehmen definiert sich durch sein spezifisches Verhältnis zu seiner Vergangenheit. Man kann somit den Schluß ziehen, daß im Gegensatz zu

---

1 Zusammengetragen von Gad Freudenthal, *Corpus,* Zeitschrift des Korpus der philosophischen Werke in französischer Sprache, Nr. 8–9, 1988.

Gadamers Meinung wissenschaftliche und hermeneutische Praktiken sehr enge Beziehungen unterhalten, jedoch insofern, als erstere sich durch ihren Antagonismus demgegenüber definieren, was letztere fordern. Wenn es dem Historiker »gelingt«, einen Autor zu rehabilitieren, indem er ihn in dessen Epoche sieht, bringt er damit die Niederlage dieses Autors als Wissenschaftler zum Ausdruck; denn er zeigt, daß wir künftig sein Laboratorium betreten können wie einen Bahnsteig, der allen Einflüssen der Zeit offensteht.[2]

Es gibt also im Herzen der Wissenschaftsgeschichte, ob sie nun von der Hermeneutik oder der Soziologie herkommt, ein sehr schwieriges Kräfteverhältnis zwischen dem Historiker und seinen Akteuren. Und dieses Verhältnis gestaltet sich umso schwieriger, als der Historiker selbst größte Mühe hat, nicht – und sei es auch nur unterschwellig – der Idee anzuhängen, es gäbe sehr wohl einen Fortschritt in den Wissenschaften. Die etablierte Asymmetrie zwischen Siegern und Besiegten stellt nicht nur einen Aspekt der Situation dar, den der Historiker untersuchen muß, es ist auch ein Aspekt, der ihn selbst betrifft. Wie sollte er nicht, *so wie wir alle,* denken, daß sich die Erde um die Sonne dreht, daß Bakterien Auslöser von Epidemien sind und daß die Anti-Atomisten Unrecht hatten, in den Atomen eine irrationale Spekulation zu sehen, von der die Chemie gereinigt werden müßte? Es fällt ihm leicht, Christoph Kolumbus »in Geschichte zu setzen«, weil Christoph Kolumbus keinesfalls wußte, daß er Amerika entdecken würde. Um von der Arbeit Jean Perrins zu berichten, der seinen Zeitgenossen die Atome begreiflich machen wollte, indem er bewies, daß es möglich ist, sie zu zählen, fällt es ihm schwer, Perrins Worte nicht zu wiederholen, das heißt, nicht den Erfolg dessen zu bestätigen, was man die »Berufung« des Wissenschaftlers nennen könnte: den Historiker zu *zwingen,* sich seiner eigenen Gründe bewußt zu sein, um seine Arbeit zu schildern.

2 Zum Versuch, diesen Antagonismus aktiv zu berücksichtigen, siehe Bernadette Bensaude-Vincent und Isabelle Stengers, *Histoire de la chimie*, La Découverte, Paris, 1993.

Erprobung bedeutet nicht Hindernis. Die Wissenschaftsge-schichte behindert nicht die Geschichte der Historiker, verlangt aber von ihr, daß sie sich nach dem Prinzip des Nicht-Ableitba-ren richtet, nach der Weigerung, eine Situation darauf zu redu-zieren, was uns der Zeitabstand heute an Aussagen über sie erlaubt. Der große Unterschied besteht darin, daß dieses Prinzip hier nicht Synonym für »methodologische Entscheidung« ist, die vom Historiker verlangt, er habe sich der Anwendung der Macht zu enthalten, die ihm der Zeitabstand verleiht. Gewiß kann er sich wie Feyerabend und die meisten Wissenschaftsso-ziologen beim unentschiedenen Teil einer Kontroverse aufhal-ten, kann sich dauerhaft damit beschäftigen, wenn eine Kontro-verse noch nicht abgeschlossen ist.[3] Er sollte sich dann aber nicht darüber wundern, daß er die Gefühle derer verletzt, die er beschreibt und die der Auffassung sind, die Geschichte sollte

3 Zitieren wir hier das sehr schöne Buch von Trevor Pinch, *Confronting Nature. The Sociology of Solar-Neutrino Detection* (Reidel Pub. Comp., Dordrecht, 1986), das auf faszinierende Weise die Konstruktion des Objektes des »Sonnenneutrinos« durch Ray Davis, den Pionier der Entdeckung der Neutrinos, nachzeichnet; sie verwirk-licht eine neuartige Begegnung zwischen Disziplinen der Physik, die bisher vonein-ander getrennt waren. Das Maß des von der Sonne ausgesandten Neutrino-Stroms hat nicht die Werte ergeben, die von den Astrophysik, Wissenschaft der nuklearen Reaktionen und Neutrinophysik implizierenden Modellen vorgesehen waren. Wel-che steht zur Debatte? Diese Frage ist seit fünfundzwanzig Jahren offen: Das Maß ist bestätigt und die *Anomalie* also anerkannt worden. Pinchs Buch ist ein schönes Beispiel für die »In-Geschichte-Setzung«, doch *profitiert* es von der Unsicherheit der Akteure, um zu zeigen, daß die Wissenschaft eine Sache der Interpretation ist. Was es hingegen nicht hervorhebt, ist, daß die interpretatorische Tätigkeit der Akteure eine ganz andere gewesen wäre – und daß die Frage zweifellos offengeblie-ben wäre –, wenn diese Akteure nicht davon überzeugt gewesen wären, daß diese Anomalie gelöst werden *kann*, das heißt, daß eine Antwort gegeben werden kann, die, nach der einen oder anderen Veränderung, die Begegnung der Disziplinen kohärent mit dem Maß macht. Wer diesen »Fortschritt« verwirklicht, erhält bestimmt den Nobelpreis, doch die Untersuchung dieses Falles durch einen zukünf-tigen Soziologen wird diesem *weniger leicht* die Macht geben, seine Position von der seiner Akteure zu unterscheiden: »Natürlich erscheint den Wissenschaftlern die Natur als unabhängiges Reich, das objektiv existiert. Doch dem Soziologen kann die Natur nur durch diskursive Prozesse zugänglich werden« (*op. cit.*, S. 19–20, übers. nach dem französischen Text). Der Wissenschaftler kann einwenden: »Gewiß, doch hier wurde sie ›tatsächlich‹ zugänglich; nicht alle diskursiven Pro-zesse sind gleich.«

ihre Methode nicht gerade da beweisen, wo der Gegner schwach ist, sondern da, wo er sich am stärksten zeigt (was ich mit Galilei versuchen will).

Die drei Welten

Kommen wir zur Frage der »Macht der Geschichte«, die von den Wissenschaftlern aus der Sicht ihrer Auswirkungen auf einen Vertreter der epistemologischen Tradition, Karl Popper, konstruiert wurde. Die seit 1968 von Popper entwickelte Theorie »der drei Welten« ist der radikale Ausdruck des Problems, das die Macht dieser Geschichte hervorbringt, und zugleich ein sehr merkwürdiger Lösungsversuch, der die Epistemologie zugunsten einer Form von allgemeiner Evolutionsphilosophie aufgibt.

Alles beginnt scheinbar harmlos mit dem, was Popper das »Übertragungsprinzip« nennt. Die psychophilosophischen Theorien der individuellen Wissensaneignung, die Theorien der wissenschaftlichen Rationalität und der kollektiven Wissenszunahme und die biologischen Evolutionstheorien versuchen allesamt, einen Fortschritt, die Produktion von etwas Neuem und Interessantem zu charakterisieren. Doch wie soll man charakterisieren, was sich auf diese Weise »produziert«? Natürlich ist man versucht, eine positive Begründung zu finden, die deutlich macht, inwiefern das Neue sich tatsächlich als »besser« ausgeben kann, das heißt, eine Begründung, welche die Legitimität dieser Behauptung zu beurteilen und beglaubigen erlaubt. Genau das wollte die logizistische Epistemologie im Hinblick auf die Wissenschaften verwirklichen. Sie wollte die Ansprüche der produzierten Theorien auf Gültigkeit begründen und damit rechtfertigen, daß die einen gültiger sind als die anderen. Aber, sagt Popper, die Logik scheitert, denn wenn wir ihr vertrauen, könnte kein allgemeingültiges Urteil aus den Fakten abgeleitet werden: Das Induktionsverfahren, das erlaubt, von einem Komplex von Einzelaussagen zu einer allgemeinen Aussage zu gelangen, er-

68

laubt wiederum nicht, diese Aussage zu beweisen, das heißt, die Möglichkeit eines Faktums auszuschließen, das sie eines Tages falsifizieren würde. Nun lautet aber das Übertragungsprinzip: *Was in der Logik wahr ist, ist auch woanders wahr.* All unsere Charakterisierungsweisen des Fortschritts müssen sich somit Folgendem unterwerfen: Eine Neuheit findet niemals eine positive Begründung, die deren (adaptiven) Wert, deren (psychologische) Gewißheit oder deren (wissenschaftliche) Wahrheit garantiert.

Schon die Beschreibung des heroischen Wissenschaftlers – wäre sie zur »Erklärung« des Fortschritts herangezogen worden – hätte die Epistemologie mit einer psychologischen Theorie des durch »trial and error« erworbenen Wissens und mit einer mutationistischen Version des Darwinismus in Verbindung gebracht: der Vermehrung und Eliminierung von Mutanten. Die Selektion eliminiert jene, von denen sich einzig sagen läßt: »Sie waren unfähig, der Selektion zu entgehen.« Von den Überlebenden kann man allenfalls sagen: »Sie wurden noch nicht eliminiert.« Die Hauptschwäche dieser dreifachen Theorie ist ihre Definition von Versuchen, Mutanten und Theorien als unendlich erneuerbare Waren, an denen es uns nie mangelt.[4] Doch als Popper das Übertragungsprinzip explizit einführte, vertrat er bereits eine nicht-mutationistische Version der Darwinschen Evolution: Der Erfolg eines Lebewesens ist kein »Überleben«, sondern eine Ko-Invention einer Welt möglicher Ressourcen und einer Bezugsweise zur Welt. Genauso – bemerkt Popper in *Ausgangspunkte: Meine intellektuelle Entwicklung* – lernen die Säuglinge, weil sie von Geburt an zum Lernen disponiert sind, wobei der Erfolg der angeborenen Lernfähigkeit die Menschenwelt voraussetzt, ohne die jene Fähigkeit keinen Sinn hätte. Und genauso erfordern auch die Wissenschaftstheorien eine positive Charakterisierung: Damit ihre Widerlegung uns etwas lehrt,

---

4 In der Biologie trifft dieses Vermehrungsprinzip *manchmal* zu, vor allem was die Bakterien angeht. Dieses Prinzip setzten die Laborverfahren um, bei denen die Suche nach einem bestimmten mutierenden Stamm unter der Voraussetzung vor sich geht, daß er in der Bevölkerung »existieren« müsse. Diese Bevölkerung wird Bedingungen unterzogen, die einzig die Mutanten überleben können.

müssen sie zunächst einen gewissen Erfolg gehabt, einen Wissensfortschritt und die Erfindung einer Welt bedeutet haben, die von ihnen (teilweise) verständlich gemacht wird. In den drei Fällen hat Neuheit keine Bedeutung unabhängig von der *Situation;* das Ganze muß aufgrund von Kriterien die allgemeiner sind als diese Situation, beschrieben und nicht beurteilt werden.

Doch wie kann man eine Situation beschreiben? Popper zufolge in Begriffen der Antizipation, die durch die Auswahl und Interpretation gewisser Aspekte der Welt dieser Sinn verleihen, und in Begriffen der Risiken, welche diese Antizipationen mit sich bringen. Vorrangiger Begriff ist das »Problem« geworden, das eine neue Situation schafft (selbst wenn die Neuheit des Problems oft nicht unabhängig von der Formulierung eines neuen Lösungstyps wahrgenommen wird). Das »Problem« erkennt man an seiner Fähigkeit, die »Lösungsversuche« und die (physiologischen, verhaltensbestimmten oder bewußten) »Konjekturen« zu überdauern, und diese Fähigkeit erlaubt es auch, die Eliminierung »falscher« Lösungen und die eventuelle Schaffung neuer Probleme zu erfassen. Dem künftig bei Popper allgegenwärtigen Schema zufolge erzeugt P_1 TT (*tentative theory,* das heißt, »Versuchstheorie«), die FE (Fehlereliminierung) erzeugt, die P_2 erzeugen kann.

Hier hat sich eine entscheidende Wende vollzogen. Das Subjekt der wissenschaftlichen Entwicklung ist nicht mehr das psychologische oder ethische Individuum. Der Wissenschaftler wird von der Situation definiert. Fortan sind ethische Vorschriften zur Definition der Wissenschaft entbehrlich, und die Disqualifizierung des Gegners vollzieht sich in neuen Begriffen: Ob Marxist oder Psychoanalytiker, er ist derjenige, der sich an seine Hypothesen klammert und die von seiner Situation in der Welt hervorgerufenen Probleme ablehnt. Doch von nun an ist diese Disqualifizierung eine »ontologische«. Der Marxist oder der Psychoanalytiker sind wie die Amöbe oder jedes andere Tier in einer »zweiten Welt« eingeschlossen, der des Glaubens, der Überzeugungen, Wünsche und Intentionen, wohingegen der »wahre« Wissenschaftler vom Auftauchen einer »dritten Welt«

definiert wird, jener der objektiven Erkenntnis. Der Hauptkontrast zwischen Wissenschaft und Nicht-Wissenschaft hat sich verschoben. Er besteht künftig im Unterschied zwischen Einstein und der Amöbe: Diese identifiziert sich mit ihren Hypothesen und stirbt mit ihnen. Einstein läßt seine Hypothesen an seiner Stelle sterben.

Dem Leser mag Poppers Lösung auf den ersten Blick unglücklich erscheinen; denn die Differenz zwischen Wissenschaft und Nicht-Wissenschaft – ein Problem, dessen Lösung den Wissenschaftlern anscheinend nicht allzu schwer fällt – impliziert hier eine *ontologische* Differenz zwischen der *zweiten Welt*, der der Lebewesen mit ihren Überzeugungen, Ängsten, Wünschen, Intentionen und ihren bewußten oder unbewußten, psychischen oder ihrem Metabolismus inkarnierten Glaubensinhalten, und der *dritten Welt*, nämlich der der objektiven Erkenntnis. Doch hätte er Unrecht, wenn er meinte, Popper würde hiermit schlicht an die Tradition des »großen Positivismus« anknüpfen, der nicht geizt mit kosmischen Fresken, welche den Aufstieg des Menschen zur Vernunft in Szene setzen. Ihm entginge damit die Besonderheit von Poppers Weg, dessen Ausgangspunkt die Unfähigkeit der Logik ist, über die wissenschaftliche Erkenntnis Rechenschaft abzulegen, und die Verallgemeinerung dieser Unfähigkeit durch das »Übertragungsprinzip«. Dieser Ausgangspunkt ist insofern besonders, als er das Problem der »Macht der Wissenschaft« anhand der Frage aufwirft, welche Triftigkeit unsere Antizipationen haben, wenn wir sie beschreiben wollen. Bevor man nach den Produkten einer Situation fragt, muß man zunächst die Referenzen erkennen, welche durch sie selbst in Erscheinung getreten sind. Daß die Logik die Wissenschaft nicht rechtfertigen kann, heißt nicht, daß Wissenschaft unlogisch sei, sondern daß mit der Wissenschaft eine Situationslogik in Erscheinung getreten ist, der gegenüber die Logik nicht triftig ist.

Die Differenz zwischen der zweiten Welt und der ersten, der der materiellen, geologischen, physikalisch-chemischen, meteorologischen, etc. Vorgänge, ist in diesem Zusammenhang beispielhaft. Sobald wir es mit einem Lebewesen zu tun haben, wissen wir, daß die zutreffende Beschreibungsweise die »Ansicht« des Lebewesens von seiner Welt miteinbegreifen muß, daß diese Ansicht untrennbar mit seinem Metabolismus verbunden ist, wie dies für die Amöben gilt, oder daß sie auf eine psychische Dimension bezogen werden kann, wie dies anscheinend für die Säugetiere gilt. Ob es nun um die Amöbe, den Schimpansen oder um uns selbst geht: *Wir können nicht ohne die Berücksichtigung der Tatsache beschrieben werden, daß nicht alle Umwelten für uns gleichwertig sind.* Mit anderen Worten, die Unterscheidung zwischen der ersten und der zweiten Welt bezeugt das *Auftreten* von Wesen, die zwar in den Begriffen von Vorgängen analysiert werden können, welche der ersten Welt angehören, die jedoch, um auf triftige Weise begriffen zu werden, eine neue Sprache unumgänglich machen. Und in dieser Sprache kann man vor allem und zu Recht zwischen »Ursache« und »Grund« schwanken, das heißt, ohne Metapher oder antropomorphe Projektionen von »Differenzen, die eine Differenz ausmachen« sprechen, wie Gregory Bateson es ausgedrückt hätte. Die zweite Welt ist die Welt des Hervortretens von *Sinn*.

Man kann auf vielerlei Weisen zwischen Sinn und Bedeutung unterscheiden. Eine dieser Weisen, die ich hier übernehmen werde, erschafft das Terrain, das für die Poppersche Unterscheidung zwischen zweiter und dritter Welt erforderlich ist: Im Gegensatz zum Sinn impliziert die Bedeutung, daß derjenige, dem sie als Bezugnahme dient, sich nicht wundern soll, wenn man von ihm verlangt, sie zu erklären oder zu rechtfertigen. Diese Unterscheidung ist ästhetisch, ethisch und ethologisch: Sie bezieht sich auf einen Existenzmodus, der impliziert, daß man gegebenfalls über seine Existenzweise »Rechenschaft geben« muß. Die Bedeutung impliziert das Auftreten einer Möglichkeit des Beschreibens, Prüfens, Diskutierens, die per se dem Sprecher eine anonyme und unpersönliche Position zuerteilt. Diese Möglichkeit entspricht einem neuen Problem, einer neuen Situationslogik und auch oft der Einführung eines neuen Kräfteverhältnisses zwischen denen, die Rechenschaft verlangen oder suchen, und denen, die nicht wußten, daß überhaupt Rechenschaft abzulegen war. Man denke an die Grammatiker und anderen »Sprachregler« und dagegen an jene, die wie Monsieur Jourdain frisch von der Leber weg drauflosredeten. Doch bietet diese Möglichkeit keinesfalls die Gewähr, daß die abgelegte Rechenschaft ihre eigene Adäquatheit stiftet, daß die Erklärung befriedigend, konsistent und zutreffend ist.

Selbstverständlich bringt alles, was menschlich ist, für Popper Sinn und Bedeutung durcheinander. Doch besteht für ihn die Besonderheit der Wissenschaft darin, daß sie aus diesem »Terrain«, welches von Lebewesen gebildet wird, die »Rechenschaft ablegen wollen«, sich also das Problem der Wahrheit, der Legitimität, der Gewißheit stellen, eine Dynamik hervortreten läßt, die diese Besorgnis transzendiert. Um ein Beispiel anzuführen: Es ist möglich, daß die von den Griechen erfundene mathematische Beweisführung anfangs nur dazu diente, die Gewißheit der Aussage zu begründen, doch hat diese Tätigkeit von Definition und Beweisführung eine ganz andere Geschichte eingeleitet. Mit den »irrationalen Zahlen«, ein Skandal für die griechische Vernunft, tritt das archetypische Beispiel für die Schöpfung eines Bewohners der *dritten Welt* auf, eine Schöpfung, die sich trotz der Absichten und Überzeugungen der Subjekte der zweiten Welt durchzusetzen vermag.

Für Popper ist die von den Wissenschaftlern konstruierte Macht der Geschichte also mit der Tatsache verknüpft, daß in ihr die »psychologischen« Subjekte keine Herren sind, sondern unter dem Zwang der Probleme stehen, die von ihnen aufgeworfen werden. Und entsprechend *nötigt diese Geschichte jene, die sie beschreiben wollen*, zur Berücksichtigung der dritten Welt und deren relativer Autonomie gegenüber den Subjekten, die Intentionen und Überzeugungen hegen und auf der Suche nach Gewißheiten sind. Die Wissenschaft vollzieht die Überschreitung einer Schwelle, nach der *es unmöglich ist, nicht zu erkennen*, daß der Hauptakteur der Entwicklung nicht mehr das der zweiten Welt angehörige Subjekt ist, sondern das *objektive Problem*, ein Bewohner der dritten Welt. Diejenigen, die dies nicht erkennen, versuchen, die wissenschaftliche Erkenntnis mit Legitimitäts- und Beweiskriterien zu begründen, die der Suche nach Gewißheiten der Bewohner der zweiten Welt entsprechen – auf die Gefahr hin, daß sie, wenn sie scheitern, wie Feyerabend zu Relativisten werden, statt sich zu fragen, ob ihre Fragen die richtigen waren.

Die Verbindung zwischen zweiter und dritter Welt reproduziert also jene, die zwischen erster und zweiter Welt vorherrscht. Jedes Problem braucht als Voraussetzung für sein Auftreten die (im Hinblick auf das Ereignis des Auftretens nicht intentionale) Tätigkeit eines Subjekts. Sobald es aber existiert, beharrt es und ruft jene auf den Plan, die künftig in seinem Dienst stehen, jene, deren Intentionen, Überzeugungen und Projekte man *nicht mehr* unabhängig von diesem neuen Situationstyp wird beschreiben können.[5]

Eher im Sinne einer Herausforderung und nicht als Lösung habe ich Poppers Theorie der »drei Welten« vorgestellt. Die Herausforderung ist sachdienlich. Sie treibt die Frage der Macht, die der zeitliche Abstand dem Historiker über seine Akteure und deren Argumente verleiht, in ihr radikales Extrem und stellt die Besonderheit der Wissenschaftsgeschichte unter das Zeichen der Konfrontation zweier Mächte, nämlich die der Interpretation, die überall Glaubensinhalte, Überzeugungen und Ideen erkennt, und die des Problems, dessen Imperativ den Wissen-

---

5 Auf diese Weise rechtfertigt Popper den Triumph der »internen« über die externe Geschichte. Jedesmal, wenn ein Anhänger der »externen« Geschichte die Position eines an einer Kontroverse teilnehmenden Wissenschaftlers mit dessen kulturellen, sozialen und politischen Interessen in Einklang bringen will, kann der »interne« Historiker sagen, daß der vorrangige Daseinsgrund der Kontroverse von einem objektiven Problem herrührt. Die Art und Weise, wie sich die Akteure um das Problem verteilen, kann natürlich mit ihren Interessen zusammenhängen, der Konflikt aber hängt zunächst von der Existenz des Problems ab, sie schafft erst die Möglichkeit, daß die konfliktuellen Interessen wissenschaftliche Divergenzen hervorbringen können. Siehe vor allem Alan Chalmers Antwort in *La Fabrication de la science*, La Découverte, Paris 1991, auf die Studie von Donald Mackenzie, »Comment faire une sociologie de la statistique...« (wiederaufgenommen in *La science telle qu'elle se fait*, hg. von M. Callon und B. Latour, *op. cit.*).

schaftler existent gemacht hat.[6] Doch wenn dies das Wesen der
Herausforderung ist, so zeigt sich die von Popper vorgeschlagene Lösung von epistemologischen Sorgen »durchdrungen«,
die seinen Ausgangspunkt bildeten. Ich möchte hier drei Haupt-
schwächen seiner Theorie herausgreifen, die zugleich drei
Zwänge für die Konstruktion der Lösung darstellen, die ich im
Folgenden vorschlage.

Einerseits soll die von Popper geschaffene Inszenierung zu
einer Perspektive führen, die das Ideal einer reinen Wissenschaft
und die korrelative Definition des »äußeren Milieus« als etwas
Unreinem beibehält, welches stets die Gefahr birgt, die wissenschaftliche Reinheit zu infizieren und die Wissenschaft zu gefährden. Mit anderen Worten: Eine der Bestimmungen von Poppers Welt der Probleme besteht offenkundig im Ausklammern
jeglicher politischer Dimension, die Popper ohne Zögern der
zweiten Welt gleichsetzen würde. *Werden wir den Gebrauch der
Wörter »Politik« und »wissenschaftliches Problem« so radikal umwandeln können, daß ihre Bestimmung nicht mehr die Mobilisierung der
Argumente in einer Perspektive der Konfrontation ist?*

Andererseits bestätigt Poppers dritte Welt insofern das Privileg der mathematischen und experimentellen Wissenschaften, als
in eben diesen Wissenschaften die Geschichte oder der Fortschritt sich in der plausibelsten Weise auf das Problem als Produkt der menschlichen Tätigkeit zu beziehen scheinen, während
es die Funktion der Welt sei, die von diesen Problemen aufgeworfenen Fragen über sich ergehen zu lassen. Der Gedanke, daß

6 Andere Geschichtsmodi sind plausibel, vor allem der, den Daniel Bensaïd (in *Walter
Benjamin, sentinelle messianique. A la gauche du possible,* Plon, Paris, 1990) den
»historischen Materialismus« nennt, bei dem der Historiker weiß, daß es viel weniger um Wiederherstellung als um Erinnerung und lauernde Aufmerksamkeit in
einer Gegenwart geht, die »aufgefordert ist, die erschöpften Wachposten vor der lee-
ren Wüste abzulösen, für den Fall, daß ein Godot in Lumpen dort auftaucht« (S. 94).
Diese Gegenwart, »die keineswegs ein Übergang ist, sondern reglos auf der Schwelle
der Zeit verharrt..., ist die Zeit der Politik. Jedes Ereignis der Vergangenheit kann
hier einen höheren Grad an Aktualität erwerben oder wiederfinden als den, welchen
es in dem Augenblick hatte, da es stattfand. Die Geschichte, die zu zeigen behauptet,
wie sich die Dinge wirklich zugetragen haben, ist von einer Polizeiauffassung
beseelt, die ›das stärkste Narkotikum des Jahrhunderts darstellt‹« (S. 68).

die Welt selbst in dem Sinne ein Problem stellen könnte, in dem sie selbst zu jenem »zentralen Akteur« werden könnte, der beharrt und jene hervorruft, die ihn beschreiben, ist Poppers Theorie fremd. Er kann aber, wie wir sehen werden, in der Frage nach dem Unterschied zwischen Experimentalwissenschaften und Feldwissenschaften eine Rolle spielen. *Können wir die praktischen Unterschiede zwischen den Wissenschaften verstehen, ohne ihre Hierarchisierung zu bestätigen?*

Schließlich und vor allem stellen Poppers drei Welten eine Perspektive dar, die einerseits *zu weitgefaßt ist,* da sie erlaubt, einen Kontrast zwischen Einstein und einer Amöbe herzustellen, und zum anderen *zu kümmerlich,* da sie sich über den Unterschied ausschweigt, auf welche Weise ein Problem, ob wissenschaftlich oder nicht, seine Bedingungen durchzusetzen vermag und auf welche Weise sich eine wissenschaftliche Produktion historisch durchsetzt; und zum Dritten ist diese Perspektive *zu deterministisch,* da sie dem Problem die Macht verleiht, zwischen denen zu unterscheiden, die seine Vektoren sein werden, und allen übrigen, die als Hindernisse aus der zweiten Welt abqualifiziert werden. *Können wir es vermeiden, dem Problem die Macht zur Definition der Wissenschaft zu verleihen, das heißt, ihre Geschichte in ein ontologisch-evolutionäres Modell zu verwandeln?*

Was ist letztlich von Popper zu bewahren? Daß der Wissenschaftshistoriker sich selbstverständlich nicht verpflichtet fühlen muß, die Geschichte so zu erzählen, wie es ihre Akteure tun, daß er aber auch nicht a priori zu entscheiden hat, daß die Aussagen ihrer Akteure, wenn sie ihr Engagement bezeugen, mythisch, ideologisch, falsch oder zu epistemologisch gefärbt seien. Eine Situation ist insofern nicht auf ihr Entstehungsmilieu reduzierbar, als sie Akteure hervorruft, die sich explizit auf die von ihr verursachten Zwänge beziehen. Ebenso wenig wie die Art der Bezugnahme zur Welt, welche von einer neuen Gattung erfunden wird, auf die Zwänge reduzierbar ist, die, wie wir a priori wissen, befriedigt werden müssen: Sich fortzupflanzen, ausreichend Nahrung zu finden, eine faire Chance zu haben, seinen Verfolgern zu entkommen etc. Was natürlich nicht bedeutet, daß die Erfindung oder die Situation von dem Milieu getrennt werden können, in dem sie auftreten. Ich glaube, Thomas Kuhn wurde, gerade weil er diese Nicht-Ableitbarkeit respektierte, von den Wissenschaftlern so gut verstanden, während er die Epistemologen, inclusive Karl Popper, empörte.

Ausrichtung nach dem Paradigma

Das Mißverständnis, das den von Kuhn eingeführten Begriff des »Paradigmas« begleitet hat, verweist auf das reduktionistische Bild, das ihn einer simplen institutionalisierten Berufsnorm gleichsetzt, einer rein menschlichen Übereinkunft, die sich dogmatisch durchsetzt, indem sie Luzidität und Kritikfähigkeit verfolgt oder erstickt. Dann kann man genauso gut, wie Lakatos, von »Massenpsychologie« reden, sich vornehmen, eine Disziplin zu gründen, indem man, um das Wuchern gegnerischer Hypothesen zu unterbinden, eine streng repressive Ordnung einführt; oder man kann behaupten, der Begriff des Paradigmas erspare es uns ein für allemal, bestimmen zu müssen, auf welche Weise die Natur in Wissenschaften mitzureden hat: Sie hat hier nicht mehr mitzureden als anderswo. In diesem Sinne würde Kuhn Feyerabend ankündigen und ihm den Boden bereiten.

Kuhn erzählt, wie ihm eine begeisterte Kollegin anläßlich eines Kolloquiums sagte: »›Na, Tom, mir scheint, dein größtes Problem ist derzeit, zu zeigen auf welche Weise die Wissenschaft empirisch sein kann.‹ Mir fiel der Kiefer 'runter, und er hängt immer noch leicht durch. Ich habe eine vollständige visuelle Erinnerung (*total visual recall*) an die Szene wie an keine andere, seit dem Einmarsch de Gaulles 1944 in Paris.«[7] Diese unauslöschliche Erinnerung bringt den Abgrund des Mißverständnisses zwischen dem Autor und denen, die sich auf ihn berufen,

---

7 »Reflections on my Critics«, in *Criticism and the Growth of Knowledge, op. cit.,* S. 263 (übers. nach dem französischen Text).

zum Ausdruck. Kuhn hat aufgrund der völlig unterschiedlichen Reaktionen, die er bei den epistemologischen Philosophen und den Wissenschaftlern hervorgerufen hat, in meiner Inszenierung von Anfang an eine zentrale Rolle gespielt. Doch die Zufriedenheit der Wissenschaftler verdankt sich nicht nur der Autonomie der Wissenschaftsgemeinden, die Kuhn schont: Wie wir sehen werden, erklärt sie sich auch durch die enge Beziehung, die er zwischen dieser Autonomie und der Unmöglichkeit herstellt, das Paradigma auf irgendeine soziologische oder psychologische Lektüre zu reduzieren.

Unabhängig von allem, was man ihm vorwerfen mag, drückt sich Kuhn in einer Hinsicht vollkommen klar aus: daß nämlich das Paradigma nicht als eine »menschliche Entscheidung« interpretiert werden könne, egal, welche Entscheidungstheorie man heranzieht. Keine menschliche Entscheidung kann die Differenz zwischen Wissenschaften, denen ein Paradigma »zugefallen« ist, und Wissenschaften, die keines haben, abschaffen. Weil nämlich ein Paradigma keine bloße »Sichtweise« der Dinge oder Fragestellung und Interpretation von Resultaten ist. Ein Paradigma gehört vor allem der praktischen Ebene an.[8] Keine Weltanschauung wird vermittelt, sondern eine *Vorgehensweise*, eine Weise, die Phänomene nicht nur zu beurteilen und ihnen eine theoretische Bedeutung beizumessen, sondern auch zu *intervenieren*,[9] nämlich sie völlig neuen Inszenierungen zu unterziehen und die geringste Folge oder die kleinste Wirkung, die das Paradigma impliziert, auszubeuten, um eine neue experimentelle Situation zu schaffen. All dies nennt Kuhn »Puzzles«. Dieser Begriff be-

8 Wie Margaret Masterman in *Criticism and the Growth of Knowledge (op. cit.)* hervorhebt, ist die Definition des Paradigmas in *Die Struktur wissenschaftlicher Revolutionen* sehr ungenau (sie umfaßt einundzwanzig verschiedene Bedeutungen). Anders als oft behauptet wird, hat Kuhn seinen Begriff weniger dieser Kritik wegen verändert, er hat vielmehr gelernt, wie sehr er der Präzisierung bedarf, um Mißverständnisse zu vermeiden. Strenggenommen ist die Frage des Paradigmas mit der modernen Wissenschaft verbunden. Mit anderen Worten: Sie schließt die Möglichkeiten aus, von einem »aristotelischen Paradigma der Bewegung« zu sprechen.
9 Zentrales Thema der Beschreibung, die Ian Hacking vom Experiment gibt. Siehe *Einführung in die Philosophie der Naturwissenschaften*, Reclam, Stuttgart 1996.

deutet, daß das Scheitern bei der Lösung eines derartigen Problems normalerweise die Kompetenz des Wissenschaftlers in Frage stellt und nicht die Triftigkeit des Paradigmas, genau wie bei einem Gesellschaftsspiel. Doch die Mentalität eines »Puzzleliebhabers« entsteht weder durch Indoktrinierung, noch durch repressive Einengung der gegnerischen »Spielregeln«. Es reicht nicht, überall Situationen zu sehen, die einem Modell ähneln, eine Theorie bestätigen. Der Appetit muß von einer Herausforderung angeregt werden, und zwar nicht von einer eintönigen und einhelligen Landschaft, in der man stets das Gleiche »erkennt«, sondern von einer unruhigen Landschaft, die reich an feinen Differenzen ist, welche es zu erfinden gilt, und in der der Begriff des »Erkennens« nicht auf die Feststellung einer Ähnlichkeit verweist, sondern auf die Herausforderung, diese zu aktualisieren.

Wie Kuhn hat Lakatos den höchst artifiziellen Charakter der logizistischen Inszenierung betont, die eine isolierbare Aussage mit Gegebenheiten konfrontiert, von denen sie bestätigt oder für ungültig erklärt wird. Doch blieb ihre eigene Inszenierung insoweit gleichfalls vom Logizismus abhängig, als sie auf die Konfrontation zwischen »beobachtbaren Fakten« und »Forschungsprogramm« (mit seinem Schutzgürtel zur Verhandlung mit den Fakten) zentriert blieb. In der Tat vermittelt sie die Vorstellung einer Faktenlese, die man unabhängig von der Theorie definieren könnte, um diese Fakten dann miteinander zu konfrontieren und über sie zu verhandeln. Gegen diese Vorstellung hat Kuhn den Begriff der Inkommensurabilität der empirischen Referenz rivalisierender Paradimen eingeführt, was bei den Philosophen natürlich einen Skandal hervorrief: Wenn keine gemeinsame Sprache imstande ist, die Bühne für einen ›objektiven‹ und kontrollierten Wettkampf zweier Theorien zu schaffen, die *denselben* Tatsachen gegenüberstehen – beweist dies nicht, daß der Wissenschaftler fanatisch in seine Weltsicht verbohrt ist? Das Mißverständnis rührt daher, daß dem Begriff Paradigma nicht etwa eine neue Version des »Durchdrungenseins« der Fakten von Theorien entspricht, sondern die Vorstellung einer *Erfindung von Fak-*

ten. Von Durchdrungensein zu sprechen, bedeutet, das Ideal eines reinen Faktums, das als solches aufgegriffen wurde, beizubehalten und die Abweichung, den Makel, ob überwindlich oder nicht, in Bezug auf dieses Ideal zu bestimmen. Von Erfindung zu sprechen, bedeutet, dieses Ideal aufzugeben und zu behaupten, daß die experimentellen Fakten vom Paradigma »autorisiert« sind und zwar im doppelten Sinne: als Quelle von Legitimität und als »Autor«-Verantwortlichkeit. Die Fakten verlieren jeden Bezug zur Idee einer gemeinsamen Materie, deren ideale Bestimmung es gewesen wäre, die Möglichkeit eines Vergleichs oder einer Konfrontation (logizistische und normative Inszenierung) zu gewährleisten. Ihre vorrangige Definition ist nicht, beobachtbar zu sein, sondern *aktive Produktionen von Beobachtbarkeit* zu bilden, welche die paradigmatische Sprache erfordern und voraussetzen.[10] Deshalb koexistieren, laut Kuhn, zwei »Paradigmen« oder »Forschungsprogramme« gewöhnlich nicht in der Weise, daß der Wissenschaftler ihre jeweiligen Entwicklungsmodi voraussagen kann. Eine derartige Koexistenz impliziert die Idee, daß die Fakten gemeinhin vorher existieren und ein oder mehrere Programme nähren können; daß sie erfunden werden, will diese Koexistenz nicht einräumen. Die Normalwissenschaft hingegen erklärt weniger, was vor ihr existiert hat, sie schafft eher das, was sie erklärt.

Kurz, gerade weil ein Paradigma die Macht haben muß, praktisch und operational Fakten zu erfinden, wird es selbst nicht erfunden, zumindest nicht im selben Sinne. Die Erfindung von Fakten ist kompetent, strittig, listenreich, doch die »Erfindung« eines Paradigmas nötigt sich, laut Kuhn, auf wie ein *Ereignis*, das

10 Wie Kuhn in »Reflections on my Critics« (in *Criticism and the Growth of Knowledge, op. cit.*) sagt, ist die Inkommensurabilität nicht mehr und nicht weniger dramatisch in der Wissenschaft als in den verschiedenen natürlichen Sprachen: Eine Übersetzung, zwar niemals vollkommen, ist immer möglich, nur bringt sie keine dritte »neutrale« Sprache ins Spiel sondern Übersetzer, die beide Sprachen sprechen und den besten Kompromiß zwischen den Zwängen und den Möglichkeiten auszuhandeln suchen, die eine jede von ihnen auszeichnet. Was impliziert, daß das Erlernen eines Paradigmas genauso wenig nur ein sprachliches Problem ist wie das Erlernen natürlicher Sprachen.

sein Vorher und sein Nachher schafft; ein seltenes *Ereignis,* denn es konstituiert die Entdeckung einer Weise des Erfassens, des Sagens und des Tuns, die ein besonderes *Kräfteverhältnis* zum entsprechenden phänomenalen Feld herstellt. Die Tradition der Abgrenzung ist mit einem *allgemeinen* Problem zusammengestoßen, dem der Macht der Interpretation, einer Macht, über die jede Sprache verfügt, nämlich die Fakten zu verbiegen und die Bedeutungen auszuhandeln. Kuhns Paradigma bezeichnet eine Ereignis-Macht: Auf unerwartete, fast skandalös fruchtbare Weise hat sich ein Modus der Mobilisierung von Phänomenen offenbart. Weit mehr als irgendeine Indoktrinierung ist es dieser Skandal, der die Überzeugung des Wissenschaftlers nährt: Diese Mobilisierung *muß sehr wohl* einer Wahrheit der Phänomene nahekommen, die mehr oder weniger unabhängig von der Macht der Interpretation ist, muß also immer weiter ausgedehnt werden können (Mentalität des *Puzzle-Lösens*). Der unter einem Paradigma arbeitende Wissenschaftler kann nicht umhin, »Realist« zu sein.

Schon die Frage des Fortschritts hatte in der Abgrenzungstradition einen anderen Sinn angenommen. Aus der Konsequenz einer vernünftigen Methodologie war er zur Bedingung geworden und privilegierte die Physik und die anderen Experimentalwissenschaften im engeren Sinne. Hier ist die Umkehrung der Begriffe total, denn die Bedingung hat jeden Anschein von Allgemeinheit verloren. Das Paradigma markiert ein Ereignis, und diesem Ereignis fügen sich die Historiker, die, wie Hélène Metzger, bestrebt sind, die Ideen und Interpretationssysteme ihrer Akteure zu rekonstruieren. Plötzlich schließt sich der Zugang, und um den Interpretationsanteil, die Solidarität mit dem Zeitgeist aufzudecken, muß man sich nun den Wissenschaftlern selbst, ihrer Arbeit der Neuformulierung zuwenden und nicht mehr dem »Kontext«. Denn hier verliert die Sprache ihre allgemeine Interpretationsmacht und geht eine Versuchs-Erfindungsbeziehung zu den Dingen ein.

Man erkennt eine theoretisch-experimentelle paradigmatische Wissenschaft an der Besonderheit ihrer Fabrikationsweise von Fakten, aber auch an der Art ihrer Beschäftigung mit dem *Artefakt*. Man könnte sagen, daß jedes Faktum hier ein Artefakt, ein »Kunstfaktum« ist. Daher ist es wesentlich, Tatsachen danach zu unterscheiden, ob sie auf eine Form der allgemeinen, unilateralen Macht oder auf die Ereignis-Macht verweisen. Das Artefakt, das der Experimentator fürchtet, ist das beobachtbare Faktum, das die Überzeugung vermittelt, *von den Versuchsbedingungen diktiert worden zu sein,* welche nun nicht als Bedingungen der Inszenierung anerkannt werden, sondern als Produktionsbedingungen, die das beobachtete Phänomen hervorgebracht haben. Das Risiko des Artefakts hebt die paradigmatischen Wissenschaften von der Gesamtheit der anderen Wissenschaften ab, bei denen die Phänomene den Laborpraktiken unterworfen sind. Die ersten zelebrieren ein Phänomen, das sich inszenieren läßt, die zweiten bedienen sich der allgemeinen Macht, ein Jegliches einem Imperativ des Maßes und der Quantifizierung zu unterwerfen.

Was bringt uns diese Ausrichtung nach dem Begriff des Paradigmas, die ihn an die Besonderheit der theoretisch-experimentellen Wissenschaften bindet? Sie erlaubt eine erste Annäherung an das, was Popper unter das Zeiches des Erscheinens stellte, also eine Beschreibung der sozialen Organisation der paradigmatischen Disziplinen als Konsequenz dessen, was ihnen nunmehr als Referenz dient. »Vor« dem Ereignis, im »präparadigmatischen« Stadium ist eine wissenschaftliche Praxis, Kuhn zufolge, doppelt abhängig: Von Fakten aller Art, die sich widersprüchlichen Interpretationen aller Art anbieten; von einem gesellschaftlichen und kulturellen Umfeld, das ebenfalls an den Tatsachen interessiert ist und Interpretationen, Fragen und Weltanschauungen anbietet. Also muß der Wissenschaftler versuchen, die Tugenden der Luzidität und des kritischen Geistes zu kultivieren; nur so kann er sich von den zahlreichen anderen Fakteninterpreten abheben. Nach dem Ereignis wird der Unterschied zu diesen zahlreichen anderen Interpreten durch die Transformation der Produktionsweise von Fakten hergestellt. Von dem Ereignis profitieren die Wissenschaftsgemeinden, um sich in sich selbst zurückzuziehen und ihre Reproduktionsbedingungen (Weitergabe des Paradigmas) zu verordnen. Durch das gesellschaftliche Kräfteverhältnis – einzig die Wissenschaftsgemeinde bestimmt, was eine »richtige Frage« ist – wird ein Kräfteverhältnis verdoppelt, das nicht auf das Gesellschaftliche reduzierbar ist, zumindest nicht im rein menschlichen Sinne. Nun versteht man, weshalb sich die Praktiker der paradigmatischen Wissenschaften in Kuhns Beschreibung so genau wiedererkannten. Die psycho-soziale Dimension beunruhigte sie nicht, denn sie übersetzt,[11] sanktioniert und verstärkt, wie wir später sehen werden, eine Differenz, die nicht von der Gesellschaftsanalyse ableitbar ist. Doch das Problem wird wieder aktuell, denn einem der wesentlichen Attribute des Paradigmas, seiner Seltenheit, scheint ein ebenso wesentliches Attribut der Wissenschaft als historischer Tradition zu widersprechen, der Anspruch, ein allgemeines Unternehmen zur Produktion von Intelligibilität zu sein. Die Wissenschaftsphilosophen, die an der Spezifizierung der Grundkriterien dieses Anspruchs gescheitert sind, haben ihn nicht erfunden. Die akademische Struktur, die das, womit wir zu tun haben, in Felder aufteilt, die alle den Namen einer Wissenschaft tragen, ist nicht einfach das Produkt eines philosophischen Irrtums. Der Begriff des Paradigmas kann also seinerseits zu einer denunziatorischen Position führen: Alle Wissenschaften, die nicht aus einem Paradigma hervorgehen, sind nur ideologische Anmaßung. Was übrigens Kuhns Position recht nahe kommt, mit dem Unterschied, daß er nicht denunziert, sondern die unglücklichen »präparadigmatischen« Humanwissenschaften bemitleidet.

Tatsächlich ist Kuhns historische Beschreibung nicht historisch genug. Sie lehrt uns nicht zu lachen, sondern lediglich zu zelebrieren. Sie verwechselt vor allem das Zelebrieren des Ereignisses – in dem Sinne, in dem es ein Vorher und ein Nachher

---

11 Erinnern wir uns daran, daß eine Übersetzung keinesfalls eine notwendige Konsequenz darstellt. Sie bezeichnet lediglich, »was« den Gegenstand einer Übersetzung als notwendige Bedingung ausmacht.

schafft – mit dem Zelebrieren des sogenannten Fortschritts, der auf das Ereignis folgt. Sie verwechselt außerdem »Krise« und »Revolution« und nimmt nicht zur Kenntnis, daß die Krisen gewissermaßen von den Wissenschaftlern ertragen, die Revolutionen hingegen von ihnen selbst bewirkt werden: Nicht jede Krise wird als »revolutionär« bekanntgegeben, manche werden im Gegenteil in einem Stil geschildert, der die Kontinuität der Entwicklung betont und nicht den Bruch. Schließlich verwechselt sie die Grenzziehung zwischen diziplinärem Bereich und »Außen« mit einer selbstverständlichen autonomen Entwicklung der Disziplin, die vom »Außen« zu respektieren sei, da sonst die Erfindungskraft der Wissenschaftler beeinträchtigt werde. Gewiß, ohne das Paradigma könnten die Wissenschaftler nicht zwischen den »richtigen« Fragen, denen, die das Paradigma zuläßt, und den Fragen unterscheiden, die ihre Zeitgenossen interessieren. In diesem Sinne flößt das Paradigma dem Wissenschaftler eine Art Leidenschaft für alles ein, das ihm erlaubt, diesem Unterschied Anerkennung zu verschaffen. Doch bedeutet dies keineswegs, daß eine unter einem Paradigma arbeitende Wissenschaft autonom »ist«, so als sei sie von der übrigen Gesellschaft durch eine Art »Informationsschranke«[12] getrennt und lasse zwar die materiellen Ressourcen passieren, sei aber einzig von der Landschaft der Puzzles bestimmt, die sie durch ihre Eigendynamik hervorbringt.

In jedem Falle betont Thomas Kuhns Beschreibung also das Bild einer Wissenschaft, die sich wie ein Naturphänomen entwickelt, »normale«, von Krisen skandierte Evolutionen; ein Bild also, angesichts dessen man sich fragen kann, ob die rhetorischen Strategien der Wissenschaftler es, wenn schon nicht erzeugt, so doch zumindest stabilisiert haben. Beschreibt man das Leben der Wissenschaften als Naturphänomen, so behauptet man damit, es gäbe nur eine einzige Wahl: seinen Lauf zu behindern oder zu unterstützen. Wenn der Historiker aber erkennen würde, daß die Ankündigung einer Revolution sowie die For-

12 Im Sinne von Humberto Maturanas und Francisco Varelas Theorie der Autopoiesis.

derung nach Autonomie strategische Bedeutung haben, wenn er sich, angesichts von Wissenschaftlern, die selbst viel freier sind, als sie vermuten lassen, seine Freiheit zurückerobern würde – welches Lachen würde er dann lernen, das der Ironie oder das des Humors?

II

Konstruktion

4
IRONIE ODER HUMOR?

Eine Differenz konstruieren

Was bleibt von den bis hier abgesteckten unterschiedlichen Annäherungen an die Wissenschaft als nur der Eindruck, daß dieses besondere Unternehmen dazu bestimmt scheint, seine Interpreten mit dem Rücken an die Wand zu drängen? Entweder suchen sie, wie die epistemologischen Philosophen, wie Thomas Kuhn, wie Karl Popper, ein Mittel zur Bestätigung der Differenz, nach der die Wissenschaftler streben, oder sie versuchen, wie Feyerabend und die meisten Soziologen der zeitgenössischen Wissenschaften, die das »starke« Programm[1] praktizieren, ihr jede »objektive« Bedeutung abzusprechen.

In beiden Fällen variieren die Instrumente und die Finalitäten. Karl Popper hat nie seine Nähe zu Thomas Kuhn zugegeben, obwohl beide die wissenschaftliche Praxis als Produkt einer Neuheit feiern, das den menschlichen Intentionen und Berechnungen entgeht und sie unwiderruflich verändert. In gewisser

---

1 Das »starke« Programm wurde 1976 von David Bloor in *Knowledge and Social Imagery* (Routledge and Kegan Paul, London) definiert. Dieses Programm behauptet, daß die Totalität der wissenschaftlichen Praxis, inklusive der Unterscheidung zwischen Wahrheit und Irrtum, in den Bereich der soziologischen Analyse gehört und daß die unbedingte Zustimmung zu einer wissenschaftlichen Theorie auf dasselbe (psychologische, soziale, ökonomische, politische etc.) Erklärungsmuster zurückführbar ist wie jeder Glaube. Dieses starke Programm wird mit den Schulen von Bath (Harry Collins, Trevor Pinch) und Edinburgh (Barry Barnes, David Bloor) in Verbindung gebracht.

Weise ist der »normale«, unter einem Paradigma arbeitende Wissenschaftler ein typisches Beispiel für ein Subjekt der »zweiten Welt«, neudefiniert von einem Bewohner der »dritten Welt«, der seine Antizipationen, seine Hoffnungen und seine Praxis unterworfen sind. Popper wollte im Sinne der epistemologischen Tradition wissenschaftliche Praxis und das Ideal kritischer Luzidität ineinssetzen. Kuhn entwirft zur großen Empörung der Popperianer[2] eine Gesellschaftsorganisation der Wissenschaften, welche den Bewohnern der dritten Welt höchste Macht verleiht, da sie die Bewohner der zweiten Welt zu Vektoren einer spezifischen Weise macht, »Probleme zu stellen« ohne »sich Fragen zu stellen«. Ebenso variieren zwischen Feyerabend und den Verfechtern des »starken Programmes« in der Wissenschaftssoziologie die Finalitäten und Akzente. Feyerabend geißelt die Kräfteverhältnisse und die Übervorteilung; die Soziologen wollen ihre Arbeit tun und nur ihre Arbeit. Sie verurteilen die Illusion nicht, da ihnen zufolge jede menschliche Aktivität dazu neigt, sich in einer ihr eigenen Weise darzustellen und ein verzerrtes Bild von sich zu geben. Sie fordern »lediglich«, mit den wissenschaftlichen Praktiken tun zu können, was sie auch mit anderen Praktiken tun, die Differenz zwischen diesen Praktiken und dem Bild, das sie von sich vermitteln, in Szene zu setzen.

Die Besonderheit der Wissenschaften, die ich wiederum zu konstruieren suche, wird von den betreffenden Soziologen abgelehnt werden, weil sie die Empörung der Wissenschaftler ernst nimmt, wenn man ihren Anspruch auf Objektivität auf eine »besondere Folklore« reduziert, für die derselbe Analysetyp geeignet ist wie für die Folkloren der anderen menschlichen Praktiken. Ich möchte hier betonen, daß mein Projekt keinerlei Privileg für die Wissenschaften begründen will, die sich als einzige der soziologischen Analyse entziehen würden. Dieselbe Art Frage müßte auch für die anderen Praktiken gelten. Bekanntlich zeigen bestimmte Ethnologen wie Jean Rouch ihre Filme den

---

2 *Criticism and the Growth of Knowledge* ist aufgrund dieser Konfrontation von »engeren Nachbarn« interessant.

»Experten«-Mitgliedern der gefilmten Gruppen und akzeptieren die Prüfung durch deren Reaktionen und Kritiken. Die »Leibnizsche Beschränkung«, die »bestehenden Gefühle nicht zu verletzen«, wird hier zum Vektor des Wissens: Sie stellt einen der Zwänge dar, durch den die Triftigkeit der Interpretation in Gefahr gerät.

Um die Differenz zwischen der »soziologischen Annäherung« im Sinne des starken Programms der Wissenschaftssoziologie und der von mir versuchten Annäherung zu stabilisieren, werde ich den Kontrast zwischen »Soziologie« und »Politik« herausarbeiten. Dieser Kontrast bezeichnet keine stabile Differenz zwischen dem, was man »Soziologie« und »politische Wissenschaft« nennt. Es geht vielmehr darum, diese Differenz »herzustellen«, um eine Divergenz der Interessen zu zeigen. Ich möchte deutlich machen, daß die Besonderheit der Wissenschaften nicht geleugnet werden muß, bevor man sie zur Diskussion stellen kann. Um aus den Wissenschaftlern Akteure wie alle anderen im Leben des Gemeinwesens zu machen (»politisches« Ziel), ist es nicht notwendig, ihre Praxis als etwas zu beschreiben, das anderen Praktiken »ähnelt« (»soziologisches« Ziel). Die Anführungszeichen (die ich im folgenden vergessen werde) verweisen darauf, daß sich die Differenzierung auf die Differenz bezieht, die ich herstelle – ohne den Ehrgeiz, das Spektrum der effektiven Praktiken zu definieren.[3]

Ich werde von einem scheinbar harmlosen Kontrast ausgehen. In den politischen Wissenschaften gibt es recht wenige wirkliche »Theorien«; sie sind heute an historischen Untersuchungen oder mehr oder weniger spekulativen Kommentaren interessiert, die jedoch stets von Situationen oder Herausforderungen abhängen, welche die Geschichte geschaffen hat. Dagegen bleibt die Soziologie vom Modell jener positiven Wissenschaften bestimmt, die

---

3 Zu einer Konzeption der »Humanwissenschaften«, welche die hier von mir konstruierte Differenz entschieden verwischt, siehe die verschiedenen Werke des marxistischen Philosophen Roy Bhaskar, vor allem *The Possibility of Naturalism. A Philosophical Critique of the Contemporary Human Sciences*, The Harvester Press, Brighton (Sussex), 1979.

einen im Verhältnis zur Geschichte stabilen Gegenstand beanspruchen können, der den Wissenschaftler autorisiert, die Fragen, die jeder Gesellschaft gestellt werden sollten, a priori zu definieren.

Dieser Kontrast kann gemildert werden. Das Ideal der positiven Wissenschaften definiert nicht die gesamte Soziologie, und vielen Soziologen ist der unweigerlich historische und politische Charakter jeglicher Definition dessen, was eine Gesellschaft »ist«, bewußt. Manchen ist ebenfalls die Tatsache bewußt, daß ihre eigene soziologische Tätigkeit aktiv zu dieser Definition beiträgt. Aus der Sicht der Differenz, die ich vorschlage, ist es wesentlich, daß *heute* kein Soziologe, der in dieser Art von Praxis engagiert ist, vergißt, daß er an einer »reflexiven«, »nicht-positivistischen« oder »nicht-objektivistischen« Soziologie beteiligt ist. Mit anderen Worten: Das Ideal einer dem Modell der positiven Wissenschaften nachgeahmten Soziologie bleibt bestimmend genug, als daß ein Soziologe es vergessen könnte.

Ich habe mich entschieden, mir diesen Kontrast nutzbar zu machen, weil er mir eine weniger empirische Differenz auszudrücken scheint. Über die Soziologie muß man sagen, daß sie die Wissenschaft der Soziologen ist: Die »Gesellschaft« als solche vereint verschiedenartige Akteure, doch keiner dieser Akteure, außer den Soziologen, hat ein besonderes Interesse daran zu definieren, was eine Gesellschaft »ist«. Im politischen Bereich sieht die Situation ganz anders aus. Was die Spezialisten der politischen Wissenschaften zu verstehen suchen, ist sicherlich die Politik im *praktischen* Sinne, in dem Sinn, in dem wir heute sagen können, daß sie »die Sache aller« ist oder sein müßte; doch gehen diesen Spezialisten stets Praktiken voraus, die sich selbst explizit als politische Praktiken verstehen. Mit anderen Worten, die Position des der Geschichte »folgenden« Kommentators, also die des Spezialisten der politischen Wissenschaften, stellt aus meiner Sicht keine Schwäche dar, sondern die Übersetzung der Tatsache, daß dieser Spezialist sich unter anderen Akteuren ansiedelt, die ähnliche Fragen stellen wie er, die unablässig erfinden, auf welche Weise die Bezüge zur Legitimität und zur Autorität *diskutiert* und *entschieden* werden, darüber hinaus die *Verteilung* der

Rechte und Pflichten und die *Unterscheidung* zwischen denen, die das Recht auf Rede haben, und den anderen.

Das Hauptinteresse der Entscheidung, die Differenz zwischen Soziologie und »Politik« hervorzuheben, ist die Erhellung der Gründe, aus denen die Wissenschaftler so beunruhigt sind über die Idee einer »Wissenschaftssoziologie«. Es ist schwierig, einem Fleischer etwas über die Qualität des Fleisches zu erzählen. Es ist schwierig, die Wissenschaftler, die Praktiker positiver Wissenschaften, hinsichtlich der Bestrebungen der Soziologen zu beruhigen, »ihre Arbeit zu tun und nur ihre Arbeit«. Sie kennen den aktiv selektiven Charakter, der es einer Wissenschaft erlaubt, »sich einen Gegenstand zu geben«. Sie können befürchten, daß das, was sie an ihrer Tätigkeit interessiert, von der Wissenschaftssoziologie als Hindernis für deren eigene Definition eines »gesellschaftlichen Gegenstandes« aktiv eliminiert wird. Ist es nicht ein Prinzip des »starken Programms« der Wissenschaftssoziologie, deren »Beweise« und »Widerlegungen« den Auswirkungen schlichter Überzeugungen gleichzusetzen?

Hier kehren wir zur mobilisierenden Macht der Worte zurück, welche die Macht des Urteils oder der Erklärung anstreben. Die Soziologie, wie ich sie hier definiere, verleiht sich, als legitimes Ideal, die Macht zu urteilen, jenseits von Differenzen, die nur zum Erlebnishorizont der Akteure gehören, »Dasselbe« zu enthüllen. Was spielt es für eine Rolle, was ein Wissenschaftler denkt! Was spielen die Wahrheits- und Objektivitäts-»Mythen«, die ihn beseelen, für eine Rolle! Pflicht des Wissenschaftssoziologen ist es, diese Überzeugungen zu ignorieren um zu enthüllen, woran dieser Wissenschaftler, wissentlich oder unwissentlich, partizipiert, die Art von Unternehmen zu enthüllen, das ihn definiert, ob er sich nun für einen »autonomen« Akteur hält oder nicht. Aus dieser Sicht zählen insbesondere die methodologischen Differenzen – zum Beispiel der Gegensatz zwischen den Soziologen, die von den Akteuren ausgehen, und den Soziologen, die von den Strukturen ausgehen – weit weniger als der gemeinsame Ehrgeiz: den »gesellschaftlichen« Gegenstand im allgemeinen zu definieren und diese Definition zur Selektion gemeinsamer Merkmale jenseits der Differenzen, die dann »empirisch« genannt werden, zu benutzen.

Gemäß der zugegebenermaßen radikal asymmetrischen »Differenz« zwischen Soziologie und Politik, die ich vorschlage, nimmt der relative Theoriemangel in Sachen politische Wissenschaften eine positive Bedeutung an. Der Spezialist der politischen Wissenschaften hat es mit einer Dimension der menschlichen Gesellschaften zu tun, die nicht Gegenstand einer »objektiven«, »im Namen der Wissenschaft« erstellten Definition ist, weil diese Dimension selbst einer Erfindung durch Definitionen entspricht: Wer ist Bürger? Was sind seine Rechte und Pflichten? Wo hört das Private auf? Wo beginnt das Öffentliche? Natürlich handelt es sich hier um moderne Fragen. Doch die Erkenntnis, wie in anderen Gesellschaften die Probleme formuliert und geregelt werden, die wir in diesen Begriffen stellen, verleiht dem Spezialisten nicht die Macht zu urteilen, sondern lediglich die Möglichkeit, der Konstruktion der Lösungen *nachzugehen*, die jede Gemeinschaft für das Problem findet.[4]

Feyerabends Denunzierung der Privilegien, welche die westlichen Wissenschaften fordern, ist in einer Hinsicht politisch, doch – weit davon entfernt, der Konstruktion dieser Forderung *nachzugehen* – ist sie es nur insofern, als sie sie anficht. Feyerabend praktiziert keine politische Annäherung an die Wissen-

---

4 Weisen wir auf die Parallele zwischen dieser Infragestellung der Urteilsmacht und der Besonderheit der Wissenschaft der Lebewesen hin, wie sie die »zweite Welt« Poppers charakterisiert. Die ganze Herausforderung dieser zweiten Welt besteht darin, daß der Biologe der Erfindung des Sinns durch das Lebewesen *folgen* muß, eines Sinns, den für es oder für seine Gattung folgende Fragen annehmen: »wie soll man sich fortpflanzen?«, »welche Beziehungen soll man zu seinen Artgenossen, seinen Feinden, seiner Beute unterhalten?«, »welchen Teil der Individualität soll man dem Lernen widmen, welchen der Wiederholung einer spezifischen Identität?« In diesem Sinne kann die Wissenschaft der Lebewesen wie die der Politik nicht reduzierend sein, denn weder die eine noch die andere kann das, womit sie es zu tun haben, durch eine allgemeine Definition der richtigen, zu berücksichtigenden Variablen zum einen und der zu vernachlässigenden anekdotischen Dimensionen zum anderen »vorwegnehmen«: Beide haben sie es mit einer Gesamtheit von »Wesen« zu tun, die gleichermaßen Formulierungen dieses Problems, Definitionen seiner Variablen und Erfindungen seiner Lösung sind.

schaften, *er macht Politik*. Die Enttäuschung des Epistemologen über die Unmöglichkeit, die Legitimität der Wissenschaft zu begründen, und natürlich auch der Anblick der »im Namen der Wissenschaft« begangenen Verheerungen haben ihn von der Rolle des Analytikers zu der des Akteurs umschwenken lassen. Ziel der von mir versuchten »politischen« Annäherung ist nicht, diesen Rollenwechsel zu untersagen, sondern ihn zu erhellen. Das politische Engagement ist eine Entscheidung, nicht das Resultat einer Enttäuschung, die mit der Entdeckung der politischen Dimension von Praktiken verbunden ist, welche die Vernunft hätte regeln müssen.

Tiefe Spaltungen

Unter den Formulierungen, Definitionen und Erfindungen des Politischen hat uns eine dadurch beeindruckt, daß sie eine Erläuterung des Problems als solches impliziert. »Politik« ist ein griechisches Wort, aber – und hier beziehe ich mich auf Jean-Pierre Vernant – das griechische Gemeinwesen ist weniger der bewundernswerte Ort der Erfindung »unseres« demokratischen Ideals als der Ort der Verbalisierung und Problematisierung der verschiedenen Mittel, dank deren sich eine menschliche Gesellschaft *konstituiert*. Durch welches Ordnungsprinzip, durch welches Arrangement zwischen denen, die als Akteure anerkannt sind (in dem Fall sind es die männlichen Bürger, niemals Frauen oder Sklaven), baut sich die politische Macht auf? Dieser Entsakralisierung, die der Macht die Macht raubt, sich selbst zu rechtfertigen, entspricht die aristotelische Definition des Menschen als eines »politischen Tieres«.

Doch hat Aristoteles den Menschen gleichfalls als »vernünftiges Tier« definiert. Die Spannung zwischen diesen beiden Definitionen ist für unser Vorhaben von größter Bedeutung. Wenn die »Vernunft«, der »Logos« dominiert, dann wird die Politik selbst nach der Qualität ihrer Beziehungen zu einer ihr übergeordneten nicht-politischen Instanz, dem Guten oder Wahren, beurteilt, die es erlaubt, widerstreitende und unbestimmte Meinungen zum Schweigen zu bringen. Die Sophisten, Experten jenes Logos, der die Meinung verbiegt, anordnet und schafft, müssen verurteilt werden. Dies war Platons Standpunkt, dies ist die Aristoteles-Lektüre, die Heidegger vorschlägt, dies ist auch das »bestehende Gefühl«, das die moderne Definition einer »außerhalb der Politik« angesiedelten Wissenschaft leitet, welche das eventuelle Spiel des Politischen in ihren Reihen nur in Begriffen der Unreinheit, des Fehlers, der Abweichung vom Ideal begreifen kann. Was geschieht aber, wenn man wie Hannah Arendt diesen Gegensatz zwischen der (falschen) Wahrheit der Sophisten, deren Maß der Mensch ist, und der rationalen Wahrheit in Frage stellt, wenn man als Ausgangspunkt einräumt, daß »was immer Menschen tun (...), sinnvoll wird nur in dem Maß, in dem darüber gesprochen werden kann.«[5] Man findet sich in einer Situation des »Nicht-Ableitbaren« wieder, wo die Wörter »Meinung« und »Vernunft« die Macht der Selbstdefinition verlieren, indem sie sich gegeneinander stellen. Es gilt also zu verfolgen, auf welche Weise Meinung und Vernunft sich gegenseitig definieren, und vor allem, welche Art Prüfung ihre Differenzierung bestimmt.

Man wird bemerken, daß diese gegenseitige Definition Politik und Wissen gleichermaßen betrifft, die durch dieselbe Art der Problemstellung zwar nicht verschmelzen, aber doch verbunden sind. Man muß sich zu demjenigen, der sich anmaßt, für mehr als einen Menschen zu sprechen, wie zu der Theorie, die sich anmaßt, die Tatsachen zu repräsentieren, dieselbe Frage stellen: »Woran erkennt man den legitimen Prätendenten?« In diesem Sinne kann man von der gleichzeitigen Entstehung einer Politik des Wissens wie einer Wissenschaft des Politischen sprechen. Die erzielten Lösungen können divergieren, können fundamen-

5 Hannah Arendt *Vita activa oder Vom tätigen Leben*, Piper, München, 1981, S. 10. Siehe auch Jacques Taminiaux, *La Fille de Thrace et le penseur professionnel. Arendt et Heidegger*, Payot, Paris, 1992, zur Debatte über Aristoteles.

tal verschiedene Kriterien wählen – stets wird es darum gehen, die Rechte »auszuhandeln«, zu verteilen und zu definieren und die Pflichten vorzuschreiben. Daß die Politik seit Aristoteles traditionell von der Sorge bestimmt war, das gemeinschaftliche Leben der Menschen zu regeln (*praxis*), während das, was sich auf die Dinge richtet (*poiesis*), von einer zweckbestimmten Tätigkeit herrührte, gehört dieser Sicht zufolge zu den jeweiligen Lösungen, nicht aber zum Problem. Die Beständigkeit dieser Lösung hängt von den Ansprüchen, Rechten und Pflichten ab, die das Verhältnis zu den Dingen hervorrufen kann oder nicht.

Aus dieser Sicht erscheint die griechische Doppeldefinition des Politischen und des Vernünftigen insofern neu, als sie das doppelte Problem der Legitimität der Macht und der Legitimität des Wissens *expliziert*. Die zahlreichen strittigen Lösungen, die zu diesen Problemen vorgeschlagen wurden, spalten die Akteure der Geschichte nicht in diejenigen, die Politik und Vernunft ignorierten, und diejenigen, die das Problem »entdeckten«, doch verweisen sie auf eine Differenz, deren Folgen man nachgehen muß: Macht- und Wissensansprüche müssen fortan Rechenschaft über sich ablegen. Für den Politologen wird die Politik nicht mit dem griechischen Gemeinwesen geboren, es zwingt jedoch den Politologen zu erkennen, daß seine Akteure sich seitdem ausdrücklich ähnliche Fragen stellen wie er.

Merkwürdigerweise stellt sich anläßlich der zweiten »tiefen Spaltung«, die unsere Moderne umtreibt, ein analoges Problem. Wir berufen uns zur Definition der von uns angewandten *Vernunft* auf die Griechen, wir, die wir die Wissenschaften erfunden haben, während alle anderen menschlichen Gesellschaften sich von ihrer Tradition definieren ließen. Wir berufen uns auf die menschlichen Traditionen zur Definition der »Kultur«, während alle anderen »Tiergesellschaften« sich durch die spezifischen Codes definieren lassen, denen sie unterworfen sind. Aus moderner Sicht bilden diese beiden Fragen in Wirklichkeit nur eine. Als ob die Definition des Menschen durch die Abgrenzung vom Tier mit »uns«, den Modernen, die wir uns manchen Autoren zufolge als »frei«, anderen zufolge als »vernünftig« verstehen, ihre volle Aktualisierung fände! Doch konvergieren die beiden Kriterien insofern, als sich beide, nach unterschiedlichen Ästhetiken, den gleichen Zugehörigkeits- und Bestimmungs-»Illusionen« widersetzen. Aber die Infragestellung der »tiefen Spaltung« zwischen Meinung und Vernunft, die von der »politischen« Lektüre Aristoteles' erzeugt wird, findet ihr Analogon in der Infragestellung der tiefen Spaltung zwischen Mensch und Tier.

Der bevorzugte Ort, an dem die Spaltung zwischen Mensch und Tier diskutiert wird, ist natürlich die Primatologie. Die klassische Primatologie hing der These der tiefen Spaltung an, da sie ihre Aufgabe darin sah, die Regeln zu identifizieren, denen die spezifische Organisation einer Gruppe von Primaten, Schimpansen oder Pavianen folgte. In diesem Sinne war die Primatengesellschaft der Traum des »Soziologen«, wie ich ihn definiert habe: ein Gegenstand, dessen Stabilität durch die Identität der Art gewährleistet ist, der sowohl die Individuen als auch deren Beziehungen unterworfen sind. Nun unterbreiten aber manche zeitgenössischen Primatologen eine hochinteressante »Häresie«. Paviane seien »sozial Hochbegabte«, schloß Shirley Strum aus ihrer Reise zu ihnen.[6] Die Paviane, die sie beobachtet hat, scheinen ihr in allem, was sie tun, unaufhörlich Antworten auf die Fragen zu *erschaffen*, die der klassische Primatologe sich zu ihnen stellte: Wer sind die Verbündeten, wie macht man sich Verbündete, durch welchen Vermittler wird man akzeptiert, vor wem muß man sich in Acht nehmen? Angeblich handeln sie ihre Rollen, ihre wechselseitigen Beziehungen, ihre Bündnisnetze, an denen der verläßliche Bündnispartner kenntlich ist oder nicht, kurz, die Struktur ihrer Gesellschaft ständig neu aus. Mit anderen Worten: Der Primatologe muß die Suche nach Invariablen, denen die Individuen als Mitglieder einer Gesellschaft gehorchen, aufgeben, um der Konstruktion einer sozialen Bindung nachzuspüren, die für die handelnden Primaten ein Problem und keine Gegebenheit darstellt.

6 Shirley Sturm, *Leben unter Pavianen: Fünfzehn Jahre in Kenia*, Zsolnay, Wien, 1990.

Man wird bemerken, daß ich hier insofern eine »Poppersche« Strategie verfolge, als Popper die drei Welten von der Differenz zwischen den Fragen aus charakterisierte, zu deren Stellung sie *zwingen.* Natürlich wandten sich die Paviane nicht an Shirley Strum, um von ihr die Zuerkennung eines politischen Verhaltens zu erbitten, und sie empörten sich nicht darüber, daß die klassischen Primatologen es ihnen absprachen. Wir werden auf diese interessante Differenz zurückkommen, die die Beziehungen auszeichnet, welche die Menschen zu ihren wissenschaftlichen oder nicht-wissenschaftlichen Interpreten unterhalten.[7] Gleichwohl setzt Strums Bericht eine scharfsinnige Untersuchung in Szene, an deren Ende sie – da sie sich als Wissenschaftlerin definiert – sagen muß, daß ihre Studie über die Paviane sie zu der Erklärung zwingt, daß ihre Beobachtungen unvereinbar mit der Vorstellung einer Unterwerfung unter Regeln sind, die der Gattung eingeschrieben wären.

Wenn die Paviane in dem Sinne »Politik machen«, als sie ihre Gesellschaften unaufhörlich neu *konstituieren,* wie steht es dann, so kann man sich fragen, mit den Ameisen oder den Ratten? »Wo können wir mit Gewißheit die Anfänge politischen Handelns ansiedeln? Müssen wir die sozialen Insekten unter dem Vorwand ausklammern, daß die Hauptverhandlungen vor dem Auftreten der Phänotypen stattfinden?«[8] Auf diese abgründige Frage gibt es nur eine zuverlässige Antwort, jene, die von der Wahl der Worte abhängt, zu deren Verwendung uns das, womit wir es zu tun haben, zwingt. Heutzutage sind es die Primaten,

---

7 Greifen wir dennoch eine merkwürdige Entwicklung dieser Differenz auf: Die Priester von Kataragama im Süden Sri Lankas haben erfolgreich einen Ethnologen gerichtlich verfolgen lassen, da er sich in ihren Augen schuldig gemacht hatte, in einer Art und Weise, welche die Anwesenheit Gottes leugnet, ihren Ritus beschrieben zu haben (lange vorbereitete und »wunderbarerweise« schmerzunempfindliche Freiwillige an in ihren Rücken eingeschlagenen Haken aufzuhängen). Diese Schmerzunempfindlichkeit bestätigt für sie die Anwesenheit Gottes. Man denke nach, bevor man hierin einen obskurantistischen Skandal erblickt.

8 Shirley Sturm und Bruno Latour, »Redefining the Social Link: from Baboons to Humans«, in *Social Science Information*, Bd. 26, 4, 1987, S. 783–802, Zitat S. 797 (übersetzt nach dem französischen Text).

die den Spezialisten oktroyiert haben, ihnen *explizit* ein politik-
ähnliches Verhalten zuzuerkennen. Hingegen konnten sie ihnen
(noch?) keine Worte oktroyieren, die ihnen eine »spekulative«
Aktivität zubilligen, individuelle Strategien, die eine abstrakte
Vorstellung von einer zu schaffenden oder zu erhaltenden
Gesellschaft aktiv berücksichtigen. In diesem Sinne unterscheidet sich der »Politologe« der Primaten wenig vom Ethnometho-
dologen, für den die Gesellschaft unablässig durch die Beziehungen zwischen den Akteuren konstruiert wird – mit dem
Unterschied, daß es sich hier nicht um »Methodologie« handelt.
Einzig die Menschen konnten den Spezialisten bis heute eine
permanente Kontroverse über die Frage aufzwingen, was zuerst
kommt, die Akteure oder die Strukturen. Denn sie sind es, die
sich selbst schwerwiegende Differenzierungen auferlegt haben
wie zum Beispiel jene, die *explizit* bestimmte Sozialpartner als
politische Akteure disqualifiziert (Frauen, Sklaven und Fremde
bei den Griechen, eingewanderte Arbeiter und Minderjährige
bei uns).[9]

Die politische Erfindung der Wissenschaften

Allem Anschein nach sind wir von der Frage der Wissenschaften
weit entfernt. Doch sind wir wirklich derart weit davon entfernt? Ob es sich nun um die Empörung der Wissenschaftler

9 In »Redefining the Social Link: from Baboons to Humans«, *op. cit.*, unterstreichen
   Shirley Strum und Bruno Latour, daß das »Handicap« der Paviane uns gegenüber,
   das auch die Schwierigkeit des Berufes des Primatologen ausmacht, die Fragwürdig-
   keit der Bindungen ist: Diese müssen ständig gepflegt, erprobt und bestätigt werden. In diesem Sinne wäre die Pavian-»Gesellschaft« komplexer als die unsrige, wo
   Kennzeichen die Bindungen stabilisieren, die Interaktionen schichten und die Arbeit
   der jeweiligen Situationierung von Individuen zueinander also vereinfachen. In diesem Sinne charakterisieren sich die menschlichen Individuen durch ihren (relativen)
   Gehorsam, durch ihre Unterwerfung unter die Kennzeichen der Autorität und Legitimität; doch gewiß auch die gefangenen Primaten, die in einer stabilen und gepräg-
   ten Welt leben, in der sie zu neuen Arten von Bindungen fähig werden, zu Bindungen, angesichts derer wir über die Frage diskutieren, ob sie »sprechen«.

über die Vorstellung handelt, ihre Tätigkeit ließe sich auf einen soziologischen Gegenstand reduzieren, oder um die Frage der Differenzierung zwischen denen, die in eine wissenschaftliche Debatte eingreifen dürfen, und denen, die davon ausgeschlossen werden müssen, beläuft sich die Fragestellung offenkundig auf die Unterscheidung zwischen Wissenschaft und Meinung. Insgesamt geht es bei der Frage der Autonomie der Wissenschaften um die Unterscheidung zwischen denen, die das Recht haben, in wissenschaftliche Debatten einzugreifen, Kriterien, Prioritäten und Fragen vorzuschlagen, und denen, die dieses Recht nicht haben. Der Widerstand der Wissenschaftler gegen jegliche Wissenschaftssoziologie kann somit *politisch* aufgefaßt werden. Die Besonderheit der Primaten zeigt sich, wie wir gesehen haben, darin, daß sie den Primatologen die Nicht-Triftigkeit ihres Blikkes klarmachen konnten. Andernfalls wären sie Codes und Regeln unterworfen, aus denen ihr Verhalten ableitbar gewesen wäre. Die Besonderheit der Wissenschaftsgemeinden wiederum zeigt sich darin, daß sie von ihrer Umgebung verlangen, sie solle den Unterschied zwischen den Produkten ihrer Tätigkeit und der Gesamtheit der anderen menschlichen Erzeugnisse anerkennen.

Ebensowenig wie sich die menschliche Politik auf die der Paviane reduzieren läßt, kann die »Politik der Vernunft«, die ich charakterisieren möchte, auf die Machtspiele reduziert werden, mit denen wir heute die »politische Politik« in Verbindung bringen. Eine *konstitutive* politische Dimension der Wissenschaften anzuerkennen, heißt zunächst, zu begreifen, warum der Konflikt zwischen den Wissenschaftlern und ihren Interpreten vorhersehbar ist, sobald sich letztere anschicken, die Unterscheidung zwischen Wissenschaft und Nicht-Wissenschaft zu relativieren. Im Laufe ihrer Geschichte haben sich die Wissenschaftler bemerkenswert tolerant, ja gleichgültig gegenüber den Mitteln gezeigt, die ihre Interpreten anwandten, um diese Unterscheidung deutlich zu machen. Sie selbst haben zu diesem Thema alle möglichen Interpretationen beigesteuert, vom reinen Positivismus bis zur mystischen Suche. Hingegen ist die Infragestellung des Unterschiedes keine Sache der Interpretation mehr, sondern Konfliktgegenstand. Daher rührt die Bedeutung einer *politischen* Annäherung an diese Unterscheidung, eine Annäherung, welche die Beschreibung eines Problemfeldes erlaubt, in dem die Konstruktion der Differenz zwischen Wissenschaft und Nicht-Wissenschaft genauso *verfolgt* werden kann, wie der Politologe die Konsequenzen verfolgen kann, welche die griechische Erfindung der Politik als Problem für das politische Leben hatte.

Die Kennzeichnung einer problematischen Landschaft ermächtigt keineswegs dazu, reduzierte Lösungen auf ein vereinheitlichendes Maß zu bringen. Eventuelle gemeinsame Züge, ähnliche Beziehungen rühren vom Vergleich zwischen Lösungen her, nicht von einer Identifizierung des Problems aufgrund dieser Lösungen. Die Analyse der Prüfungen, auf welchem Wege Lösungen politischen Typs erfunden werden – wer sind die legitimen Akteure? wie wird die Auswahl der autoritätswürdigen Vorschläge getroffen? –, verleiht dem Analytiker keinerlei Überlegenheit a priori und keinerlei feste Beurteilungsposition. Er kann sich einem »Symmetrieprinzip« unterwerfen, dies jedoch im Sinne einer Forderung, die er gegen sich selbst wendet. Es handelt sich um eine Prüfung, die er sich auferlegt, um zu versuchen, den Urteilen der Geschichte zu entgehen, deren Erbe er ist. Nicht aber in dem Sinne, daß dies ihm das Recht verliehe, die Differenzen auf ein von allen Lösungen gleichermaßen geteiltes »Selbes« zurückzuführen. Die Vielfalt der erfundenen Lösungen verleiht demjenigen, der sie als solche entziffert, keinerlei Überlegenheit. Vielmehr führt sie ein Verhältnis der Nähe zu jenen ein, die uns Modernen so leicht disqualifizierbar erscheinen, weil sie die Prüfungen, die wir uns erfunden haben, nicht teilen. Dort stoßen wir auf den Weg des *Wir sind nie modern gewesen*, durch den Bruno Latour als Horizont für die neuen Prüfungen, die uns zu erfinden bleiben, die Tatsache setzen kann, daß »wir von den Vormodernen gar nicht so weit entfernt sind«. Ein schwieriges Unterfangen, das ihm gelungen ist.

Übrigens stellt deswegen die Wissenschaftsgeschichte für die historischen Praktiken die Prüfung par excellence dar. Denn auch der Historiker ist versucht, sich für »modern« zu halten, für den Erben der tiefen politischen Spaltung in wissenschaftliche Praxis und Meinung. Um beispielsweise den Übergang von der Epoche, da »wir noch nicht wußten«, daß sich die Erde um die Sonne dreht, zu derjenigen, da »wir wissen«, in Geschichte zu setzen, kann er eine »bescheidene« Lösung für ausreichend halten. Sie besteht im Komplizieren des üblichen Berichts, indem er zeigt, daß die Entdeckung nicht die klare Einfachheit besitzt, die man ihr zuschreibt. Doch genügt es nicht, dabei stehenzubleiben, denn der Historiker versetzt die Gewißheit, die er mit seinen Zeitgenossen teilt, nicht in Schwebe: Selbstverständlich ist die Erde ein Planet. Was ist unseren menschlichen Geschichten widerfahren, als die Sonne in diese neue Beziehung zu ihnen trat, die uns seither verbietet, daran zu zweifeln, daß es die Erde ist und nicht sie, die sich »dreht«? Und wieweit ist nicht der Historiker selbst Erbe sozialer, politischer, ethischer, affektiver und ästhetischer Veränderungen, denen wir alle, ob nun Historiker oder nicht, unterworfen sind und die letztlich die Aussage erlauben: »Man muß verrückt, sein, dramatisch unwissend, schlechtgelaunt oder kulturell rückständig, um die Erdbewegung anzuzweifeln«?

Daher kann Bruno Latour die Sozialgeschichte der Konstruktion des wissenschaftlichen Wissens zur Achse seines Arguments machen, demzufolge »wir nie modern gewesen sind«. Dies impliziert auch, daß einzig der Historiker, der weiß, was »modern gewesen sein« für ihn bedeutete, diese Geschichte wird machen können, ohne indes zu *verraten,* was er gewesen ist, und die Täuschungen und Illusionen zu enthüllen, denen er zum Opfer gefallen ist. Das heißt, ohne den von den Wissenschaften konstruierten Wahrheiten eine andere mächtigere Wahrheit entgegenzusetzen – und sei sie die Leugnung a priori jeglicher Wahrheit, die sich nicht auf eine Überzeugung »wie die anderen« reduzieren läßt.

»Humor« werde ich die Fähigkeit nennen, sich selbst als Produkt der Geschichte zu erkennen, deren Konstruktion man zu folgen sucht, und zwar in einem Sinne, in dem sich der Humor zunächst von der Ironie unterscheidet.

Wie Steve Woolgar[10] gezeigt hat, verleiht die relativistische soziologische Lektüre der Wissenschaften ihrem Spezialisten die Position eines »Ironikers«. Er ist derjenige, der sich nichts vormachen läßt, der die Anmaßungen der Wissenschaften offenlegt. Er weiß, daß er stets auf den gleichen Unterschied zwischen sich und den Wissenschaftlern treffen wird, den Standpunkt nämlich, der garantiert, daß er ein für allemal die Mittel erworben hat, die anderen zu verstehen, ohne sich beeindrucken zu lassen. Einige Autoren mögen eine »ironische« Lektüre ihrer eigenen Texte empfehlen, da diese ebenfalls wissenschaftlich sind (dynamische Ironie). Deshalb erfordert die prinzipielle Position vom Autor eine (stabile oder dynamische) Bezugnahme auf eine Transzendenz, ein schärferes, universelleres Urteilsvermögen, das die Differenz zwischen ihm selbst und jenen gewährleistet, die er untersucht.

Der Humor selbst ist eine Kunst der Immanenz. Wir können die Differenz zwischen Wissenschaft und Nicht-Wissenschaft nicht im Namen einer Transzendenz beurteilen, die uns selbst in Bezug auf sie als frei bezeichnen würde. Frei davon sind einzig die, welche dieser Transzendenz gleichgültig bleiben. Doch reduziert diese Abhängigkeit, in der wir uns in Bezug auf sie befinden, in keiner Weise unsere Freiheitsgrade, unsere Wahl der Art und Weise, in der wir den von der Konstruktion dieser Differenz geschaffenen Problemen nachgehen. Die Situation ist die gleiche wie die des Politologen, der weiß, daß sein Problem überhaupt keinen Sinn hätte, wenn die Griechen keine »Kunst der Politik« erfunden hätten. Er selbst ist Produkt dieser Erfindung, die er folglich nicht zunichte machen kann. Doch steht es ihm frei, diese Erfindung in Geschichte zu setzen.

Ironie und Humor bilden in diesem Sinne zwei unterschiedliche politische Projekte der Diskussion der Wissenschaften und der Debatte mit den Wissenschaften. Die Ironie stellt der Macht

---

10 »Irony in the Social Study of Science«, in *Science Observed*, Karin Knorr-Cetina und Michael Mulkay (Hg.), SAGE Publications, London, 1983, S. 239–266.

die Macht entgegen. Soweit es dem Humor gelingt, sich zu produzieren, produziert er die Möglichkeit gemeinsamen Erstaunens, das jene, die er vereinigt, tatsächlich gleichmacht. Diesen beiden Projekten entsprechen zwei unterschiedliche Versionen des Symmetrieprinzips, das zum einen als Reduktionsinstrument, zum anderen als Ungewißheitsfaktor wirkt.

Vom Ereignis

Es gibt eine sehr schöne talmudische Erzählung, in der drei Rabbis auftreten, die über einen Punkt der Gesetzesauslegung aneinandergeraten sind.[11] Um seinen Standpunkt durchzusetzen, läßt Rabbi Eliezer Wunder geschehen: Ein Johannisbrotbaum wird entwurzelt, ein Fluß beginnt, rückwärts zu fließen, die Wände des Lehrhauses neigen sich, doch keins dieser Argumente wird für zulässig befunden. Nun wendet sich Rabbi Eliezer an den Allerhöchsten, und eine himmlische Stimme bestätigt seine Autorität. Doch Rabbi Josué erhebt sich und zitiert das Deuteronomium: Die Thora »ist nicht im Himmel«. Der Allerhöchste hat den Menschen den Text gegeben, damit sie ihn diskutieren. Er hat sich in die Diskussion über die Bedeutung dieses Textes nicht mehr einzumischen.

Das Skandieren, das Ereignis, das mit der Schenkung des göttlichen Textes geschaffen wird, bewirkt die Differenz zwischen dem Vorher und dem Nachher. Was ist aber diese Differenz? Worauf, bis wohin, wie wirkt sich diese Differenz aus? Das Ereignis sagt es nicht, und es gehört zur jüdischen Tradition, uns zu sagen, daß es so, wie es ist, sein muß. Eine große Zahl von Akteuren, die alle aus dem einen oder anderen Grund vom Text erzeugt wurden, wird versuchen, die Lehren daraus zu ziehen. Diese befinden sich alle in dem Raum, den er geöffnet hat, keine

---

11 *Aggadoth du Talmud de Babylone. La Source de Jacob*, übers. Arlette Elkaïm-Sartre, Éditions Verdier, coll. »Les Dix Paroles«, Lagrasse, 1982, S. 887–888.

kann einen bevorrechtigten Wahrheitsbezug zu ihm beanspruchen.

Der Ereignisbegriff, den ich eingeführt habe, ermöglicht es, die relativen Positionen zwischen den Wissenschaftlern und ihren Interpreten zu präzisieren. Entscheidend ist hier nicht mehr, die Differenzen zu leugnen, nach denen die Wissenschaftler streben, sondern jede Beschreibungsweise ihrer zu vermeiden, die ein bevorrechtigtes Wissen der Wissenschaftler von der *Bedeutung* dieser Differenzen impliziert, durch die sie herausgehoben werden.

Das Ereignis eröffnet diese Perspektive, wenn man behauptet, daß es zwar Schöpfer von Differenz, aber dennoch nicht Bedeutungsträger ist. Die Erfindung der »Kunst der Politik« durch die Griechen war ein Ereignis, hat eine Differenz geschaffen, doch die Bedeutung, die dieses Ereignis annimmt, die zum offenen Problem vorgebrachten Lösungen, die Kommentare und Kritiken, die diese Lösungen hervorrufen, gehören zu den Folgeerscheinungen des Ereignisses und nicht zu seinen Eigenschaften. Das Ereignis verschmilzt nicht mit den Bedeutungen, die von jenen, welche es verfolgen, in seinem Zusammenhang geschaffen werden, und es bezeichnet nicht einmal a priori jene, für die es eine Differenz ausmachen wird. Es hat weder einen bevorrechtigten Repräsentanten, noch eine klar abgegrenzte Tragweite. Diese gehört vielmehr zu seinen Folgeerscheinungen, zum Problem, das in der von ihm geschaffenen Zukunft gestellt wird. Dessen Ausmaß wird Gegenstand vielfältiger Interpretationen, kann sich jedoch auch gerade durch die Vielfalt dieser Interpretationen ergeben: All jene, die sich auf die eine oder andere Weise auf dieses Problem beziehen, erfinden einen Weg, sich seiner zu bedienen, um ihre eigene Position zu konstruieren, schließen sich dem Ereignis an. Mit anderen Worten, jede Lektüre, selbst jene, die die Täuschung entlarvt und ausspricht, macht den, der sie vorschlägt, zum Erben, zum Angehörigen der Zukunft, zu deren Erschaffung das Ereignis beigetragen hat. Keine Interpretation kann vorgeben oder als solche »beweisen«, daß sich tatsächlich nichts besonderes ereignet hat. Einzig die Gleichgültigkeit »beweist« die Grenzen der Tragweite des Ereignisses.

Ebenso wie das Ereignis nicht aus sich selbst heraus die Macht hat, die Art und Weise vorzuschreiben, in der es erzählt werden will, noch die Folgeerscheinungen zu bestimmen, die sich auf es berufen können, hat es auch nicht die Macht, sich seine Erzähler auszuwählen. Zu ihnen gehören solche, die versuchen, seine Tragweite und die von ihm autorisierten Rechte weitestgehend auszudehnen, wie auch jene, die deren äußerste Einschränkung anstreben. Wer sich an diese Arbeit macht, muß zwangsweise erkennen, inwiefern er selbst Erbe dessen ist, was stattgefunden hat, inwiefern ihm das Ereignis seinen Platz anweist, ob er will oder nicht (siehe den Racheschlag, dem sich der Relativist in Sachen Wissenschaften aussetzt, wenn er eine Scanner-Untersuchung oder die Verschreibung von Antibiotika für sich fordert). Das heißt, er muß sich selbst als Konstrukteur der Geschichte erkennen, die auf das Ereignis folgt, und damit als einen Bedeutungskonstrukteur unter anderen.

Dieser unbestimmte Charakter des Ereignisses verleiht der Differenz zwischen Philosophen und Wissenschaftlern, von der wir ausgegangen sind, ihren Sinn angesichts der Beschreibung Thomas Kuhns. Die Wissenschaftler haben darin die Rolle des Ereignisses und sich selbst, die Praktiker einer Normalwissenschaft, als »vom Ereignis hervorgerufen« erkannt. Die Philosophen hingegen verlangten mehr: Die vom Ereignis hervorgerufene Geschichte müsse fähig sein, ihre Legitimität zu begründen. Hier begegnen wir wieder dem von Gilles Deleuze vorgetragenen Kontrast zwischen »Gründung« und »Grund«: »Die Gründung betrifft den Boden und zeigt, wie sich etwas auf dem Boden einrichtet, ihn besetzt und in Besitz nimmt; der Grund aber kommt eher vom Himmel herab, reicht vom First bis zu den Fundamenten, schätzt Boden und Besitzer einem Besitztitel gemäß gegeneinander ab.«[12]

Der relativistische Ironiker hört nicht auf, das Scheitern der Fundamentalphilosophien zu wiederholen und zu feiern. Kei-

12 Gilles Deleuze, *Differenz und Wiederholung*, Wilhelm Fink Verlag, München, 1992, S. 111.

nerlei Eigentumsanspruch ermißt die Besitzrechte der Wissenschaftler auf den Boden, den sie besetzen. Er überzeugt sich zu seiner eigenen Befriedigung davon, daß keine als wissenschaftlich anerkannte Verfahrensweise im Falle einer Kontroverse fähig ist, den Ausweg vorzuschreiben, den der »wahre Wissenschaftler« wählen müßte. Aus der Perspektive, die ich vertrete, ist die Tragweite der Beweisführung gleich Null, denn sie setzt voraus, daß das Gründungsereignis über sich selbst Rechenschaft ablegen kann. Was die Wissenschaftler wissen, so wie ich sie zu kennzeichnen suche – also unter Ausschluß derjenigen, die »im Namen der Wissenschaft« oder »im Namen der Objektivität« systematisch Artefakte erzeugen –, was ihre Tradition ihnen sagt, ist, daß die Gründung zu wiederholten Malen stattgefunden hat, daß Grund besetzt wurde, was auch heißt, daß das Ereignis wiederholt werden kann. Kein auch noch so rationales Vorgehen, keine Unterwerfung unter welches Kriterium auch immer garantiert diese Wiederholung. Doch würde sie nicht den Boden finden, auf dem sie sich vollziehen kann, wenn die Wissenschaftler nicht im Hinblick auf Wiederholung handeln würden.

Darf man einen Vergleich mit der Gnadentheorie (einer interessanten Ereignistheorie) wagen, so würde ich hier die Position der Wissenschaftler außerhalb der strengen Perspektive von Paulus und Augustinus ansiedeln, aus der Gott, ungeachtet der menschlichen Handlungen, Willensakte und Werke, allein entscheidet. Sie liegt auch außerhalb der milden Perspektive des Semipelagianismus, derzufolge die Gnade unausbleiblich die Bewegung der Seele zu Gott erwidert. (Dies läßt die Behauptung zu, selbst wenn der Mensch ohne Gnade unfähig ist, das Heil zu erlangen, genüge eine erste Bewegung, deren er fähig ist, damit der Weg zum Heil ihm offensteht). Vielmehr sind die Wissenschaftler in der von der Leibnizschen Monadologie erfundenen Perspektive anzusiedeln: Kein endliches Wesen hat die Macht zu wissen, wie es handeln soll, die Ungewißheit herrscht unwiderruflich. Doch wissen wir, daß diese Welt auf die eine oder andere Weise die bestmögliche ist; die einzig kohärente Haltung besteht also im Versuch, mit dem Prinzip der Welt-Wahl Gottes in Harmonie zu leben und das Beste zu versuchen, dessen man fähig ist, in der Hoffnung, daß das Vollbringen dieses Besten zur göttlichen Definition der Welt gehört. Der Idee der besten aller möglichen Welten entspricht hier die Idee von Urteilen, deren wissenschaftlicher Charakter bestimmbar sein könnte. Zwar ohne Erfolgsgarantie oder -versprechen. Doch nicht ohne vorgängige Vergleichsfälle.

Selbstverständlich gilt es noch, den Typ von Ereignissen zu verstehen, die für den Wissenschaftler solche Vergleichsfälle darstellen. Wir müssen sie so verstehen, daß sie uns gestatten, der Konstruktion der Wissenschaften zu folgen, ohne sie aber zu bestätigen oder zu verwerfen, wie auch das Engagement und die Leidenschaft der Wissenschaftler zu würdigen, ohne die Möglichkeit zu verlieren, darüber lachen zu können. Mit Humor oder Ironie befrachten wir sie, je nachdem, wie sie sich selbst innerhalb der wissenschaftlichen Tradition ansiedeln; ob sie die Mittel zu deren Fortsetzung erfinden oder sich ihrer bemächtigen, um die Widerstände gegen ihre Fortsetzung auszuschließen.

5

Die Wissenschaft unter dem Zeichen des Ereignisses

Auf der Suche nach einem Neubeginn

Die Frage der Wissenschaften unter das Zeichen des Ereignisses zu stellen – wider die ahistorischen Kriterien der Rationalität –, eröffnet die Möglichkeit eines Vergleichs der Wissenschaftsgeschichte mit Gilles Deleuzes und Félix Guattaris Charakterisierung der Philosophie als *kontigentem Prozeß*.

Die Philosophie ist in Griechenland entstanden. Kann man diese Tatsache nur aus der Besonderheit griechischer Geschichte erklären? Oder muß man im Gegenteil diese Besonderheit auf allgemeine Bedingungen zurückführen, die es dem Denken ermöglichten, sich selbst zu entdecken? Die griechische Philosophie, so antworten Deleuze und Guattari in *Qu'est-ce que la philosophie?* war ebenso wenig die »Freundin« der griechischen Polis wie die moderne Philosophie die Freundin des Kapitalismus ist, doch sind weder der Staat noch der Kapitalismus »neutrale« Milieus für eine Philosophie, die unter diesen Umständen ihre Existenzrechte aus einem universellen, ahistorischen Imperativ beziehen könnte. In der griechischen Polis führt die Philosophie das Problem einer Gemeinschaft von Menschen, die sich als Freie und Rivalen verstehen, ins Absolute. Woran erkennt man den wahren Freund des Denkens oder des Begriffs? Wie unterscheidet man ihn von seinem simulierenden Rivalen? Welchen Prüfungen unterzieht man seine Aussagen, um sie von der bloßen Meinung zu unterscheiden? Wie übersetzen diese Prüfungen das dem Begriff innewohnende Vermögen, seine Differenz zur Meinung auszudrücken? Für all diese Fragen der platonischen Philosophie bot das Leben der Polis weit mehr als einen Kontext, denn woanders oder früher hätten sie keinen Sinn gehabt, gleichwohl bewirken sie ein Ereignis: Gegen die von der Polis für andere Probleme erfundenen Lösungen wenden sie die Zumutungen eines Problems, das von diesen Lösungen weder gestellt noch vorhergesehen wurde, dessen Erfindungs- bzw. Entstehungsbereich sie jedoch konstituiert haben.

Die Idee des kontingenten Prozesses schließt die Art der Erklärung, welche Beschreibungen in Deduktion umwandelt, ebenso aus wie etwas Willkürliches, das sich der Kontingenz bemächtigen könnte, um auf monotone Weise zu versichern, daß nichts stattgefunden habe und daß die konstituierten Bedeutungen und die hervorgebrachten Probleme insofern alle gleichwertig seien, als sie sich alle auf jeweils einen Kontext beziehen. Der kontingente Prozeß legt uns nahe, ihm zu »folgen«, wobei jedes Folgen Fortsetzung und Wiedererfindung zugleich bedeutet. »Kontingenter Neubeginn ein und desselben kontingenten Prozesses, mit anderen Gegebenheiten.«[1]

Wie läßt sich die Geschichte der modernen Wissenschaften als kontingenter Prozeß charakterisieren? Es genügt nicht, wie Kuhn von der kontingenten Existenz von Gesellschaften zu sprechen, welche die Autonomie von Wissenschaftsgemeinden zugelassen oder respektiert haben. Es genügt auch nicht, mit Kuhn das kontingente Erscheinen eines Paradigmas festzustellen. In den beiden Fällen schiene es, als würde die Kontingenz einen Prozeß leiten, der aber, seit seinem Beginn mit einer eigenen Notwendigkeit versehen ist. Um die Bestätigung dessen, was ist, zu vermeiden, muß ich versuchen, die Gesamtheit der modernen Wissenschaften, das heißt, derer, die sind, und derer, die sein könnten, zu interpretieren. Das impliziert auch, Erzählungen fortzusetzen, wiederzufinden, »neuzubeginnen, mit an-

---

1 Gilles Deleuze und Félix Guattari, *Qu'est-ce que la philosophie?*, Éditions de Minuit, Paris, 1991, S. 94.

deren Gegebenheiten«. Deshalb muß ich eine neue Weise des Erstaunens, ein Fragezeichen erfinden, das mich nicht dazu verurteilt, die Experimentalwissenschaften zu bevorzugen. Ich suche zugleich nach einem »Motiv« im doppelten Sinne, im musikalischen und im begehrenden, das »die Wissenschaft« auszeichnen und nicht zum Definitionsgegenstand, sondern zum Geschichtssubjekt machen würde.

Mein Erstaunen wie mein Motiv haben mich auf Galilei zurückverwiesen. Die Geschichten vom Ursprung der modernen Wissenschaft beziehen sich gleichsam zwangsläufig auf das wissenschaftliche Werk Galileis, aber auch auf die »Affäre Galilei«, seine Verurteilung durch die Kirche. Und diese Bezugnahme ist kein Artefakt. Galilei selbst scheint sich der Tatsache vollauf bewußt gewesen zu sein, daß mit ihm etwas Neues im Entstehen begriffen war. Sein öffentlich bekanntes Werk feiert nicht nur ein »neues Weltsystem«, sondern auch eine neue Argumentationsweise, der er die Macht verleiht, seine Gegner der Lächerlichkeit preiszugeben und Rom zu zwingen, sich zu beugen und die Auslegung der Heiligen Schrift zu verändern. Mit anderen Worten, Galilei präsentiert uns gleichzeitig das Problem eines Ereignisses wie auch eine erste Erforschung seiner Folgen und verleiht ihm, so wie er selbst vom Ereignis geschaffen-plaziert-produziert ist, damit eine bestimmte Bedeutung.

Welches Subjekt des Erstaunens taucht im Zusammenhang mit Galilei auf? Ich würde es »vor« der astronomischen Kontroverse und somit vor der »Affäre« Galilei im eigentlichen Sinne ansiedeln. Meiner Einschätzung nach schreibt sich Galilei, der Astronom, in eine Geschichte ein, die er nicht selbst erfindet. Sicher, das Fernrohr ermöglicht ihm Beobachtungen, die anderen nicht zugänglich sind, und folglich neuartige Argumente. Genügt es aber, die begierigen Töne Keplers zu vernehmen, der nach einem Fernrohr verlangt, seine Seele für ein Fernrohr geben würde, um daraus zu schließen, daß der Gebrauch des Fernrohrs nicht ausreicht, um Galilei eine Sonderstellung einzuräumen? Das Werk des Astronomen Galilei läßt sich vom Historiker ohne allzu große Schwierigkeiten beurteilen, indem er beispielsweise das Problem seiner Ablehnung der Keplerschen Ellipsen untersucht – und die furchterregende Intelligenz seiner Argumente bewundert. Hingegen zögert der Historiker bei der Einschätzung des Werkes Galileis als Schöpfer der mathematischen Beschreibung der beschleunigten Bewegung schwerer Körper. Wie soll man über etwas erzählen, was die Physiker im wesentlichen noch immer akzeptieren, was noch immer in den Schulen gelehrt wird? Wie soll man in Geschichte setzen, was seither der Geschichte widerstanden zu haben scheint? Wie soll man erklären, daß wir beim Anblick einer schiefen Ebene immer noch in etwa die Zeitgenossen Galileis sind?

Dies könnte Gegenstand meines Erstaunens sein: Die Kraft eines gültig gebliebenen Werkes, das sich gegen die Relativität der Meinungen und Standpunkte durchsetzen kann. Dies war auch Gegenstand des Erstaunens zahlreicher Philosophen, seit sie, angefangen bei Kant, ermessen haben, was die Wissenschaft, die mit Galilei beginnt, impliziert und vorschreibt, nämlich einen neuen Wahrheitstyp. Doch gerade das Beispiel Kants warnt vor den Gefahren dieses Erstaunens, vor der schiefen Ebene, auf die es sich begibt. Denn die Kantische Frage – wie kann man auf eine philosophisch zulässige Weise die Tatsache neu übersetzen, daß Galilei (und Newton) unzweifelhaft die Natur zum Sprechen, zum Bekennen ihrer Gesetze gebracht zu haben scheint? – weist ein erstaunliches *Mißverhältnis* zu dem auf, was Galilei wirklich getan hat: Er hat eine Bewegung beschrieben, deren Prototyp das Herabrollen einer gut polierten Kugel auf einer wohlgeglätteten schiefen Ebene oder das ewige Schwingen eines idealen Pendels ist. Der Gegenstand meines Erstaunens verlagert sich also ein wenig: Von welchem Interesse die rollende Kugel oder das schwingende Pendel auch immer sein mögen, wieso lassen wir uns, die wir wie Kant Erben dieses Ereignisses der Neubeschreibung sind, uns so leicht dazu bringen, es als »die Entdeckung der Bewegungsgesetze« zu beschreiben, als »die praktische Feststellung der (eingeschränkten) Klasse der beschleunigten Bewegungen, deren Prototyp die Pendelbewegung oder der Fall der Körper bei fehlender Reibung ist«?

Kommen wir nun zum Motiv, das mir die modernen Wissenschaften an sich zu charakterisieren scheint. Wenn es der normativen Epistemologie auch nicht gelungen ist, ein Kriterium ausfindig zu machen, das Wissenschaft und Nicht-Wissenschaft gegeneinander abgrenzt, so scheint doch die Suche nach solch einem Kriterium gerechtfertigt. Seit Galilei den Verweis auf das geschaffen hat, was wir nunmehr »die moderne Wissenschaft« nennen, eine Macht, vor der eine andere Macht, die der Kirche, sich beugen mußte, lautet die entscheidende Frage: »Ist das wissenschaftlich?« Diese Frage zieht Leidenschaften an und ruft Erfindungen hervor; von ihr hängt offenkundig die Daseinsberechtigung der Wissenschaften ab. Diese Frage läßt sich nicht mit der nach der Gültigkeit oder Falschheit eines Urteils gleichsetzen, sie geht ihr voraus, was Popper durchaus erkannt hatte, als er sich von Anfang an weigerte, wissenschaftliches Urteil mit gültigem Urteil gleichzusetzen.

Sind die Normen, welche die Frage, »ist das wissenschaftlich?«, zu evozieren scheint, wenn sie vom Epistemologen-Richter nicht festgestellt werden können, deswegen einfache Bestätigungen? Und steht deren Interpretation, die gleichzeitig eine Reduktion auf »ein Repertoire von Diskursen [ist], die zur Rechtfertigung von aus völlig anderen Gründen unternommenen Aktionen verfügbar sind«[2], dem Ironiker-Soziologen frei? Hat Galilei die Bezugnahme auf die Wissenschaft »fabriziert«, um zu versuchen, die römische Macht zu brechen? Oder wurden Galilei und sein Kampf gegen Rom vom Ereignis hervorgerufen, das von der Möglichkeit der Behauptung »das ist wissenschaftlich!« konstituiert wird? Dieser Perspektive zufolge besteht dasjenige, was die Wissenschaft auszeichnet, nicht in der Unterwerfung unter Kriterien, die ein wissenschaftliches Vorge-

---

2 Trevor Pinch, *Confronting Nature op. cit.*, S. 18, (übersetzt nach dem französischen Text).

hen definieren. Das »gemeinsame Motiv«, angewandt auf unterschiedliche praktische Verfahren und Systeme, sorgt dafür, daß die Erfindung wiederholt wird, die – in einem gegebenen Augenblick und Bereich – die Antwort auf die Frage: »Ist das wissenschaftlich?« entscheidbar machte.

Offensichtlich sind wir noch nicht fertig mit dem Ironiker, der hier auf eine erstaunliche Tautologie hinweisen kann: Wissenschaftlich ist, was die Wissenschaftler zu einem gegebenen Zeitpunkt als solches bestimmen. Die Position der Humoristin, die ich einzunehmen suche, berücksichtigt die Leidenschaft, die Versessenheit, das Risiko. Wenn die Antwort auf die Frage, »ist das wissenschaftlich?«, eine Konstruktion der Wissenschaftler ist, so ist das nicht das Ergebnis einer Übereinstimmung zwischen den Wissenschaftlern, die unter sich über das entscheiden, was ein unbeteiligter Beobachter als stets unentscheidbar erkennen kann. Der Blick, der das Selbe, das Unentscheidbare sieht, wo die Daseinsberechtigung jener, die er beobachtet, in der Schaffung der Differenz besteht, ist der Blick der Macht.

Ich möchte nun zeigen, daß der relativistische Skeptizismus nichts Neues an sich hat. Er bewirkt den Rückgriff auf das Selbe, das Unentscheidbare und prägt die Differenz, die der Wissenschaftler schaffen will.

Er konstituiert sogar gleichsam die »Urszene«, in der »die modernen Wissenschaften«, wie man sie heute kennt, entstanden sind.

Die Macht der Fiktion

Am dritten Tag der *Unterredungen und mathematischen Demonstrationen* formuliert Galilei in der Maske Salviatis, seines Wortführers, die Definition der gleichmäßig beschleunigten Bewegung, von der ich verstehen möchte, wie und warum sie »Ereignis war«: »Gleichförmig oder einförmig beschleunigte Bewegung nenne ich diejenige, die von Anfang an in gleichen Zeiten gleiche Geschwindigkeitszuwüchse ertheilt.«[3] Es ist nicht uninteressant zuzusehen, wie Galilei selbst das Ereignis inszeniert, das heißt, wie die Gesprächspartner, Sagredo und Simplicio, reagieren, die Galilei Salviati zugesellt hat. Die Frage ist umso interessanter, als sich die Rollen Sagredos und Simplicios zwischen dem *Dialog* und den nach seiner Verurteilung zwischen 1633 und 1637 verfaßten *Unterredungen* verändert haben.

Im *Dialog über die Weltsysteme* repräsentiert Simplicio sämtliche Gegner Galileis, während Sagredo der Mann mit gesundem Menschenverstand ist, derjenige, mit dem sich Galileis Leser identifizieren müssen. Dies ist eine fürchterlich wirkungsvolle Strategie, denn als Sagredo seine vorgebliche Unparteilichkeit vergißt und sich mit Salviati verbündet, um den unglücklichen Simplicio und mit ihm alle, die er repräsentiert, mit Schmähungen zu überhäufen, werden die Leser mit ihm zu einem wahren intellektuellen Lynchmord hingerissen. Der von Galilei erfundene neue Wahrheitstyp kündigt sich im *Dialog* offen als eine kämpferische Wahrheit an, die sich an ihrer Fähigkeit beweist, alle, die sie anzweifeln, zum Schweigen zu bringen oder lächerlich zu machen. Doch in meiner Lektürehypothese, die der Wissenschaft der Bewegung den Vorzug vor der astronomischen Kontroverse gibt, kündigt sie sich auch auf gleichsam geheime Weise an. Der Aufbau des *Dialogs* konzentriert die Aufmerksamkeit auf den astronomischen Einsatz, und seinetwegen, vor allem um nachzuweisen, daß die Erde in Bewegung sein könnte, ohne daß wir uns dessen bewußt sind, werden die Aussagen über die Bewegung vorgelegt.

In den *Unterredungen* hat sich der Ton gewandelt. Galilei ist verurteilt worden; ein Greis, der um seinen nahen Tod weiß. Heimlich schreibt er für Leser, die er nicht kennenlernen wird.

3 Galileo Galilei, *Unterredungen und mathematische Demonstrationen über zwei neue Wissenszweige, die Mechanik und die Fallgesetze betreffend.* (in 3 Bd., Dritter und vierter Tag), Ostwalds Klassiker der exakten Wissenschaften Nr. 24, Wilhelm Engemann, Leipzig, 1891, S. 11.

Er schreibt mehr für die Zukunft, für seine Nachfolger als für die Öffentlichkeit. Theoreme, Urteile und Folgesätze reihen sich wohlgeordnet aneinander. Sagredo und Simplicio sind zu simplen Einsatzgebern geworden, die Fragen stellen und Einwände erheben, welche Galilei benötigt, um die Neuheit und Bedeutung seiner Äußerungen ins rechte Licht zu rücken. Als er seine Definition der gleichmäßig beschleunigten Bewegung formuliert, ist es Sagredo, der reagiert: »Ich würde mich durchaus gegen diese oder gegen jede andere Definition, die irgend ein Schriftsteller ersonnen hätte, sträuben, weil sie alle willkürlich sind; ich darf meinen Zweifel aufrecht erhalten, ohne Jemand zu nahe zu treten, und fragen, ob solch eine völlig abstract aufgestellte Definition auch zutreffe, und ob sie bei der natürlich beschleunigten Bewegung statthabe. Da es scheint, dass unser Autor uns versichert, dass das, was er definirt, als natürliche Bewegung der schweren Körper sich offenbare, so würde ich gern einige Bedenken aufgehoben sehen.«[4] Es hat also den Anschein, als rechne Galilei damit, daß das Hauptmißverständnis, jenes, das vordringlich behoben werden muß, aus einer *skeptischen* Reaktion hervorgegangen sei. Man könnte seine Aussage mit einer abstrakten Definition verwechseln, die in dem Sinne auf einen Urheber zurückführt, in dem dieser Urheber, wer immer er sein mag – es besteht kein Grund, daran Anstoß zu nehmen –, nicht die Macht hat, die Distanz zwischen der Abstraktion, die er schafft, und der Welt, in der vor allem die Körper auf natürliche Weise fallen, zu überwinden.

Mit anderen Worten, Sagredo ist »Relativist« avant la lettre: Kein Urheber abstrakten Urteils verfügt über die Mittel, die Natur zum Zeugen aufzurufen, um die Entscheidung hinsichtlich seiner Wahrheit durchzusetzen. Die Rivalität menschlicher, rein menschlicher Standpunkte ist unüberschreitbar. Jede Definition ist willkürlich. Jede Definition, so sagen wir, ist eine *Fiktion*, die auf einen Urheber zurückgeht.

4 *Ibid.*

Wozu befugt uns diese Feststellung? Zu nichts, wenn es darum ginge, eine historische These zu konstruieren. Zu etwas mehr, wenn wir uns daran erinnern, daß Sagredo kein Urheber, sondern eine fiktive Person ist. Folglich übersetzt er die von Galilei selbst gestellte Diagnose über eine »neutrale« Situation, über den optimalen Punkt des Zusammentreffens der Kraft der Neuheit seiner Darstellung mit den Reaktionen des gebildeten Publikums, der »Gelehrten«, an die er sich wendet. Im *Dialog* versäumte Sagredo nie, realistische Schlüsse aus den astronomischen Beweisführungen Salviatis zu ziehen, der ihn unablässig zur Vorsicht mahnte. Galilei konnte also plädieren, daß er selbst (Salviati) derartige, den Entscheidungen Roms zuwiderlaufende Exzesse nicht ermutigte, sondern dämpfte. Es war nicht seine Schuld, wenn das Publikum, repräsentiert von Sagredo, sich weigerte, auf ihn zu hören. In den *Unterredungen,* wo es um Wissenschaft, nicht um ein Weltsystem geht, scheint Galilei also eine ziemlich andere Reaktion von einem ziemlich anderen Publikum, das er zu interessieren sucht, zu erwarten. »Trotz« des relativistischen Skeptizismus, mit dem, wie er fürchten muß, jegliches abstrakte Urteil, egal welchen Urhebers, aufgenommen wird, muß er sich durchsetzen.

Die »relativistische« Reaktion, die Galilei inszeniert, ähnelt dem Argument, das die römische Macht seinen eigenen Behauptungen entgegengesetzt hatte. Msgr. Oreggi, persönlicher Theologe Papst Urbans VIII., hat uns das Andenken an das Gespräch hinterlassen, das dieser, damals noch Kardinal Maffeo Barberini, nach der ersten Verurteilung 1616 mit Galilei geführt hatte. »Er fragte ihn, ob es außerhalb der Macht und der Weisheit Gottes stünde, die Planeten und die Sterne auf eine andere Weise anzuordnen und zu bewegen, und dies dennoch so, daß alle Phänomene, die sich am Himmel kundtun, daß alles, was über die Bewegung der Sterne, ihre Ordnung, ihre Stellung, ihre Entfernungen, ihre Anordnung gelehrt wird, dennoch erhalten bleiben kann. Wenn Ihr erklären wollt, Gott könne das nicht tun, so müßt Ihr beweisen, fügte der heilige Prälat hinzu, daß all das, ohne Widerspruch zu implizieren, von keinem anderen System erreicht werden könne, als dem von Euch entworfenen; denn Gott kann alles, was keinen Widerspruch impliziert.«[5] Der große Gelehrte, schloß Msgr. Oreggi, wahrte Schweigen.

Daß Urban VIII., als ihm sein Argument am Ende des *Dialogs* aus dem Munde Simplicios wiederbegegnete, überlegte, ob nicht Galilei ihn damit habe lächerlich machen wollen, da alles, was Simplicio sagt, lächerlich ist, gehört zur Legendengeschichte der Verurteilung Galileis, bei der ich mich nicht aufhalten möchte. Hingegen interessiert mich das Argument selbst, weil es die von Galilei entworfene Inszenierung durchbricht und allzu oft von denen aufgegriffen wird, welche die Besonderheit der modernen Wissenschaften zu charakterisieren suchen. Die Gegner Galileis nur als die verspäteten Erben des Aristoteles zu sehen, hieße, das Mittelalter auszuklammern. Die von Galilei verkündete Wahrheit muß sich nicht allein gegen eine andere Wahrheit durchsetzen, der sie widerspräche. Sie muß sich zunächst und vor allem gegen die Idee durchsetzen, daß jede allgemeine, »abstrakte« Erkenntnis im wesentlichen eine Fiktion ist, das heißt, daß es nicht in der Macht der menschlichen Vernunft liegt, sich der Vernunft der Dinge anzuschließen, die auf die Ordnung der aristotelischen Kausalitäten oder der Mathematik zurückverweist.

Als Barberini, der zukünftige Urban VIII., an die Allmacht Gottes erinnert, »Gott kann alles, was keinen Widerspruch impliziert«, greift er bekanntlich das berühmte Argument Étienne Tempiers, des Pariser Bischofs, auf, der 1277 auf dieser Grundlage sämtliche kosmologischen Thesen verurteilt, die aus der aristotelischen Lehre hervorgingen. Insbesondere wurde der Satz verurteilt, demzufolge »Gott dem Himmel keine Verschiebungsbewegung mitteilen könnte«, weil der Beweis dieses Satzes auf der Absurdität der Hypothese der Leere beruhte, deren Erzeugung eine solche Bewegung implizieren würde. Die Absurdität ist nicht der Widerspruch. Was uns absurd erscheint, ist es für Gott vielleicht nicht. Indem die Autorität des Argu-

---

5 Zitiert in Pierre Duhem, *Sozein ta phainomena. Essai sur la notion de théorie physique de Platon à Galilée*, Vrin, Paris, neuaufgelegt 1982, S. 134.

ments sich auf eine Absurdität beruft, verweist sie auf die Idee einer Rationalität, die auf die eine oder andere Weise zwischen dem Möglichen und dem Unmöglichen, dem Angebrachten und dem Unangebrachten, dem Denkbaren und dem Unfaßbaren zu differenzieren erlaubt. Aber diese Möglichkeit wurde durch die Bezugnahme auf die Allmacht des göttlichen Urhebers der Schöpfung widerlegt. Wenn Gott es gewollt hätte, so wäre das, was uns normal erscheint, nicht normal; was uns unfaßbar oder wundersam erscheint, wäre die Norm. Die Allmacht Gottes gebietet, daß wir vor dem Hintergrund des Risikos denken, daß wir zum Beispiel, wie Samuel Butler in *Erewhon*, zu denken wagen, es hätte eine Gesellschaft existieren können, in der Krankheit und Unglück streng bestraft würden, während Verbrechen und Vergehen Mitleid und sorgsamste ärztliche Pflege zur Folge hätten.

Wenn zwischen den vorstellbaren, fiktiven Welten und unserer Welt keine andere Differenz auf legitime Weise geltend gemacht werden kann als allein der Wille Gottes, der sich entschieden hat, diese letztere zu erschaffen und nicht die anderen, dann gehört jede Erkenntnisweise, die sich nicht auf die reine Tatsachenfeststellung und die logische, von den festgestellten Tatsachen ausgehende Beweisführung (wobei das selbst von Gott respektierte Prinzip des Nicht-Widerspruchs zur Anwendung kommt) reduziert, zur Ordnung der mehr oder weniger gut konstruierten, »abstrakt aufgestellten« Fiktion. Mit anderen Worten, die logizistische Definition der Wissenschaft, gegen die Popper zu Felde zog, jene, die unter wissenschaftlichem Urteil ein logisch aus den Tatsachen ableitbares Urteil verstand, war nichts anderes als die, laut den Vorschriften Tempiers, einzige nicht fiktive Erkenntnisform. Nun stimmen aber sämtliche Verfasser, die wir betrachtet haben, von Popper bis Feyerabend, von Lakatos bis Kuhn in einem einzigen Punkt überein: Die wissenschaftliche Praxis richtet sich nicht nach diesen Vorschriften; keine »Tatsache«, die in eine wissenschaftliche Beweisführung eingreift, ist auf »neutrale« Weise feststellbar, und keine wissenschaftliche Beweisführung reduziert sich auf eine logisch zulässige Operation auf der Basis von »Tatsachen«; sie alle sind im »Abstrakten« entstanden.

Was soll man vom offenbar zeitgenössischen Charakter der Debatte halten, die wir am Ursprung der modernen Wissenschaften wiederfinden? Zunächst scheint es Anzeichen dafür zu geben, daß sich zwischen der Antike und jenem modernen Ursprung etwas ereignet hat. Wären die Griechen mit dem Postulat der göttlichen Allmacht, definiert durch das Fehlen von Beschränkungen, konfrontiert worden, so hätten sie zweifellos die Häßlichkeit der Hybris gebrandmarkt, des Stolzes, der jede Grenze überschreitet, und des despotischen Beschlusses, der seinen Ruhm aus seiner Willkür bezieht. Ich werde hier weder die mannigfaltigen Weisen diskutieren, auf die die Philosophen – und natürlich denke ich zunächst an Leibniz – versucht haben, dem Despotengott die Tugenden der Weisheit wiederzugeben; noch die dornige Frage, wie man die Geschichte erzählen soll, die diese Machtgestalt hervorgebracht hat, welche der menschlichen Vernunft abfordert, ihren Ort im Verhältnis zu dieser Macht zu bestimmen.

Für Pierre Duhem, den Physiker-Philosophen, besteht die eigentliche Glanzleistung des Christentums darin, daß es wider die Gewißheiten der Tradition eine dramatische Distanz zwischen notwendigen und faktischen Wahrheiten geschaffen hat, die sich widerspruchslos verneinen lassen. Für den Philosophen Éric Alliez ist diese Geschichte zunächst die der Städte, in denen seit dem Ende des Mittelalters die Differenz zwischen dem Möglichen und dem Unmöglichen Sache des Willens ist, der Spekulation, des Unternehmungsgeistes, der sich gegen alles auflehnt, was prinzipiell das, was ist, mit dem, was sein muß, ineins setzt.[6] In einem Fall wie diesem gibt es im übrigen wahrscheinlich keine Wahl. Wenn die Wörter und die Autoren sich mit dem christlichen Glauben rechtfertigen, so sagen sie uns nicht, warum es eben diese Rechtfertigung ist, die sie im Glauben suchen und finden.

---

6 Éric Alliez, *Les Temps capitaux*, Bd. I: *Récits de la conquête du temps,* Les Éditions du Cerf, Paris 1991.

Heben wir jedoch hervor, daß die Äußerung des Bischofs Tempier, der diese Wörter ausspricht und diese Autorität aktualisiert, einer *politischen* Problematik entspringt: Es geht darum, das heidnische »griechische Erbe«, das wiederkehrt, zu verwalten, das heißt, zu entscheiden, welche Teile dieses Erbes (in dem Falle wird es die Logik, das heißt, die Mathematik sein) als Erzeugnis einer »bloßen Vernunft« betrachtet werden können, das nicht vom Heidentum verseucht ist, und welche anderen als verdächtig, von ihrer heidnischen Quelle geprägt, gelten müssen. Dieses Problem ist nicht ohne Analogie zur modernen Frage der Beziehungen zwischen »reiner« Wissenschaft und Ideologie.

Wie dem auch sei, man darf die Bedeutung dieser Tatsache nicht unterschätzen: Das Mittelalter hat eine neue Gestalt des Skeptizismus erschaffen, eine Gestalt, bei der dieser Zug, der wahrscheinlich in allen menschlichen Zivilisationen gegenwärtig ist, nicht mehr durch ein Minderheitsdenken formuliert wird, welches das Risiko des Ausschlusses oder der Randexistenz auf sich nimmt, sondern durch ein Denken, das nicht nur ausdrückliche Beziehungen zur Macht anknüpft, sondern *zu einer repressiven Dimension* der Macht. Dieser Skeptizismus *disqualifiziert,* was sich nicht seinen negativen Normen unterwirft, statt deren Evidenz auf eigene Gefahr zu untergraben. Er scheint durch einen von *der Macht selbst* oktroyierten Zwang gerechtfertigt, der vom Standpunkt des Glaubens aus jeglichen Gebrauch der Vernunft als irrig verurteilt, welcher die absolute Freiheit Gottes beschränken würde. Gleichzeitig oktroyiert dieses Denken als unüberschreitbaren Horizont unserer Argumente *die Macht der Fiktion,* die Macht, welche die Sprache hat, »rationale Argumente« zu erfinden, die die Tatsachen verbiegen, Illusionen von Notwendigkeit schaffen und die scheinbare Unterwerfung der Welt unter »völlig abstract aufgestellte« Definitionen erzeugen. Jede Definition oder jede Erklärung, die eben aufgrund ihrer Überschreitung der Tatsachen und der Logik davon überzeugt werden kann, daß sie die volle Freiheit Gottes einschränke, ist der Macht der Fiktion gewichen.

Diese Macht der Fiktion ist zur Hauptwaffe der zeitgenössischen Relativisten geworden. Die positivistischen Lobredner der wissenschaftlichen Rationalität suchten zu beweisen, daß diese ihr unterworfen sei. Selbst Sagredo griff darauf zurück. Dies weist darauf hin, daß das Argument eine eigenständige Plausibilität erlangen konnte, sodaß die seither »exotische« Bezugnahme auf die göttliche Allmacht nicht länger zu seiner Unterstützung nötig ist. Aus der Perspektive, die ich hier konstruiert habe, ist es diese Evidenz der Macht der Fiktion, die nicht nur den »Erfindungsbereich« der modernen Wissenschaften konstituiert, sondern ebenfalls *das, was sie selbst zur Stabilisierung beitragen werden, um sich besser davon zu lösen.* Mit anderen Worten, die Kontingenz des Ursprungs – und man wird sich erinnern, daß der nominalistische Skeptizismus natürlich weit davon entfernt ist, das mittelalterliche Denken einheitlich zu definieren – stiftet hier keinen Anlaß, der dann vergessen werden könnte. Sondern sie sieht sich von der prozessualen Logik gefangen, durch die sie als eine ihrer Bedingungen selbst konstituiert ist: Dort, wo sich der »neue Gebrauch der Vernunft« abzeichnet, den ich mit der Besonderheit der modernen Wissenschaften gleichstellen möchte, impliziert und bestätigt sie die Unfähigkeit der Vernunft, von sich aus die Macht der Fiktion zu besiegen.

Ein neuer Gebrauch der Vernunft?

Die Inszenierung, mit der ich mich beschäftigt habe, erhebt nicht den Anspruch auf historische Wahrheit, sondern ist auf eine Konstruktion gerichtet, aus deren Sicht die modernen Wissenschaften durchaus als kontingenter Prozeß verstanden werden können. Daß Galilei absichtlich in dem Moment, da er der Nachwelt die Wissenschaft von der beschleunigten Bewegung übergibt, auf das verweist, was ich die »Macht der Fiktion« nenne, wird für mich unter diesen Umständen das Zeichen für das Ereignis sein: Die Kraft und die Neuheit seiner Aussage wird sein, über das Argument, das diese Macht in Szene setzt, *hinweg-handeln zu können*, ihm mit einer Gegenmacht kontern zu können, welche die Skeptiker zum Schweigen bringt... einschließlich der Relativisten von heute. »Mit anderen Gegebenheiten neu beginnen.«

Zu dem »Neubeginn mit anderen Gegebenheiten« gehört, daß neuerdings Wissenschaft und Fiktion untrennbar sind. Kein legitimer Gebrauch der Vernunft wird mehr die Differenz zwischen dem, was sie rechtfertigen würde, und dem, was der Fiktion entspringt, garantieren können. Im Unterschied zur herrschenden modernen Philosophie, die sich auf der Suche nach einem gereinigten philosophischen »Subjekt« befindet, fordern die positiven Wissenschaften von ihren Aussagen nicht, daß sich ihr »Wesen« von den Geschöpfen der Fiktion unterscheide. Sie fordern – und das ist das »Motiv« der Wissenschaften –, daß es sich um ganz besondere Fiktionen handelt, die in der Lage sind, diejenigen zum Schweigen zu bringen, die behaupten würden: »Das ist nur Fiktion«. Darin besteht für mich die erste Bedeutung der Behauptung, »das ist wissenschaftlich«, und deswegen war auch die Suche nach Normen vergeblich. Die Entscheidung über »das, was wissenschaftlich ist«, entspringt unzweifelhaft einer grundlegenden Politik der Wissenschaften, weil nur ihr die Prüfungen zur Verfügung stehen, die eine Aussage unter anderen sich anbietenden und rivalisierenden Aussagen beurteilen kann. Keine Aussage bezieht ihre Legitimität aus einem epistemologischen Recht, das eine Rolle analog zum göttlichen Recht der traditionellen Politik spielen würde. Sie alle gehören in den Bereich des Möglichen und differenzieren sich erst a posteriori, gemäß einer Logik, die nicht die des Urteils auf der Suche nach einer Begründung ist, sondern die der Gründung: »Hier können wir.«

In diesem Zusammenhang gelesen, gibt das Galileische Ereignis ebenfalls dem Erstaunen Sinn. Es handelt sich unbezweifelbar um *einen neuen »Gebrauch der Vernunft«*. Das, was als in rechtlicher, wenn nicht (außerdem) in tatsächlicher Beziehung zurückerobert präsentiert wird, ist genau *das, was man verloren glaubte: das Vermögen, die Natur zum Sprechen zu bringen, das* heißt, zwischen »ihren« Gründen und denen, welche die Fiktion so leicht in dieser Beziehung schafft, unterscheiden zu können.

Welcher Besonderheit aber verdankt die Aussage Galileis über die fallenden Körper, daß sie nicht »nur eine Fiktion« ist?

Diese Frage ist häufig eher allgemein beantwortet worden. Demzufolge wäre Galileis Wissenschaft von der Bewegung insofern neu, als sie nicht sagt, *warum* die schweren Körper fallen, sondern lediglich präzisiert, *wie* sie fallen. Diese Unterscheidung ist heutzutage stets gegenwärtig. Als Stephen Hawking das »Ende der Physik« in Betracht zieht, nämlich die Konstruktion der Gleichung, die uns sagen wird, was das Universum ist, bemüht er sich, einen Schlußakt in Szene zu setzen, in dem Philosophen, Wissenschaftler und gewöhnliche Leute zusammenkommen werden, um darüber zu diskutieren, »warum« das Universum so ist, wie es ist, und wir anderen, die es erkannt haben, existieren. Dann, und nur dann – falls wir uns hierüber einigen könnten – werden wir das Denken Gottes erkennen.[7]

Dieses Beispiel genügt, um zu zeigen, daß die Frage des »wie« sich nicht mit einer schlichten Voreingenommenheit gleichsetzen läßt, die an sich eine Differenz zwischen Wissenschaft und Fiktion garantieren könnte. Es geht vielmehr um ein Teilungsprinzip der Rechte auf die Rede. Der Wissenschaftler arbeitet mit anderen Wissenschaftlern zusammen, solange er die Modalitäten der Frage »wie« erfindet. Die Aussagen Galileis haben verschiedene Modifizierungen erfahren, doch deren Urheber sind Wissenschaftler, die der Klasse jener angehören, die sich als seine Nachkommen betrachten. Diese Modifikationen weisen sich also als Fortschritt aus. Wenn es sich aber um das »Warum« handelt, dann läßt der Wissenschaftler zu, daß sich die Szene mit all jenen füllt, die ausgeschlossen waren: den Philosophen und sogar den gewöhnlichen Leuten (wenn die einen zuglassen sind, wie soll man dann die anderen ausschließen!). Er verlangt nicht mehr Exklusivität, aber er verlangt natürlich, daß das »Warum«,

7 Stephen Hawking, *Eine kurze Geschichte der Zeit. Die Suche nach der Urkraft des Universums*. Rowohlt Verlag, Reinbek, 1988.

das Sache aller ist, jenes Warum sei, dessen Wie er festgestellt hat. Wenn es beispielsweise um das Universum geht, wie Hawking es versteht, erwartet er, daß der Philosoph, der über die Zukunft oder das Ereignis nachdenkt, schweigt. Die Szene, in der er schließlich das Recht auf Rede haben wird, wird von der Gleichung definiert sein, welche die Behauptung gestattet, daß das Universum IST.

Das wissenschaftliche »Wie« hat also a priori keine anderen Grenzen, als die der zu Recht oder Unrecht als wissenschaftlich anerkannten Fragen. Das »Warum« hat in dieser Inszenierung keinerlei Formulierungsautonomie. Es transzendiert das »Wie« nur scheinbar: Es muß von ihm zunächst einmal lernen, bei welcher Gelegenheit es berechtigt ist, sich zu stellen.

Die Differenzierung zwischen Wie und Warum ist also keine symmetrische Teilung, sondern eine Unterscheidung zwischen einer dynamischen Macht, der der Wissenschaft, und dem Rest, der sich in der Folge unablässig neu formuliert. Ein Spiel der Genarrten, das seine Regeln fand, als Kant der Macht der Wissenschaft die gesamte phänomenale Welt auslieferte, einschließlich des Subjekts als »pathologisches«, das heißt, als erklärbar durch die Gründe, Motive, Meinungen und Leidenschaften: kurz, alles, was das »handelnde«, »freie«, »intelligible« Subjekt meiden muß, um zu bestimmen, was es tun »muß«.[8]

Der neue »Gebrauch der Vernunft«, den das Galileische Ereignis vollzieht, hat also zwei interessante Merkmale. Er erfindet im Hinblick auf die Dinge ein »Wie«, welches das »Warum« als seinen Rest definiert. Er wählt diejenigen aus, die an der Diskussion des »Wie«, an seiner Erweiterung und an seinen Modifikationen teilnehmen können, und definiert die anderen, die Philosophen und die gewöhnlichen Leute, als jene, die danach kommen, in einer Landschaft, die von einer festgeleg-

---

8 Die Möglichkeit, *gleichzeitig* zu sagen, das Subjekt sei »pathologisch«, das heißt, daß das, was es getan hat, erklärbar ist, und es sei »frei«, daß es vermocht hätte, es nicht zu tun, ist die Lösung, die Kant in der *Kritik der reinen Vernunft* vorschlägt (»Auflösung der kosmologischen Ideen von der Totalität der Ableitung der Weltbegebenheiten aus ihren Ursachen.«).

ten Teilung zwischen dem, was »wissenschaftlich«, also Sache der Wissenschaftler ist, und dem Rest strukturiert ist. Beide Merkmale sind politisch. Das erste richtet sich auf die Dinge und schreibt vor, wie man sie zu behandeln habe. Das zweite wendet sich an die Menschen und verteilt die Kompetenzen und Verantwortlichkeiten bei dieser Behandlung. Rom, so verkündet Galilei, hat das Territorium der Wissenschaften nicht zu betreten, die allein befähigt sind zu diskutieren, was sich um das andere dreht, die Sonne oder die Erde. Das Abgrenzungskriterium, das die Popper-Schüler vergeblich zu definieren suchten, ist in dieser Perspektive also unbezweifelbar der Wissenschaft eigen. Doch verdankt es sich nicht einem »rationalen« Gebrauch der Vernunft, es kennzeichnet vielmehr die *gegen die Macht der Fiktion* durch diejenigen eingesetzten Territorien, die sich in die von Galilei eingeleitete Tradition einschreiben.

Doch wie beweist Galilei, daß seine Fiktion nicht eine Fiktion wie alle anderen ist? Welches Argument setzt er dem Einwand Sagredos entgegen, der argwöhnt, seine Definition der beschleunigten Bewegung sei willkürlich wie alle abstrakt aufgestellten Definitionen? Er akzeptiert großherzig den Einwand und läßt Salviati sogar sagen, daß dies ein Problem sei, das er mit dem Urheber (Galilei) diskutiert habe. Darauf präzisiert er, was er unter »Geschwindigkeitsgraden« versteht. Die Erzählung Galileis schafft hier einen Stilbruch, mit dem jene Historiker konfrontiert sind, die sie zum Thema wählen: Es gibt den Galilei, dessen Ideen zur Bewegung man wiederherzustellen sucht, und den Galilei, der sich seither selbst erklärt und dessen Thesen – die den unseren entsprechen – zu paraphrasieren, sich offenbar empfiehlt. Ein Galilei, der sich sogar den Luxus leistet, sich zum Historiker seiner eigenen Ideen zu machen, der Schwierigkeiten, die er »am Anfang« empfand.[9] Darauf vollzieht Galilei die Differenzierung zwischen den *Ursachen der Beschleunigung* (das »Warum«), über die »verschiedene Philosophen verschiedene Meinungen geäußert haben«, »Einbildungen«, deren Untersu-

9 Galileo Galilei, *op. cit.*, S. 12, weiter S. 67.

chung keinen »großen Nutzen« hätte, und den *Eigenschaften der beschleunigten Bewegung*, von denen er beweisen wird – und darum geht es –, daß sie sich unbestreitbar auf »die von einer natürlich beschleunigten Fallbewegung belebten schweren Körper« anwenden lassen.

Nicht nur hat Galilei den Einwand Sagredos und die »Macht der Fiktion«, die er impliziert, in Szene gesetzt, sondern er nimmt diese Macht in Anspruch, um zu disqualifizieren, was bloße Meinung über die Bewegung ist, und das anzukündigen, was Beweismaterial sein wird. Galileis Vorgehen ist also auf die Bestätigung der Macht der Fiktion angewiesen: Sie ist das, *wogegen* die Wissenschaft sich absetzen muß, und *wodurch* sie all das definiert-disqualifiziert, was nicht Wissenschaft ist.

Danach zieht sich Galilei, der Autor, das heißt, das Trio, als das er argumentiert, zurück. Es folgen Theoreme, Korollarien, Urteilssätze und Probleme. Diese Abfolge wagen nur wenige relativistische Historiker, wie Feyerabend, zu kommentieren, der Physiker wiederum fühlt sich darin völlig zu Hause: Die Differenz ist vollzogen, »sein« Galilei ist an der Arbeit. »Reduziert das mal auf die Soziologie«; versucht zu zeigen, inwiefern und wozu die Antwort Galileis auf folgendes Problem zum Beispiel relativ ist: »Es seien eine Senkrechte und eine Geneigte gegeben, beide von gleicher Höhe, mit gleichem obersten Punkte. Es soll in der Senkrechten oberhalb des gemeinsamen Punktes der Ort angegeben werden, von welchem aus ein Körper fallen müßte, um nach dem Fall aus demselben längs der geneigten Strecke ebenso lange zu fallen, wie längs der ursprünglich gegebenen senkrechten Strecke von der Ruhelage in deren oberstem Punkte aus« (Problem XII). Galilei hat sich zurückgezogen, um dem das »Wort« zu überlassen, das die anderen zum Schweigen bringen wird. *Auftritt die schiefe Ebene.*

Die schiefe Ebene

Laut Stilman Drake war es das Jahr 1607, in dem Galilei zu »unserem Galilei« wurde.[10] Auf jeden Fall taucht 1608 in seinen Arbeitsnotizen ein Schema auf, das viel historische Tinte hat fließen lassen. Wenn dieses Schema, Drake zufolge, »unseren« Galilei zum Urheber hat,[11] beschreibt es für andere seinen Geburtsakt. In jedem Falle handelt es sich um einen »Schwingungsknoten«, ein tatsächlich ausgeführtes Experiment, von dem derjenige, der es ausführte entweder bereits wissen, oder währenddessen verstehen mußte, »wie« die Bewegung der fallenden Körper beschrieben werden sollte.[12]

Das Schema, das sich auf folio 116v befindet, stellt die Entfernungen zwischen dem Punkt des Aufpralls von Kugeln auf dem Boden und dem Rand eines Tisches dar, von dem sie gefallen sind und über den sie gerollt waren, nachdem sie (zweifellos) vorher eine auf jenem Tisch aufgestellte schiefe Ebene herabgerollt waren: Denn Galilei setzt in den Berechnungen, die auf dem folio stehen, die Entfernungen zum Boden in Beziehung zu den vertikalen Höhen, aus denen die Kugel fiel, bevor sie über den Tisch rollte.[13] In jedem Falle verbindet das Schema drei

10 Ich werde hier nicht den Disput zwischen Pierre Duhem, Alexandre Koyré und Stilman Drake über die mittelalterlichen Wurzeln der Galileischen Vorstellungen wiederholen und deren Unstimmigkeiten, wie man den berühmten Brief von 1604 lesen sollte, in dem Galilei zum erstenmal verkündet, daß er die mathematische Definition der beschleunigten Bewegung besitze, durch die alle beobachteten Erfahrungen übereinstimmten, und »sich irrt«. Siehe zu all dem Isabelle Stengers, »Les affaires Galilée«, in *Éléments d'histoire des sciences,* Bordas, Paris, 1989, S. 223–249.

11 Siehe *Galileo at Work. His Scientific Biography,* The University of Chicago Press, Chicago, 1978.

12 Es muß betont werden, daß die *Unterredungen,* auch wenn sie dem *Dialog* folgen, über Arbeiten berichten, die *vor* dem Astronomiestreit mit Rom stattfanden. Deswegen steht dem Gedanken nichts im Wege, daß Galilei, der Polemiker, der sich anschickt, Rom zur Verneigung vor dem heliozentrischen Weltbild zu zwingen, im Laboratorium entstanden ist – unter anderen eine der Folgen dessen, was ich das »Galileische Ereignis« nenne.

13 Die Kugel mußte eine schiefe Ebene herunterrollen, denn hätte Galilei sie fallenlassen, wäre sie zurückgeprallt, statt auf (nahezu) kontinuierliche Weise ihre Bewegung auf dem Tisch fortzusetzen.

Bewegungstypen: die erste Fallbewegung, die nur durch die Fallhöhe charakterisiert wird, die horizontale Bewegung auf dem Tisch und die Bewegung des freien Falls, die wiederum von der horizontalen Distanz charaktersisiert wird, die er der Kugel zurückzulegen erlaubt (bei einem Tisch von gegebener Höhe).

Dieses Schema stellt eine Versuchs-*Anordnung* im modernen Sinne des Begriffs dar, eine Anordnung, deren Autor, im eigentlichen Sinne des Wortes, Galilei ist, denn es handelt sich um eine artifizielle, vorsätzliche Montage, die »Kunstfakten«, Artefakte im positiven Sinne erzeugt. Und die Besonderheit dieser Anordnung besteht, wie wir sehen werden, darin, daß sie ihrem *Urheber erlaubt, sich zurückzuziehen,* die Bewegung an seiner Stelle *Zeugnis ablegen* zu lassen. Die von der Anordnung in Szene gesetzte Bewegung ist es, welche die anderen Autoren zum Schweigen bringen wird, die sie anders verstehen möchten. Die Anordnung bewirkt also zweierlei: Sie bringt das Phänomen »zum Sprechen«, um die Rivalen »zum Schweigen zu bringen«.

Was das so in Szene gesetzte Phänomen bezeugt, hat nichts Triviales an sich. Die drei Bewegungstypen, die es miteinander verbindet, werden auf drei verschiedene Weisen charakterisiert. Der erste Fall ermöglicht es, einen in Bewegung befindlichen Körper im Hinblick auf seine *gewonnene* Geschwindigkeit zu charakterisieren, und legt nahe, daß diese Geschwindigkeit einzig von der Fallhöhe bestimmt sei. Die horizontale Bewegung wird als *gleichförmig* charakterisiert, und die Anordnung legt nahe, ihr als Geschwindigkeit (im traditionellen Sinne des Verhältnisses zwischen zurückgelegter Entfernung und der dafür benötigten Zeit) die seit dem voraufgehenden Fall gewonnene Geschwindigkeit zuzuschreiben. Die dritte Bewegung, die des freien Falls, kann diese Geschwindigkeit nur messen, wenn man zugibt, daß sie aus zwei Bewegungen *zusammengesetzt* ist, die nicht interferieren, nämlich der beschleunigten vertikalen Fallbewegung in einer Zeit, die einzig von der Tischhöhe abhängt, und der gleichförmigen horizontalen, die sich gleichzeitig fortsetzt.

Galileis Anordnung verbindet nicht nur drei unterschiedliche

Bewegungstypen miteinander, sondern sie setzt die Möglichkeit voraus – und bestätigt sie –, drei unterschiedliche und miteinander verbundene Geschwindigkeitsbegriffe zu definieren: die Geschwindigkeit, die in Verbindung mit einer Vergangenheit, in der der in Bewegung befindliche Körper die Höhe gewechselt hat, gewonnen wurde; die Geschwindigkeit, die der Körper in einem gegebenen Moment »hat«, zum Beispiel am Ende jenes Falls, in dem Moment, da der Körper von der schiefen Ebene auf den horizontalen Tisch überwechselt; und die Geschwindigkeit, die die horizontale, gleichförmige Bewegung des Körpers charakterisiert. Die Anordnung legt eine operationale Äquivalenzbeziehung zwischen diesen drei Geschwindigkeiten nahe: Die *plötzlich* gewonnene Geschwindigkeit, welche den in Bewegung befindlichen Körper am Ende seines Falles charakterisiert, ist gleich jener, die er *in der Vergangenheit* gewonnen hat, und auch gleich derjenigen, die *in der Zukunft* ihre gleichförmige Bewegung charakterisieren wird.

Ich habe all das, was Galileis Anordnung impliziert und bestätigt, ausgeführt, um zu zeigen, daß das »Bewegungsgesetz« nicht an die Beobachtung gebunden ist, sondern durch eine geschaffene »faktische« Ordnung, durch ein Laboratoriumsartefakt bedingt ist. Doch dieses Artefakt hat eine Besonderheit: Die Anordnung, von der es geschaffen wird, ist ebenfalls fähig, natürlich nicht zu erklären, warum sich die Bewegung so charakterisieren läßt, aber jeder anderen Charakterisierung entgegenzutreten. Denn es kann die drei Bewegungen, aus denen es sich aufbaut, variieren: Höhe und Neigung der schiefen Ebene, Abstand zwischen dem Ende der Ebene und der Tischkante, Tischhöhe. Auf jeden Einwand kann also eine Antwort erfunden werden (gegebenenfalls mit Hilfe zweier schiefer Ebenen oder einem Vergleich zwischen parabelartigem und vertikalem freien Fall[14]). Die Versuchsanordnung kann also als Ursache eines

14 Genau das inszenierten Didier Gille und Isabelle Stengers in »Faits et preuves: fallait-il le croire?«, in *Les Cahiers de science et vie. Les Grandes Controverses scientifiques n. 2, Galilée. Naissance de la physique*, April 1991, S. 52–71.

Komplexes von Fällen betrachtet werden, von denen jeder auf seine mögliche Infragestellung erwidert und jedesmal bestätigt, daß einzig Galileis Beschreibung ihm gerecht wird. Den unterschiedlichen Fallbewegungen, die man beobachtet, hat eine gleichzeitig einheitliche und in Begriffen *unabhängiger Variablen* zergliederbare Bewegung Platz gemacht, die vom Experimentator kontrollierbar ist und dem Skeptiker zwingend erweisen kann, daß es nur eine legitime Weise gibt, sie miteinander zu verbinden.

Nichts davon findet sich offenbar auf dem folio 116 v, und Galilei hat im *Dialog* andere, viel pittoreskere Inszenierungen erfunden. Doch läßt die 1608 geschaffene Versuchsanordnung im Laboratorium jene Welt entstehen, die Galilei seine Leser in Begriffen von Gedankenexperimenten entdecken läßt. Sicher kann man sagen, daß es sich um eine abstrakte, idealisierte, geometrisierte Welt handelt. Doch wird man nichts gesagt haben, denn man hätte schlicht den skeptischen Einwand Sagredos wiederholt: Dies ist nur eine Welt, die einer im Abstrakten ausgearbeiteten Definition entspricht. Die Frage ist vielmehr, was abstrahiert wurde und was diese Fiktion auszeichnet. Die von Galilei nahegelegte fiktive Welt ist nicht nur die Welt, die Galilei zu befragen weiß, sie ist auch eine Welt, *die keiner anders befragen kann als er.* Es ist eine Welt, deren Kategorien *praktisch* sind, denn sie sind die der Versuchsanordnung, die er erfunden hat. Es ist in der Tat in dem Sinne eine konkrete Welt, als diese Welt es gestattet, die zahlreichen rivalisierenden Fiktionen über die Bewegungen aufzunehmen, aus denen sie sich zusammensetzt, sie voneinander zu unterscheiden und jene zu bezeichnen, welche sie auf legitime Weise repräsentiert.

Die Welt Galileis erscheint »abstrakt«, weil vieles aus ihr eliminiert wurde, dessen Kategorien die Versuchsanordnung nicht zu definieren erlaubt. Doch ist die »Abstraktion« hier die Schaffung eines konkreten Wesens, ein Ineinanderfügen von Verweisungen, das in der Lage ist, die Rivalen desjenigen zum Schweigen zu bringen, der es ersinnt. Sagredo ist nicht verstummt, weil ihn die subjektive Autorität Salviatis beeindruckt hätte, noch weil er durch irgendeine intersubjektive Praxis rationaler Diskussion zur Erkenntnis der Fundiertheit der vorgeschlagenen Definition geführt wurde. Die Versuchsanordnung hat Sagredo zum Schweigen gebracht, hat ihm verboten, der Fiktion, die Salviati vorschlägt, eine andere entgegenzusetzen, weil eben das ihre Funktion war: alle anderen Fiktionen zum Schweigen zu bringen. Und wenn nach dreieinhalb Jahrhunderten immer noch die Galileischen Bewegungsgesetze gelehrt werden und die Anordnungen, die es ermöglichen, sie in Szene zu setzen, schiefe Ebenen und Pendel, so weil es bis jetzt keiner anderen Interpretation gelungen ist, die von Galilei erfundene Verbindung zwischen der schiefen Ebene und dem Verhalten der schweren Körper zu zerstören.

Wenn man von »abstrakter wissenschaftlicher Darstellung spricht«, dann bezieht man sich allzu oft auf einen allgemeinen Abstraktionsbegriff, der beispielsweise der Physik und der Mathematik gemeinsam ist. Nun bringt aber die Abstraktion hier kein allgemeines Verfahren zum Ausdruck, sondern ein Ereignis: den örtlichen, bedingten und selektiven Triumph über den Skeptizismus. Abstrakt im allgemeinen Sinne, trennbar von den in Bewegung befindlichen Körpern, die er bestimmt, war vielmehr der mittelalterliche Geschwindigkeitsbegriff: Gebt mir ein Mittel, den Raum und die Zeit zu messen, und ihr könnt den Unterschied zwischen dem Stein, der fällt, dem Vogel, der fliegt, oder dem Pferd, das erschöpft, außer Atem bald hinstürzen wird, vergessen: Ich werde euch ihre Geschwindigkeit nennen, das Verhältnis zwischen dem zurückgelegten Raum und der dafür aufgewandten Zeit. Für Galilei sind nicht alle Bewegungen gleichwertig. Seine Anordnung erlaubt es, die Bewegung des Steines in Szene zu setzen, nicht aber die des Vogels. Die Geschwindigkeit der Galileischen Körper – die Geschwindigkeit, die, wie wir heute sagen, die klassische Dynamik definiert – ist untrennbar von den in Bewegung befindlichen Körpern, die sie definiert, sie *gehört allein den Galileischen Körpern*, jenen Körpern, die durch eine Versuchsanordnung definiert werden, die angesichts der konkreten Vielzahl der rivalisierenden Aussagen die Behauptung erlaubt, daß diese Geschwindigkeit nicht bloß eine Weise unter anderen ist, das Verhalten dieser Körper zu definieren.

Die Abstraktion ist kein Produkt einer »abstrakten Sichtweise der Dinge«. Sie hat nichts Psychologisches oder Methodologisches an sich. Sie bezieht sich auf eine Experimentalpraxis, welche sie von einer Fiktion unter anderen unterscheidet, indem sie ein Faktum »schafft«, das eine Klasse von Phänomenen unter den anderen heraushebt. Das ist der Grund, weshalb die Differenz zwischen dem, was »Darstellungsgegenstand« sein kann und dem, was angeblich der Darstellung »entgeht«, nicht a priori durch eine philosophische oder andersartige Theorie begründet werden kann. Begründen bedeutet immer, sich auf ein Kriterium zu beziehen, das vorgibt, der Geschichte zu entgehen, um deren Norm zu konstituieren. Wer hätte vor Galilei die Galileische Geschwindigkeit für »darstellbar« gehalten, eine momentane Geschwindigkeit, mit der ein Körper keinerlei Raum und keinerlei Zeit durchquert? Wer glaubt, sich das Licht »vorstellen« zu können, das weder Welle, noch Teilchen ist, das aber je nach den Umständen der Vorstellung einer Welle oder eines Teilchens entsprechen kann? Die Wissenschaften sind nicht von einer Darstellungsmöglichkeit abhängig, deren Begründung der Philosophie zukäme, sie erfinden die Möglichkeiten, eine Aussage als legitime Darstellung eines Phänomens zu konstituieren, die nichts a priori von einer Fiktion unterscheidet. Wie Bruno Latour betont, hat hier die wissenschaftliche »Darstellung« eine Bedeutung, die jener näher ist, welche sie in der Politik hat, als der in der Erkenntnistheorie.

6

GESCHICHTE MACHEN

Negative Wahrheit

M an kann in den modernen Wissenschaften die Erfindung einer eigentümlichen Zuordnungspraxis der Autoreneigenschaft sehen, die mit zwei Bedeutungen spielt, welche sie einander entgegensetzt: dem Autor als Individuum, das von Absichten, Projekten, Ambitionen beseelt ist, und dem Autor, der eine Autorität darstellt. Es handelt sich nicht um eine naive Angelegenheit, die beispielsweise von den zeitgenössischen Literaturtheoretikern kritisiert werden könnte, sondern um eine Spielregel und einen Erfindungsimperativ. Jeder Wissenschaftler versteht sich und seine Kollegen als »Autor« im ersten Sinne des Wortes. Das ist ziemlich unwichtig. Wichtig ist, daß seine Kollegen gezwungen werden anzuerkennen, daß sie aus dieser Eigenschaft als Autor kein Argument gegen ihn machen können und den Riß nicht lokalisieren können, der ihnen die Behauptung gestatten würde, daß derjenige, der vorgibt, »die Natur zum Sprechen gebracht zu haben«, in Wirklichkeit an ihrer Stelle gesprochen hat. Der Sinn des Ereignisses selbst ist es, der von der experimentellen Erfindung konstituiert wird: *Die Erfindung des Vermögens, den Dingen das Vermögen zu verleihen, dem Experimentator das Vermögen zu verleihen, in ihrem Namen zu sprechen.*

Es ist verständlich, weshalb Karl Popper überzeugt war, er habe mit dem Thema der Falsifizierung einen wesentlichen Aspekt der experimentalwissenschaftlichen Praxis berührt. Er hat klar erkannt, daß die Herausforderung, und damit die prinzipielle Möglichkeit der Falsifizierbarkeit, von entscheidender Wichtigkeit war. Was er zweifellos weniger klar erkannt hat, ist die Tatsache, daß es sich nicht um eine Entscheidung handelt, die einem Wissenschaftler im Hinblick auf ein theoretisches Urteil freisteht. Ebenso hat er, mit dem Begriff des »konventionalistischen Stratagems«, klar erkannt, daß es die Macht der Fiktion war, gegen die sich der Wissenschaftler definiert. Weniger klar hat er erkannt, daß die Möglichkeit, von Stratagem zu sprechen, das heißt, jene Macht anzuprangern, selbst ebenfalls von der Gegenmacht abhängig ist, welche die Versuchsanordnung schafft. Vom Standpunkt Galileis und seiner Nachfolger aus herrscht dort, wo die experimentelle Erfindung nicht stattgefunden hat, ganz gleich welcher gute Wille oder welche heroischen Entscheidungen mitspielen, die Macht der Fiktion.

Wenn man den neuen Typ von »Wahrheit« definieren muß, als dessen Prototyp mir Galileis mathematische Definition der Bewegung dient, so müßte man nicht nur an die berühmte Unterscheidung zwischen Wie und Warum, sondern darüber hinaus an eine *negative Wahrheit* denken: Eine Wahrheit, deren erste Bedeutung ist, der *Prüfung der Kontroverse* standzuhalten und sich nicht davon überzeugen zu lassen, eine bloße Fiktion unter anderen zu sein. Die »Autorität« der Experimentalwissenschaft, ihr Streben nach Objektivität, haben also *keine andere Quelle als eine negative:* Eine Aussage hat – natürlich in einer bestimmten Epoche und nicht absolut – die Mittel erworben, zu beweisen, *daß sie keine* simple Fiktion ist, die von den Absichten und Überzeugungen ihres Autors abhängig ist. Doch unterscheidet sie sich von der Fiktion durch nichts anderes als durch ihre Macht, ihre Rivalen zum Schweigen zu bringen.

Die experimentelle Aussage ist also im Hinblick auf ihre positive Tragweite *stumm.* Sie ist es umso mehr, als die zum Schweigen gezwungenen Rivalen nicht irgendwer sind. Es sind diejenigen, welche die Situation der Kontroverse, das heißt, die Herausforderung der Versuchsanordnung annehmen. Galileis

Anordnung, zum Beispiel, ist unfähig, jenen zum Schweigen zu bringen, der sich weigern würde, der Bewegung der schweren Körper irgendein Interesse zuzubilligen, für den das Verstehen der Bewegung zunächst heißt, das Wachstum der Pflanzen oder den Galopp eines Pferdes zu verstehen. Dieser »schließt sich von selbst« vom Laboratorium aus, dem Ort, der die Rivalen um die Versuchsanordnung versammelt, die sie auf die Probe stellen wollen. Doch der Prozeß der Selektion-Exklusion beschränkt sich nicht darauf, zwischen »Wissenschaftlern« und »Nicht-Wissenschaftlern« zu unterscheiden. Er hat keine anderen Kriterien als die der Dynamik der wissenschaftlichen Felder selbst, die sich bilden, indem sie ihn hervorbringen. Er ist ein Prozeß, dem es zu »folgen« gilt, da er Einsatz und Produkt zugleich ist, Schöpfung des Kollektivs der »Kollegen«, deren Einwände, Kritiken, Interesse als triftig anerkannt werden.[1] Die anderen bleiben, ob sie es nun akzeptieren oder nicht, wie die Philosophen und die Historiker, »draußen vor der Tür des Laboratoriums« und können es nur unter zwei völlig verschiedenen Umständen betreten: Entweder, indem sie es mit einem Ort verwechseln, an dem jeder beliebig aus und ein gehen kann, das heißt, an ihm eine Willkür brandmarken, die im Hinblick auf die legitimen Bewohner nur deren Inkompetenz zum Ausdruck bringt; oder indem es ihnen gelingt, ihre Einwände und ihre Gegenvorschläge geltend zu machen, ein seltenes Ereignis, das wie eine »Revolution« oder zumindest ein Wendepunkt im Lauf der Geschichte begrüßt werden wird.

Die Erfindung einer Versuchsanordnung verleiht Latours Prinzip der Irreduzierbarkeit seine Triftigkeit: Sie wird zu einem Faktor, der sich auf die Dinge und die Menschen *zugleich* aus-

1 Dieser Prozeß kann übrigens für die Wissenschaftler selbst zum Problem werden, wenn die Selektion-Exklusion zu radikal vor sich geht. Das gilt heute für die Hochenergie-Physik, bei der die Selektion-Exklusion in die Versuchsanordnung selbst integriert ist: Die informatische Behandlung der Gegebenheiten wird von der Theorie geleitet, welche die verschiedenen Ereignisse bestimmt und nur jene beibehält, die sie als signifikativ beurteilt. Hier gehen die Wissenschaftler selbst so weit, sich zu fragen, »wohin« ihre eigene Geschichte sie geführt hatte. Ohne daß sie jedoch in der Lage sind, anders vorzugehen.

wirkt. Sie legt eine Inszenierung der Dinge nahe und gleichzeitig ein Verfahren der Disqualifizierung jener Menschen, welche die Herausforderung dieser Inszenierung nicht annehmen. Um verstanden zu werden, verlangt sie, gemäß einer Perspektive beschrieben zu werden, die jener der »Kollegen« *folgt, die sie gleichzeitig qualifiziert* (eine Perspektive, welche per definitionem die Geschichte und die Epistemologie der Sieger übernehmen) und die folglich von den anderen stets als willkürlich geziehen werden kann. Das ist der Grund, weshalb jede epistemologische Rationalität, die von einer Norm verlangt, die Geschichte zu rechtfertigen, in der sich die Kriterien wissenschaftlicher Legitimität erfinden und stabilisieren, geradeswegs, wie am Fall Feyerabend deutlich wurde, in den Relativismus führen kann: Diese Kriterien verlangen, genauso wie verzerrte Darstellungen, die Standortbestimmung der Perspektive (hier der Geschichte), im Verhältnis zu der sie Sinn ergeben.

Es ist umso wichtiger zu betonen, daß die experimentelle Aussage nicht die Macht hat, die Protagonisten zum Betreten des Laboratoriums zu zwingen, als jene Aussage eine umgekehrt symmetrische Folge hat. Die experimentelle Aussage verfügt über keinerlei positiven Beweis, der es gestattet, daß ihre Bedeutung *außerhalb des Laboratoriums* festgesetzt und akzeptiert wird, daß sie beispielsweise innerhalb der Vielzahl der dort auftretenden unterschiedlichen Phänomene diejenigen identifiziert, für die sie einen bevorrechtigten Zugangsweg bildet. Denn sie ist nur dann triftig, wenn die Auswahl der Fakten, die durch die Versuchsanordnung getroffen wird, selbst als triftig anerkannt wird. Sie *schlägt vor*, ein Phänomen in Begriffen des *Ideals* zu beurteilen, die Kategorien nämlich, die auf die Versuchsanordnung reagieren, und als *Abweichung vom Ideal* die Nebenwirkungen, die die Situation komplizieren und die man steuern lernen muß. Doch kann sie dieses Urteil nicht oktroyieren. Außerhalb des Laboratoriums werden diejenigen, an die sie sich richten möchte, durch nichts an der Behauptung gehindert, die Aussage bezeichne im Hinblick auf das Feld, das sie beschäftigt, nur eine Fiktion, das heißt, wie Sagredo es formulierte, »eine völlig abstrakt aufgestellte Definition«. Auf die Weise haben die französischen »Mechaniker-Ingenieure« das ganze 18. Jahrhundert hindurch gegen die Arroganz der »Mathematiker«-Akademiker protestiert, die sie ihren »Gesetzen« im doppelten Wortsinne unterwerfen wollten.

Mit anderen Worten, das experimentelle Ereignis stellt keine Antwort dar, ohne ein Problem aufzuwerfen. Es schafft keine Differenz zwischen denen, die es versammelt, und denen, die gleichgültig bleiben, ohne die politische Frage zu stellen, ob und wie diese Gleichgültigkeit durchbrochen werden wird, ob und wie sich die Folgen des Ereignisses außerhalb des Laboratoriums fortsetzen werden. Das experimentelle Ereignis erzeugt eine Differenz, sagt aber nicht, für wen diese Differenz zählen muß.

Über jene, die bereit waren, sich um die Versuchsanordnung zu versammeln, ihre eventuelle Triftigkeit anzuerkennen, muß zunächst gesagt werden, daß sie bereit waren, sich überhaupt *interessieren* zu lassen. Völlig beliebige Leute in einem Laboratorium zu versammeln, ist kein Recht. Man erkennt einen »verrückten Gelehrten« daran, daß er glaubt, dieses Recht zu haben: Er tritt allein vor, mit Fakten bewehrt, die ihm, wie er meint, die allgemeine Zustimmung eintragen müßten, er fordert, daß man sie ernst nimmt, wie es die epistemologischen Abhandlungen empfehlen, und empört sich im Namen der Werte der Wissenschaft, daß sein Vorschlag nicht als wissenschaftlich anerkannt wird. Man kennt aber auch Disziplinen, die nie das Zugeständnis erreichen, sie könnten etwas anderes hervorbringen als nur Fiktionen. Das gilt für die Parapsychologie, die seit der Gründung des Laboratoriums von Joseph B. Rhine im Jahre 1930 all ihre Bemühungen der Erfindung immer strengerer Experimentalprotokolle gewidmet hat, jedoch mit »Nicht«-Gesprächspartnern aneinandergerät, die bereit sind, in dem Moment jede beliebige Hypothese zuzulassen, in dem sie zugestehen, daß es keine Fakten gibt. Die Regeln der wissenschaftlichen Kontoverse brechen zusammen: Die Kritiker weigern sich, Interesse zu zeigen, sich im Laboratorium zu versammeln. Sie beschränken sich darauf, an einige Fälle zu erinnern, die für alle geltend gemacht werden, von denen »jeder weiß«, daß sie nur Artefakt im negativen Sinne oder Betrügerei waren.[2]

Dieses Beispiel unter zahlreichen andern zeigt, daß allein schon die Eröffnung einer experimentellen Kontroverse ein Erfolg ist: Einer Aussage ist es gelungen, Kollegen zu interessieren, die als fähig erachtet werden, sie auf die Probe zu stellen. »Sich interessieren lassen« ist die notwendige Voraussetzung für jede Kontroverse, für jede Erprobung.

Daran ist nichts Erstaunliches, denn sich interessieren zu lassen, ist ein Risiko. Ein interessierter Wissenschaftler ist ein Wissenschaftler, der sich fragt, ob eine experimentelle Aussage in sein Problemfeld eingreifen kann, welchen Unterschied sie darin bewirken wird, welche neuen Zwänge und welche möglichen Neuheiten sie darin bestimmen wird – kurz, welche Bedeutung sie darin annehmen kann. Sich bereitzufinden, an einer Erprobung teilzunehmen, heißt daher nicht nur, die Möglichkeit einer neuen Praxis zu akzeptieren – in dem Sinne, in dem es sich um eine simple neue instrumentale Möglichkeit handelt –, es heißt auch, die Möglichkeit eines neuen *praktischen Engagements* zu akzeptieren. Experimentelles Vorgehen, Wahrheit und Realität werden eventuell in ein neues System wechselseitigen Engagements eintreten. Es empfiehlt sich, vom Engagement im *ästhetischen, affektiven und ethologischen* Sinne zu sprechen, denn die drei miteinander verbundenen Begriffe, Vorgehen, Wahrheit und Wirklichkeit fügen sich nur auf dem Wege einer neuen Art zu existieren und existent zu machen zusammen, *bei der das Vorgehen die Wahrheit aus Anlaß einer Wirklichkeit entdeckt-erfindet, bei der die Wirklichkeit die Produktion der Wahrheit garantiert, bei der*

---

2 Es ist jedoch nicht uninteressant, daß der *New Scientist* (11. Juli 1992) anläßlich eines Buches des gegenwärtigen Forschungsdirektors des Instituts für Parapsychologie in Durham, North Carolina, Richard Broughton: *Parapsychology. The Controversial Science,* Rider, London, 1992, eine ziemlich positive Kritik veröffentlichte, die mit den Worten endete, »only time will tell…«. Und am 15. Mai 1993 widmete derselbe *New Scientist* seine Titelseite der Frage (*Telepathy takes on the Sceptics*), und der Artikel von John McCrone, »Roll up for the Telepathy test«, schloß, daß sich der Schwarze Peter in naher Zukunft vielleicht im Lager der Skeptiker befinden würde. Eine Sache, die weiterverfolgt werden sollte.

der Wissenschaftler selbst einen Prozeß durchmacht, der sich nicht auf den simplen Besitz von Wissen reduzieren läßt (was Kuhn durchaus erkannt hatte). Aus diesem Grund ist für einen Wissenschaftler und seine Innovationen der Versuch, Interesse im Sinne der Sensibilität für ein mögliches Werden zu wecken, eine Notwendigkeit, eine Frage um Leben und Tod.

Autoren, die es zu interessieren gilt

Autorität und Autor haben, wie man sich erinnern wird, dieselbe Wurzel, und die sogenannten scholastischen mittelalterlichen Praktiken gaben ihnen eng verbundene Bedeutungen. Die »Autoren« im mittelalterlichen Sinne sind jene, deren Texte Autorität herstellen, jene, die man kommentieren, denen man aber nicht widersprechen kann. Was keineswegs eine Praxis unterwürfiger Lektüre bedeutet, ganz im Gegenteil. Wenn beispielsweise in der *Summa* des Thomas von Aquin Autoren aufgerufen werden, über eine bestimmte Frage Zeugnis abzulegen, so tun sie es in Form von Zitaten, die aus ihrem Kontext herausgelöst wurden. Dabei geht es darum, sie in Einklang zu bringen, wobei das Zitat meist buchstabengetreu wiedergegeben wird, ohne den Sinn zu diskutieren, den der Autor ihm gab. Mit anderen Worten, der Autor stellt »Autorität« her, doch Thomas wirft sich zum Richter auf und behandelt den Autor/die Autorität als aufgerufenen Zeugen: Er muß voraussetzen, daß der Zeuge die Wahrheit gesagt hat, und sein Urteil wird dieses Zeugnis berücksichtigen müssen. Doch ist er es, der aktiv über die Art und Weise entscheidet, auf die diesem Zeugnis Rechnung getragen wird.

Der Unterschied zwischen scholastischer Praxis und wissenschaftlicher Praxis ist also nicht so radikal, wie man hätte meinen können. Thomas erkennt an, daß die »Autoren« Autorität herstellen, doch verhält er sich, als stünde es ihm frei, die Weise zu bestimmen, in der sie berücksichtigt werden müssen. Die Wissenschaftler erkennen als einzige »Autorität« die »Natur« an, also die Phänomene, mit denen sie zu tun haben, aber sie wissen, daß jener »Autorität« die Möglichkeit, Autorität herzustellen, selbst nicht gegeben ist. Es ist an ihnen, die Natur als Autorität zu konstituieren.

Die große Differenz beruht also auf der Verbindung zwischen Autorität und Geschichte. Die Scholastiker versuchen, die Autoren – heidnische Philosophen, christliche Ärzte und den göttlichen Autor der Offenbarung – in Einklang zu bringen. Sie streben danach, die Geschichte zu stabilisieren, zu harmonisieren. In Sachen Wissenschaften sind zwei Vorgänge, nämlich *erfolgreich die Natur als Autorität konstituieren* und *Geschichte machen*, synonym. Die Macht, »die Differenz zu schaffen«, liegt beim Ereignis, dem Schöpfer von Sinn, von dem man jedoch Bedeutungen erwartet. Das Laboratorium, in dem eine neue Versuchsanordnung den Prüfungen widersteht, welche ihm die Fähigkeit zuerkennen sollen, ein Phänomen zu ermächtigen, seinem Repräsentanten Autorität zu verleihen, ist stumm im Hinblick auf die Felder, in denen dieser Repräsentant das Recht auf Rede haben wird. Mit anderen Worten, das Ereignis stellt das Problem seiner Folgen und verleiht jener Geschichte Sinn, der allein die Antwort gehört.

In dieser einzigartigen Verbindung zwischen Autorität und Geschichte läßt sich das Hauptmerkmal der von den Wissenschaften erfundenen »Politik« erblicken: die zur Schau gestellte Verbundenheit zwischen dem, was Aristoteles als *praxis* ausgezeichnet hatte, deren Tugend die *phronesis*, die praktische Weisheit ist, und der sogenannten *poiesis*, welche die Tugend der *technè*, der Geschicklichkeit, besitzt. Die Aristotelische Unterscheidung verlief zwischen dem Werk der Herstellung, dessen Zweck in einem Produkt besteht, und der menschlichen Handlung, die offen, unbegrenzt ist, da sie ein Feld betrifft, das sich durch die Pluralität – Rivalität, Konflikt, Komplementarität – der Menschen definiert, die zusammenleben müssen.[3] Offenbar

---

3 Siehe zu diesem Thema die *Nikomachische Ethik*, sowie deren »nicht-heideggerianisch-platonische« Darstellung durch Jean Taminiaux in *La Fille de Thrace et le penseur professionnel. Arendt et Heidegger*, op. cit.

ist das Laboratorium der Ort der *poiesis*, denn dort wird ein »Faktum« fabriziert, dessen Aufgabe es ist, Autorität herzustellen, nämlich die Einheit des Zweckes, also der Aussage, von der es repräsentiert wird, und des Mittels, also der Versuchsanordnung, zu konstituieren. Doch ist es ebenfalls der Ort einer *praxis*, denn dieses »Faktum« ist kein Zweck, es eröffnet, wie die Epistemologen sagen, ein »Forschungsprogramm«, das heißt konkreter, es wendet sich an andere Autoren, denen es vorschlägt, auf eine neue Weise »zusammenzuleben«.

Die Verbindung zwischen *poiesis* und *praxis*, zwischen »Faktum« und »Geschichte«, ist offenkundig keine absolute Neuheit. Rückwirkend läßt sich die Unterscheidung des Aristoteles anfechten. Die Neuheit besteht darin, daß diese Verbindung seither eine Klasse von Akteuren definiert, die sie systematisch ausbeuten. Diese Neuheit ist es, die den apolitischen Vorstellungen der »Rationalität« entgeht, die von den theoretisch-experimentellen Wissenschaften erfunden wurde. Ob es sich nun um Alexandre Koyré handelt, der die Physik Galileis und Newtons unter das Zeichen Platos stellte (mathematische Intelligibilität der Welt), oder um die Kritiker der Technowissenschaft, welche den »bloß operatorischen« Charakter der wissenschaftlichen Begriffe (»die Wissenschaft denkt nicht«) in Szene setzen, die Analogie (mit einer Platonischen Weltsicht), oder die Opposition (gegen die Forderungen nach philosophischer oder symbolischer Intelligibilität) verdunkelt den Szenenwechsel, der die Bedeutung der Wörter verwandelt. Die »Materie«, das »Elektron«, das »Vakuum« erhalten keine »operationale« Definition, als würde es genügen zu beschließen, sie einer Operation zu unterziehen. Sie sind dasjenige, mit dem *wir* seither operieren können, und das »Wir« ist das Entscheidende, die Schaffung eines Kollektivs, mit dem Materie, Elektron und Vakuum seither Geschichte machen. Ausgehend von der *politischen* Definition dieses Kollektivs erhalten epistemologische Begriffe wie Objektivität oder Theorie Sinn.

Die wissenschaftlichen Praktiken implizieren entsprechend eine *phronesis*, eine praktische Weisheit, welche die Pluralität der

Menschen und die Vielfalt ihrer Interessen, eines neuen Genres, betrifft. Aus dem Begriff des Interesses an der Schaffung eines wissenschaftlichen Imperativs, ohne dabei ein »bestehendes Gefühl« zu verletzen, kann man nun denjenigen Begriff machen, der den »desinteressierten Konsens« der Wissenschaftler als Garanten ihrer Urteile bezeichnet. Das Interesse ist hier durch die Verbindung neu definiert, in der sich gemeinsam *poiesis* und *praxis, technè* und *phronesis, Faktum* und *Geschichte* neu erfinden.

Interesse leitet sich ab von *inter-esse,* sich dazwischen befinden. Das heißt nicht nur, eine Abschirmung bilden, *sondern zunächst eine Verbindung bilden.* Jene, die sich von einer experimentellen Aussage interessieren lassen, akzeptieren die Hypothese einer Verbindung, welche verpflichtet. Diese Verbindung wird von einer sehr präzisen Forderung definiert, die eine Pflicht vorschreibt und ein Recht überträgt. Diejenigen, welche sie akzeptieren, müssen behaupten können, daß sie sich einzig insofern darauf eingelassen haben, als diese Verbindung sie nicht an einen Autor »wie alle anderen« band und kein Abhängigkeitsverhältnis zu Interessen, Überzeugungen, Ambitionen bedeutete, die heimliche Bestandteile des Urteils dieses Autors wären. Was gleichfalls bedeutet, daß jene, die diese Verpflichtung akzeptieren und in ihrem Laboratorium die Versuchsanordnung zulassen, auf die diese Aussage sich stützt, das Recht haben, ihre Position als unabhängige Rivalen beizubehalten, und nicht zu Anhängern werden müssen, die der Einhelligkeit einer Idee unterworfen sind. Sie erkennen lediglich an, daß es der Versuchsanordnung gelungen ist, dem Phänomen »Autorität« zu verleihen und von der Art und Weise Zeugnis abzulegen, auf die es beschrieben werden *muß.*

Die Möglichkeit dieser Neudefinition trennt faktisch die Frage der Wissenschaften von der Gesamtheit der philosophischen Lektüren, die das Interesse disqualifiziert und ihr Urteil hinsichtlich des Wahren oder Guten auf eine transzendente Ordnung gegründet haben (Lektüren, die in dieser Hinsicht Erben Platos sind, des ersten »Berufsdenkers« laut Arendt und Taminiaux). Das Interesse ist es also, was die Macht der Fiktion nährt und den Menschen von dem trennt, was auf die eine oder andere Weise seine Berufung sein müßte. Das Interesse ist es, was überwunden werden muß, in dessen Bezug man sich reinigen muß, gegen das man sich wandeln muß. Die Besonderheit der Wissenschaften, so wie ich sie zu charakterisieren suche, besteht weniger darin, mit diesem Begriff des Interesses als Abschirmung zu brechen, als ihn in einen Einsatz umzuwandeln. Das Interesse als solches ist nicht disqualifiziert. Lediglich das Scheitern desjenigen wird bestätigt, dem es bei seinem Versuch, die anderen zu interessieren, nicht gelungen ist, die anderen zum Eingeständnis zu bewegen, daß seine Interessen vergessen werden können. Die durch die Aussage eröffnete Zukunft muß »allen« verfügbar sein und eine Gemeinschaft »gleicher und unterschiedlicher« Erben schaffen, denen sich das Problem der Geschichte stellt.

Wenn auch die Praxis der Wissenschaften mit der Immanenz ihrer Prüfungen das in Gang setzt, was philosophische Doktrinen in den Himmel der Ideale verweisen, so hebt sie doch nicht einen der Gründe zum Verdacht auf, der traditionell auf dem Begriff des Interesses lastet. Während die Wahrheit, das Gute, das moralische Gesetz oder jede andere, die Interessen transzendierende Instanz in sich selbst den Anspruch enthalten, die Menschen in eine einheitliche Richtung lenken zu können, ihre Übereinstimmung zu gewährleisten, so haben die Interessen diese Macht nicht. Ein Wissenschaftler wird nicht von seinem Kollegen verlangen, sich aus denselben Gründen wie er für sein Urteil zu interessieren, sich nur zu den Bedingungen bereitzufinden, unter denen dieses Urteil ihn selbst interessiert. Mehr noch, er selbst wird versuchen können, das Maximum *heterogener* Interessen hervorzurufen, die geeignet sind, seinem Urteil das Maximum an Bedeutungen zu verleihen. Eben deswegen strebt das Interesse, im Gegensatz zur »Wahrheit«, nicht nach der Macht, Einhelligkeit zu schaffen, sondern sucht die Vermehrung und die Verbindung mit anderen disparaten Interessen[4], die

---

4 Siehe, unter der Leitung von Michel Callon, *La Science et ses réseaux,* La Découverte, Paris, 1989.

es vereinen kann, und zwar von Autoren, für die das Ereignis das Problem der Geschichte stellt.

Daher wendet sich der Wissenschaftler als Autor nicht an Leser, sondern an andere Autoren, er versucht nicht eine abschließende Wahrheit, sondern eine Differenz in der Arbeit seiner »Autoren-Leser« zu schaffen. Und in Begriffen dieser Differenz, in Begriffen der Risiken und Verheißungen von Geschichten, die von der Aussage konstituiert werden, wird diese Aussage bewertet und geprüft. Was natürlich bedeutet, daß der Wissenschaftler es nicht mit unparteiischen Lesern zu tun hat, die jedem Urteil, gleichgültig woher es kommt und was es impliziert, dieselbe »Chance« einräumen würden, sie zu interessieren. Die Analytiker der wissenschaftlichen Kontroversen betonen völlig zu Recht die sehr unterschiedliche Weise, wie sich die Beweislast verteilen kann, wie gewisse Urteile von vornherein den Vorteil der Plausibilität genießen, während es anderen anscheinend vergleichbaren nicht gelingt, die Mauer der Gleichgültigkeit zu überwinden. Doch sind die Urteile selbst nicht demütig der Gerichtsbarkeit unterworfen und verlangen lediglich, daß man ihnen zukommen läßt, was ihnen zusteht. Für die Leser, an die er sich wendet, ist ein wissenschaftlicher Text in Anbetracht der Experimente und der Schlußfolgerungen, zu denen sie auf rationale Weise führen, alles andere als »kalt«. Es ist eine gewagte Anordnung, die gleichzeitig und untrennbar die »Fakten« und die Leser in Szene setzt und ihnen Rollen vorschlägt – den scharfsichtigen Kritiker, die unanfechtbare Autorität, den Verbündeten, den unglücklichen Rivalen –, zu deren Annahme er sie zu bewegen sucht, und zwar in einer Geschichte, die dieser Text über die Differenz verlaufen läßt, deren Schaffung ihm angeblich gelungen ist.

Die Unterscheidung von Ereignis und Geschichte geht tatsächlich aus dem Gedankenexperiment hervor. Ein Wissenschaftler ist niemals allein in seinem Laboratorium, nach der Art eines isolierbaren Subjekts. Sein Laboratorium, seine Texte, seine Darstellungen sind von Bezugnahmen auf all jene bevölkert, die ihn in Frage stellen können, aber auch auf all jene, für die er eine Differenz erzeugen könnte. Wie stellt sich Pasteur eine Mikrobe vor? Wie Bruno Latour schreibt, »dieses neue mikroskopische Wesen ist gleichzeitig anti-Liebig (die Fermente sind lebendig) und anti-Pouchet (sie entstehen nicht spontan)«.[5] Doch Pasteur faßt bereits ganz andere mögliche Bedeutungen, ganz andere Praktiken ins Auge, bei denen diese Mikroben die Differenz herstellen könnten. In unseren Kenntnissen und in unseren Praktiken haben wir die Beteiligung von Mikroben längst vervielfältigt, doch ist die wissenschaftliche Identität dieser Mikroben immer noch nur die Summe dessen, was bestimmte Autoren sie gegen andere Autoren bestätigen zu lassen vermochten.

Existent machen

»Die Mikroben existieren, Pasteur hat sie entdeckt.« Dies ist die Aussage, für die es eine Bedeutung zu konstruieren gilt, die nicht gegen die Leibnizsche Einschränkung verstößt, die ich mir auferlegt habe – nämlich keine eingewurzelten Gefühle zu verletzen. (Was keineswegs heißt – um es noch einmal zu sagen –, die Gefühle derer nicht zu verletzen, deren Position von den heute herrschenden Kräfteverhältnissen abhängig ist.) In dem Fall wird es mir gelingen müssen, die leidenschaftliche Tätigkeit der Wissenschaftler auf eine Weise zu beschreiben, die nicht dazu aufruft, sie zu brandmarken, sondern die ihre spezifische Verletzlichkeit im Zusammenhang mit den Versuchungen der Macht verständlich macht. Diese Verletzlichkeit, und das möchte ich zeigen, scheint mir an die Leidenschaft gebunden zu sein, Geschichte zu machen. Damit geht einher, daß die Wesen, deren zuverlässiges Zeugnis das Laboratorium geschaffen hat,

---

5 Bruno Latour, »D'où viennent les microbes«, in *Les Cahiers de science et de vie. Les Grandes Controverses scientifiques N.4, Pasteur. La Tumultueuse Naissance de la biologie moderne*, August, 1991, S. 47.

zu »wirklich wahren«, entdeckten und nicht erfundenen gemacht werden.

Vom Standpunkt der konstruktivistischen Epistemologie aus ist der Begriff der Entdeckung verhaßt. Denn er impliziert, daß das, worauf sich die Wissenschaftler beziehen, als solches vor der Konstruktion dieser Bezugnahme existierte. Sogar Amerika ist nicht entdeckt, sondern erfunden worden, wie hartnäckig vertreten wird. Und natürlich ist es die Sicht von Kolumbus und seinen Nachfolgern, aus der man von Entdeckung spricht. Die Azteken wußten nicht, daß sie »entdeckt« werden mußten. Und »das, was« entdeckt wurde, ist niemals ein »präexistentes« Amerika gewesen, sondern eine Vielzahl von Amerikas, die so ineinander verschlungen und konfliktreich sind wie die Interessen, die Bedeutungen, die Interpretationen und die Einsätze, die sich in seinem Namen verknüpft und es für immer in einer Geschichte gefangen haben. Doch könnten sich hier die eingewurzelten Gefühle auflehnen und betonen, wie schwierig es ist, eine Grammatik zu benutzen, die es vermeidet, die Präexistenz von etwas vorauszusetzen, das man vielleicht nicht Amerika nennen wird, sondern, sagen wir mal, »eine bewohnte Welt, die man von Europa aus nur erreichen kann, wenn man den Ozean überquert«. Würde diese Welt nicht präexistieren, was haben wir dann in unseren Geschichten gefangen? Im Hinblick worauf haben sich dann unsere Interessen, Einsätze, Interpretationen verknüpft?

Ich glaube, man kann sagen, daß Amerika entdeckt wurde, und dies selbst aus einer konstruktivistischen Sicht. Die Entdeckung bezeichnet hier keine Identität zwischen »dem, was« präexistierte, und »dem, was« man als entdeckt bezeichnen wird, Amerika. Sie bezeichnet die Tatsache, daß für uns Europäer Amerika nicht nur ein Ereignis erzeugt hat, sondern es auch erzeugt hat, *ohne daß es nötig war,* nach den Reisen des Kolumbus, *die arbeitsamen Urheber zu bezeichnen,* denen es gelungen wäre, die Mittel zu erfinden, um unser Interesse in seiner Hinsicht zu forcieren. Gewiß, das Ereignis verweist seitdem ebenfalls auf uns. Bekanntlich sandte der chinesische Kaiser Yung-lo zu Anfang des 15. Jahrhunderts eine gigantische Flotte aus, um diplomatische Beziehungen zu den afrikanischen Königreichen anzuknüpfen, ein Unternehmen, das nach seinem Tod schlicht und einfach aufgegeben wurde. Für die Chinesen (außer für den Kaiser) hatte ein Ereignis, vergleichbar dem der »Entdeckung Amerikas«, nicht stattgefunden. Auf welche Weise existiert die »Außenwelt« für die Chinesen?

Die Reise des Kolumbus kann also nicht in einem absoluten Sinne, sondern nur im Hinblick auf das Europa des 15. Jahrhunderts als »Entdeckung Amerikas« bezeichnet werden. Doch zeigt »Amerika«, daß es vor Kolumbus »wirklich existierte«, durch die Vielfalt der Ressourcen, die es für uns konzentriert, das heißt, durch die unkontrollierbare Vermehrung der Konsequenzen seiner »Entdeckung«. Ob Theologen, Herrscher, Erzähler, Seeleute, Kaufleute, Verteidiger Indiens, Abenteurer, es gibt buchstäblich für jeden etwas, Amerika oktroyiert sich als »Entdeckung« nicht durch irgendeine Äquivalenz zwischen den Wörtern, die wir erfunden haben, um es auszusprechen, und dem, was vor unseren Wörtern existierte, sondern durch die übergroße Vielfalt an Wörtern, Projekten, Berufungen, Träumen und Überzeugungen, die es existent zu machen vermag. Zum Besten und (vor allem) zum Schlimmsten, aus der Sicht seiner Einwohner.

Wie kann man die Realität anders definieren, als daß sie die Macht hat, einer *disparaten* Vielfalt an Praktiken Zusammenhalt zu verleihen, die alle und jede auf unterschiedliche Weise die Existenz dessen bezeugen, was sie vereint? Es geht dabei um menschliche, aber auch »biologische Praktiken«: Wer die Existenz der Sonne anzweifeln würde, hätte nicht nur das Zeugnis der Astronomen und das unserer täglichen Erfahrung gegen sich, sondern das unserer Netzhäute, die erfunden sind, um das Licht zu entdecken, und des Chlorophylls der Pflanzen, das erfunden ist, um dessen Energie einzufangen. Hingegen ist es uns vollkommen möglich, an der Existenz des »Big Bang« zu zweifeln, denn von ihm zeugen lediglich einige Indizien, die nur für eine ganz besondere und *homogene* Klasse wissenschaftlicher Spezialisten Sinn haben.

Die Leidenschaft dieser Kosmologen kann man nennen, »den Big Bang existent zu machen«; das heißt auch, von ihm in Begriffen der Entdeckung zu sprechen. Dazu müssen sie versuchen, die Verbindungen zwischen dem Big Bang und solchen Wissenschaftlern zu vermehren, die nicht zu ihrem eigenen Spezialgebiet gehören, wie Latour es ausdrückt, die »Verbündeten« des Big Bang zu vermehren, jene, für die er eine Differenz bewirkt, jene, die ihn brauchen, um ihrer Praxis Sinn zu verleihen. Denn es ist *weniger die Anzahl als der disparate Charakter* der Verbündeten, auf den es ankommt, wenn es darum geht, etwas »existent zu machen«. Die Anzahl kann auf den instabilen und flüchtigen Modeeffekt hinweisen. Wenn die Verbündeten einer homogenen Klasse angehören, dann hängt die Stabilität der Bezugnahme nur von einem einzigen Prüfungstyp ab. Amerika bestätigt seine Existenz vor der Entdeckung des Kolumbus an der Vielfalt der Prüfungen, ausgeführt von denen, die ihre Praxis durch Bezugnahme auf es definiert haben. Die Aufgabe des Laborwissenschaftlers ist mühsamer, denn man entdeckt Amerika nicht auf dem Boden eines Reagenzglases. Meist wird ein neues Phänomen geschaffen. Manchmal wird auch ein neuer Zugang zu einem wohlbekannten Phänomen gefunden, das bereits von Bedeutungen überfrachtet ist und zahlreiche Praktiken stützt. Deswegen muß man meist[6] *arbeiten,* um etwas wis-

6 Meist, aber nicht immer. Hätte die »kalte Kernschmelzung« ihr Versprechen gehalten, so wäre sie fast der Entdeckung Amerikas gleichgekommen. Das Netz an interessierten Verbündeten, die bereit waren, sie als Ressource und Referenten ihrer Praxis zu betrachten, hatte schon im Voraus eine derartige Kraft, daß die Folgen dieser »Entdeckung« bereits angefangen hatten, sich bemerkbar zu machen, als die Kollegen-Rivalen von Martin Fleischman und Stanley Pons verkündeten, daß es aus ihrer Sicht noch keine Unterscheidung zwischen experimenteller Aussage und Fiktion gäbe. Das aktive Interesse der mit der Frage der Patentrechte beschäftigten Anwälte oder der gewinnsüchtige Hinweis auf ihre Forderungen haben im übrigen der Kontroverse einen recht originellen Anstrich gegeben. Hier richtete sich das Verbot, »das Laboratorium zu betreten, als sei es ein Bahnhof«, nicht an die Inkompetenten, sondern an die kompetenten Kollegen, die später Rechte an der Entdeckung hätten fordern können, an der sie mitgearbeitet haben. Die wissenschaftlichen Praktiken sind heute ebenso wenig darauf eingerichtet, diesen neuen Typ von Rivalität zu integrieren wie gegen die Betrügereien zu kämpfen, welche ihrerseits die gesamten Spielregeln zwischen Autoren-Rivalen in Frage stellen.

senschaftlich Neues existent zu machen, und die wissenschaftliche »Entdeckung« hat also eine ganz andere Geschichte zur Bedingung als die gleichsam augenblickliche Explosion der Folgen der Entdeckung Amerikas. Hier handelt es sich vielmehr um eine Geschichte, in der die Interessen *mobilisiert*, das heißt erregt und gleichzeitig so ausgerichtet werden müssen, daß sie eine Verbindung zwischen einem Wesen schaffen, welches sie einhellig bezeichnen, und der disparaten Vielfalt der Gegenden, in die dieses Seiende seither aktiv impliziert ist.

Das Paradoxe an der wissenschaftlichen Existenzweise ist, daß der mühevolle Charakter der Konstruktion der Suche nach dem »wahrhaft Wahren« nicht widerspricht.[7] Denn diese Konstruktion steht unter dem Zeichen des Risikos: Die Verbündeten, die fähig sind, in ihrer Praxis von der Existenz eines »wissenschaftlichen Seienden« zu zeugen, lassen sich nicht »im Namen der Wissenschaft« rekrutieren; die geschaffene Verweisung muß ihre Praxis tatsächlich für mögliche Neuheiten öffnen. Dieses Paradox ist dem bereits hervorgehobenen des »Artefakts« analog. Sicherlich, alle experimentellen Fakten sind »Artefakten«, aber gerade deswegen verleihen sie den Prüfungen Sinn, welche berufen sind, die Differenz zwischen den Artefakten herzustellen: Sie sollen jene disqualifizieren, die als ausschließlich relativ zum Protokoll bezeichnet werden, das sie geschaffen hat; und dieje-

7 Weit davon entfernt, ein Mangel zu sein, macht dieser mühevolle Charakter der Konstruktion der wissenschaftlichen Realität den Unterschied zu den »unilateralen« Beschaffenheiten von »Realität« aus, auf die sich sowohl gewisse Kant-Nachfolger berufen können, als auch Denker, die sich auf eine neurobiologische Beschaffenheit unserer Sicht- und Antizipations-»Weisen« beziehen. Ich denke hier vor allem an die Position des chilenischen Biologen Humberto Maturana, die weitgehend von seinen Arbeiten über die Wahrnehmung der Frösche angeregt wurde. Wagen wir eine Lurch-Paralle. Wir können leichtens urteilen, daß die vom Frosch wahrgenommene »Fliege« lediglich eine von seinem Neuronenapparat bestimmte Fiktion ist. Wenn jedoch die Fliege verdaut ist, muß der Biologe anerkennen, daß es sehr wohl die chemischen Eigenschaften ihrer Konstituenten sind, die wiederum von der Chemie entdeckt wurden, welche vom Lurch-Metabolismus »zur Kenntnis genommen«, gewürdigt und ausgebeutet wurden. Man könnte sagen, daß die »Realität«, welche die Wissenschaftler existent zu machen suchen, der Realität der verdauten Fliege näher ist als der der wahrgenommenen Fliege.

nigen akzeptieren, die als »gereinigt« bezeichnet werden, »inszeniert« von diesem Protokoll, und die folglich, ohne zerstört zu werden, andere Reinigungsweisen hervorrufen, von anderen Fragen auf die Probe gestellt werden können. Gewiß sind alle von den Wissenschaften existent Gemachten in dem Sinne »erfunden«, als all ihre Attribute von unseren Geschichten bedingt sind, aber gerade deswegen hängt ihre Existenz von der Multiplikation der Geschichten ab, deren Gemeinsamkeit darin besteht, auf sie zu verweisen, sie als wenn auch nicht ausreichende, so doch notwendige Bedingung ihrer Möglichkeit zu bezeichnen.

Mittler

Um von den »Hybriden« zu sprechen, die gleichzeitig auf die Natur und auf die menschliche Tätigkeit verweisen und von der einen erfunden wurden, um von der anderen zu zeugen, schlägt Bruno Latour vor, daß wir den Begriff der »Zwischenglieder« vermeiden – der eine Problematik der Reinheit, der Treue oder der Verzerrung im Verhältnis zu etwas immer schon Gegenwärtigem impliziert – und den der »Mittler« benutzen. Es ist also die Tätigkeit der Übermittlung, die an erster Stelle steht, die nicht nur die Möglichkeit des Übersetzens schafft, sondern auch »das, was« als der Übersetzung fähig übersetzt wird. Die Übermittlung verweist insofern auf das Ereignis, als seine eventuelle Rechtfertigung durch die Begriffe, zwischen denen es sich ansiedelt, nach diesem kommt, aber vor allem insofern, als diese Begriffe selbst sich seitdem äußern, sich ansiedeln, in einem neuen Sinne Geschichte machen.

In *Wir sind nie modern gewesen* nimmt Robert Boyles Luftpumpe[8] einen ähnlichen Platz ein wie der, den ich Galileis schie-

---

8 Untersucht von Steven Shapin und Simon Schaffer in *Leviathan and the Air-Pump*, Princeton University Press, Princeton, 1985.

fer Ebene zugewiesen habe: Sie ist gleichzeitig Mittlerin und als solche Mittelpunkt eines Konflikts zwischen Boyle und dem Philosophen und Politologen Thomas Hobbes, der die Möglichkeit dessen, was sie bezeugt, anficht. »Hobbes aber verwirft die Möglichkeit des Vakuums gerade aus ontologischen und politischen Gründen[9] höchster Philosophie. Er hört nicht damit auf, die Existenz eines unsichtbaren Äthers ins Feld zu führen, der vorhanden sein muß, auch wenn der Arbeiter Boyles seine Pumpe bis an den Rand der Erschöpfung betätigt hat. Anders gesagt, er verlangt eine makroskopische Antwort auf seine ›Makro‹-Argumente, eine Demonstration, die beweisen würde, daß seine Ontologie nicht notwendig und das Vakuum politisch akzeptabel ist. Womit aber antwortet Boyle? Er entschließt sich, sein Experiment noch weiter zu verfeinern, um zu zeigen, welchen Effekt der von Hobbes postulierte Ätherwind auf einen Detcktor – eine simple Hühnerfeder! – hat, in der Hoffnung, damit die Theorie seines Verleumders zu entkräften. Für Hobbes ist das lächerlich. Er wirft ein Grundsatzproblem politischer Philosophie auf, und um seine Theorien zu widerlegen, bemüht man eine Hühnerfeder im Innern eines Glasgefäßes im Innern des Schlosses von Boyle!«[10]

Die wissenschaftliche Vermittlung unterscheidet sich insofern von der »Entdeckung Amerikas«, als sie eine *Arbeit* der Neuverteilung und Neudefinition bildet, deren Protagonisten Akteure sind, die dem Prinzip der »Irreduktion« unterworfen sind: Nichts darf das, was die Übermittlung behauptet, auf die Macht der Fiktion zurückführen können. In diesem Sinne ist die Arbeit ebenso politisch, denn es geht darum zu definieren, welche Pro-

---

9 Die »Leere« würde aus einem privaten Raum hervorgehen, dem Laboratorium der »Gentlemen-Experimentatoren«, während Hobbes vorhat, die Kenntnisse in Form einer Axiomatik zu vereinigen, die einen jeden zur Unterwerfung zu zwingen vermag, so wie er die Zivilgesellschaft unter der durch Vertrag geschaffenen Autorität eines Souveräns zu vereinigen strebt. Hobbes ist also durchaus »Erbe Tempiers«: Das Axiom wie der Souverän entstammen der Macht der Fiktion, doch erschafft die Fiktion hier, um den Bürgerkrieg zu vermeiden, die Pseudo-Transzendenz eines Fixpunktes.

10 *Wir sind nie modern gewesen, op. cit.*, S. 33–34.

tagonisten gegebenenfalls die Übermittlung auf die Fiktion zurückführen könnten. »Um die Arbeit der Pumpe herum bilden sich ein neuer Boyle, eine neue Natur, eine neue Theologie der Wunder, eine neue Wissenschaftlergemeinschaft und eine neue Gesellschaft, zu der nun auch Vakuum, Wissenschaftler und Labor gehören.«[11]

Die Existenz der Leere ist niemals in dem Sinne »bewiesen« worden, daß dieser Nachweis die Verfechter des Ideals der Intersubjektivität, der Übereinkunft zwischen rationalen Subjekten, die in der Lage sind, sich zu verstehen und eine haltbare Übereinkunft im Hinblick auf ein Problem, eine Situation oder eine Sache zu erreichen, zufrieden gestellt hätte. Die Intersubjektivität gründet die Möglichkeit und die Pflicht der Übereinkunft auf die Subjekte, auf ihre »kommunikationale Vernunft«, wie Habermas sagen würde. Die Intersubjektivität impliziert einen Wiederaufstieg zu einer Form des Universalen, welche es ermöglicht, Differenzen zu lokalisieren, zu verstehen und ruhig zu diskutieren; sie impliziert eine Bezugnahme auf die Wahrheit, die, sogar ohne Inhalt, ihr traditionelles Vermögen der Stiftung von Einklang jenseits der divergierenden Interessen wahrt. Nun hat aber keiner jemals auf die Argumente von Hobbes geantwortet, ebenso wie heute keiner versucht, auf das Kantische Argument zur Unmöglichkeit, das Universum zum Wissenschaftsgegenstand zu machen, zu antworten. »Hobbes« und »Kant« wurden mit einer gewaltsamen Entscheidung konfrontiert: Entweder betreten sie das Laboratorium – Hobbes entdeckt einen vertrauenswürdigen Detektor für seinen Ätherwind, und die Kantianer entdecken eine Möglichkeit der Gegeninterpretation der Reststrahlung schwarzer Körper –, oder sie schweigen. Es sei denn, sie wenden mit Heidegger ein, daß »die Wissenschaft nicht denkt«.

Die Existenz hat, im wissenschaftlichen Sinne des Begriffs, sehr wenig mit der »Intersubjektivität«, mit der idealen Fiktion menschlicher Protagonisten zu tun, die einander geradeswegs in die Augen schauen und es schaffen, gemeinsam herauszuarbeiten,

[11] *Ibid.*, S. 110.

was an Werten, Voraussetzungen, Prioritäten sie jenseits ihrer nunmehr sekundären Konflikte vereint. Die Wissenschaftler schauen sich selten in die Augen. Sie wenden sich vielmehr den Rücken zu, ein jeder in seinem Laboratorium damit beschäftigt, die Mittel zu erfinden, um ein Faktum zu schaffen, das den Gegner zum Schweigen bringt. Ihre Diskussionen belaufen sich selten auf eine stärkere Bezugnahme als diejenige, die ihren Konflikt artikuliert.[12] Sie stürzen sich vielmehr auf offenbar bedeutungslose »Details«, die plötzlich neuerfunden wurden als taugliche Möglichkeiten, die Differenz herzustellen, einen neuen Mittler zu schaffen.

Es bestehen jedoch große Unterschiede zwischen jenen beiden Mittlern, Galileis schiefer Ebene und Boyles Luftpumpe, die es gestatten, sie zu den beiden Leitanordnungen der theoretisch-experimentellen Praxis zu machen.

Die schiefe Ebene setzt eine wohlbekannte Bewegung in Szene, die der fallenden Körper. Sie »macht nicht« diese Bewegung der Körper »existent«, sondern sie bezeichnet sie in ihrer neuen Besonderheit: Es ist die Bewegung, der seither die Fähigkeit zuerkannt wird, zu »sagen«, wie sie beschrieben werden muß, die Fähigkeit, die Verbindung zwischen drei verschiedenen Geschwindigkeitsbegriffen herzustellen. Hingegen erzeugt die »Luftpumpe« eine Senkung des atmosphärischen Drucks, welche das Vakuum als Grenzpunkt, entsprechend einer idealen Pumpe, »existent macht«, doch sagt sie nicht, wie das Vakuum beschrieben werden muß. Andererseits kann Galileis schiefe Ebene variieren lassen, was sie als die Variablen der Bewegung definiert, doch ist sie

---

12 In der Tat, je mächtiger die Bezugnahme ist, desto weniger lösbar ist der Konflikt. Um die Existenz der Atome gegen den Skeptizismus Ernst Machs zu verteidigen, bemühte Max Planck den »Glauben des Physikers an die Einheit der physikalischen Welt«, ohne den die Physik nicht möglich gewesen wäre, für sein Lager und behandelte demnach Mach als »falschen Propheten«, der die Physiker von ihrer Berufung abwandte. Desgleichen beantragte Einstein, als er begriff, daß er keine interne Kritik der Quantenmechanik konstruieren konnte, sie im Namen der Hoffnung zu verurteilen, die den Physiker kennzeichnet, nämlich unabhängig von der Beobachtung eine objektive Darstellung der Welt zu konstruieren. Siehe zu diesem Thema Isabelle Stengers, »Le thème de l'invention en physique«, in Isabelle Stengers und Judith Schlanger, Les Concepts scientifiques, La Découverte, Paris, 1988 (neu veröffentlicht in der Sammlung »Folio/essais«, Gallimard, Paris, 1991).

an die Fallbewegung der schweren Körper gebunden. Die Luftpumpe wiederum stellt die Erfindung eines wissenschaftlichen
Instruments dar, das für andere Fragen verfügbar ist. In diesem
Sinne schafft sie eine Praxis, die der Vorfahr dessen ist, was man
heute die physikalische Chemie oder die phänomenologische
Physik nennt. Sie liefert nicht die Gründe des Phänomens, das
sie schafft, läßt sich jedoch in alle Situationen integrieren, in der
der Druck, den sie als Variable konstituiert, eine Rolle spielen
kann. Wie variieren die Siedetemperatur, die spezifische Wärme,
die Reaktionsgeschwindigkeit, die Relation zwischen Tempera-
tur und Ausdehnung etc. im *Verhältnis* zur Druckveränderung?

Jener Differenz zwischen den beiden Übermittlungsereignis-
sen entsprechen zwei verschiedene »Stile«, die auch zwei verschiedene Weisen nahelegen, über die Verhältnisse zwischen den
neuen Protagonisten, die das Laboratorium vereint, und jenen,
die an seiner Tür Rechtfertigungen und Beweisführungen fordern, zu »erzählen«. So wird die Geschichte der schiefen Ebene
Galileis häufig als der Triumph eines Vorgehens erzählt, das seine
Wahrheit in einer mechanistischen Philosophie im Sinne Descartes' finden würde. In Wirklichkeit hat Descartes die Galileische
Physik keineswegs geschätzt[13], und der »Streit der Antriebs-
kräfte«, der die erste Hälfte des 18. Jahrhunderts beschäftigt,
stellt die Erben Descartes' gegen die Galileis, unter ihnen Leibniz. Das hindert nicht daran, daß der von Galilei selbst erfundene Stil des Galileischen Ereignisses[14] zu einer philosophischen

---

13 In seinen *Études galiléennes* (Hermann, Paris, 1966, S. 127–136, S. 145–146)
beschreibt Alexandre Koyré diese Opposition und zeigt, daß Descartes' Stellung
zu Galilei tatsächlich der von Hobbes zu Boyle ähnelt: In den beiden Fällen wirft
der Philosoph dem Gelehrten vor, »nicht zu denken«, das heißt, im Laboratorium
eine Situation zu schaffen, die nicht in der Lage ist, in philosophisch akzeptablen
Begriffen über sich selbst Rechenschaft abzulegen.

14 Dieser Stil ist bereits am Werke, wenn Galilei sich als »Geburtshelfer« im platonischen Sinne darstellt und vorgibt, daß seine Gesprächspartner in Wirklichkeit
schon »wissen«, was er sie zu lehren hat. (Siehe Koyré, *op. cit.*, vor allem S. 225–
226). Ich meine jedoch im Gegensatz zu Alexandre Koyré, daß dieses Platonische
Ereignis nicht die Wahrheit des Galileischen Ereignisses ist (die moderne Physik als
neuer Platonismus), sondern seinen Stil charakterisiert, in dem Fall, wie Galilei um
die Bewegung herum die Verbündeten und die Gegner verteilt.

Lektüre der Wissenschaft anregt, die daraus hervorgegangen ist, wie der Name »rationale Mechanik« bezeugt: Die Vertreter der Vernunft sind nicht nur befugt, sondern aufgerufen, in das Laboratorium einzutreten, um an der Beschreibung der mechanischen Bewegung die Kategorien des objektiven Denkens zu entziffern. Hingegen vollzieht der Stil »Luftpumpe« den Bruch zwischen Philosophen und Laboratoriumsbewohnern: Er belegt die Fähigkeit der *matters of fact*, der im Laboratorium geschaffenen Fakten, sich *trotz* der rationalen Argumente durchzusetzen. Hier schließen sich die Laboratorien alle gleichzeitig, das heißt, sie schließen diejenigen aus, die das »Urteil der Fakten« nicht akzeptieren, und organisieren sich als Netz, treten also in eine Geschichte ein, in der sich rasch die Anwendungen der Pumpe, mit anderen Worten, die Vermittlungen zwischen »der Leere« und den Phänomenen, vermehren.

Merken wir im Vorübergehen an, daß die Beziehungen zwischen diesen beiden Leitanordnungen, der schiefen Ebene und der Pumpe, selbst auch Geschichtsmaterial sind, das diesmal zunächst nicht die Schaffung von Differenzen zwischen Wissenschaftlern und »Nicht-Wissenschaftlern« betrifft, sondern zwischen den Wissenschaftlern selbst. So vollzieht das Ereignis »die Atome existieren«, das die Physik am Beginn dieses Jahrhunderts markiert, die Differenz zwischen den Physikern, die »über die Phänomene hinausgehen«, und denen, die man die »Nachkommen Boyles« nennen könnte. Sie haben nämlich den Fehler begangen, sich an die unmittelbar beobachtbaren *matters of fact* zu klammern und die Atome als Spekulation abzulehnen. So wie Galilei auf seine Innovation unter dem Zeichen Platos trifft und Boyle auf die seine unter dem Zeichen des »Faktums«, stellen die theoretischen Physiker des 20. Jahrhunderts die Differenz, die sie zwischen theoretischer Physik und »phänomenologischer« Physik ziehen, unter das Zeichen der Geistesfreiheit, die vom Glauben an die Intelligibilität der Welt genährt wird.[15]

15 Siehe Isabelle Stengers, »Le thème de l'invention en physique«, *op., cit.* Man kann behaupten, daß die Quantenmechanik bis in ihre »technischsten« Aspekte in dem,

Doch weder Plato, noch das »Urteil der Fakten«, noch der Glaube der Physiker erlauben den Kommentar des Ereignisses in Begriffen von Einfluß oder philosophischen Überzeugungen, die Schaffung einer Kontinuität oder der Möglichkeit für die Ideenhistoriker, in Begriffen der ewigen Widerkehr der »selben Ideen« zu reden. Sie wurden vielmehr »gefangen«, neudefiniert durch das Verfahren, das sie im Dienste einer neuen Geschichte mobilisiert.

Eine letzte Differenz unterscheidet die schiefe Ebene und die Luftpumpe. Die schiefe Ebene existiert nur noch in den pädagogischen Laboratorien, denn ihr Zeugnis ist in die Gleichungen der mathematischen Physik und damit in die Definition des dynamischen Gegenstandes selbst integriert. Deswegen kann niemand mit Galileis schiefer Ebene zu tun haben, ohne selbst »wieder Galilei zu werden«, ohne unmittelbar mit der Anordnung konfrontiert zu werden, welche die Beschreibungsweise der Bewegung, die sie in Szene setzt, oktroyiert. Die Luftpumpe wiederum hat seit der Epoche Boyles nicht aufgehört, sich zu verwandeln. Seit die Bedeutung ihres Zeugnisses anerkannt wurde, kann diese Verwandlung als »Perfektionierung« beschrieben werden. In ihrem Zusammenhang von einem technischen Fortschritt zu sprechen, heißt, sich das Recht zu verleihen, sie »Vakuumpumpe« zu nennen und zuzugeben, daß das Vakuum, das sie bezeichnet, existiert. Sie stellt seither einen klassischen Bewohner sämtlicher Laboratorien dar, in denen die Physik und die Chemie Bürgerrecht haben, und all diese Laboratorien geben die Existenz des Vakuums zu, jedenfalls in dem Sinne, in dem sie sie definiert.[16]

Seit die Luftpumpe als Vakuumpumpe anerkannt ist, wurde sie der Beispieltyp dessen, was Bruno Latour eine »black box« nannte[17]: Es handelt sich um eine Anordnung, die zwischen den

was die »Spitzen«-Einsätze betrifft, das Zeichen dieser Disqualifizierung der Repräsentanten der »phänomenologischen« Physik trägt. Siehe zu diesem Thema Nancy Cartwright, *How the Laws of Physics Lie*, Clarendon Press, Oxford, 1983.

16 Was nicht dem Auftreten jenes anderen Vakuums widerspricht, des Quantenvakuums, das auf ganz andere Versuchsanordnungen reagiert.

17 Siehe Bruno Latour, *La Science en action, op. cit.*

Gegebenheiten, die in sie eingehen, und denen, die dabei heraus-kommen, eine Beziehung herstellt, deren Bedeutung kein Wis-senschaftler auch nur im Traum anfechten würde, denn wenn er das täte, müßte er sich einer disparaten Menge zufriedener Benutzer entgegenstellen und ganze Kapitel zahlreicher Diszi-plinen neuschreiben. Man kann sich einer Vakuumpumpe bedie-nen und dabei sowohl ihrem Funktionieren wie ihrer Vorge-schichte völlig gleichgültig gegenüberstehen. Die meisten ihrer Benutzer kennen nur ihre Anwendungsweise und befassen sich nur mit ihren Leistungen. Ihre Entwicklung selbst drückt diese Bestimmung aus: Es gibt eine immer klarere Unterscheidung zwischen dem, was den seither industriellen Konstrukteur angeht, und dem Benutzer, dessen Kompetenz sich auf einige äußerst simple Handhabungen und das Ablesen einer Skala begrenzt. Mit anderen Worten, die Anordnung »Vakuumpumpe« drückt ein Zwangsverhältnis aus, das praktisch irreversibel erscheint, oder sich jedenfalls als solches durchsetzt. Sie bezeichnet ihre Benutzer, ob nun Wissenschaftler oder Nicht-Wissenschaftler, als unfähig, ihr Zeugnis oder das »Faktum«, das sie schafft, in Frage zu stellen. Wer diese Fragen auf die Anordnung selbst aus-dehnen möchte, hätte die Menge ihrer zufriedenen Benutzer gegen sich. Er müßte die Menge der Fakten, deren integrierender Bestandteil die Pumpe ist, »auflösen«, das heißt, anders interpre-tieren.

Politische Fragen

Die Differenz zwischen der schiefen Ebene und der Luftpumpe zeigt die Grenzen der »politischen« Analyse an, die sich bisher auf eine negative Wahrheit zentrierte. Diese Aussage vermag ihre Tragweite »außerhalb des Laboratoriums« nicht aus sich heraus zu bestimmen. Genauer, wir haben uns auf eine »demokrati-sche« Beschreibungsweise konzentriert: Die Produktion wis-senschaftlicher Existenz hängt hier von einer Geschichte ab, in der die Verbündeten, die es zu interessieren gilt, als »Gleiche« definiert sind, die frei von der Differenz zeugen, welche ihnen erlaubt hat, die Verbindung zu schaffen, die sie akzeptiert haben. Eine ideale Geschichte, wenn man so will, deren Beziehung zur effektiven Praxis der Wissenschaften ebenso viele Probleme aufwirft wie jene, die das demokratische Ideal mit der politischen Verwaltungsweise unserer Gesellschaften verbindet.

Galileis schiefe Ebene oktroyiert uns in dem Sinne das Problem der Hierarchie der Wissenschaften, als ihr Zeugnis, das in die Syntax der Gleichungen der mathematischen Physik integriert ist, sich bisher gegen das Zeugnis der Bewegungen durchgesetzt hat und sogar, seit dem Ende des 19. Jahrhunderts, gegen das der chemophysikalischen Wandlungen, die eine andere Syntax zu erfordern scheinen.[18] Die Differenz zwischen »Grundlagenphysik« und »bloß phänomenologischer« Physik ist nicht ohne Konflikte eingestanden worden. Sie ist nicht von einer Geschichte zu trennen, in der sich eine Ungleichheit zwischen den Physikern herstellt, eine Verteilung der Rechte, die sie jeweils im Hinblick auf die Objekte, welche sie repräsentieren, anstreben können.

Was Boyles Luftpumpe betrifft, so konfrontiert sie uns mit dem Problem des »Verlassens« der wissenschaftlichen Laboratorien. Wer auch immer ein Kaffeepaket öffnet und »pshhht« hört, weiß, daß er es mit einer »Vakuum«-Verpackung zu tun hat, und bezeugt, ob er will oder nicht, gegen Hobbes die Macht der Boyleschen Pumpe. Das Verlassen des Laboratoriums ist eine erheblich andere Arbeit als die, welche das Bündnis oder die Hierarchisierung der Laboratorien erzeugt. Es geht nicht mehr darum, die Protagonisten auszuschließen oder auszuwählen, sondern um das Einschließen, das Existentmachen des Ereignisses für die größtmögliche Zahl an *kompetenten und nicht-kompetenten* Interessierten.

Natürlich stellt sich in den beiden Fällen das Problem der Macht, ob es nun um die Macht einer Disziplin über andere Wis-

18 Siehe Ilya Prigogine und Isabelle Stengers, *Entre le temps et l'éternité, op. cit.*

sensbereiche oder um die der Neudefinition der gesellschaftlichen, kulturellen, administrativen oder produktiven Praktiken geht. Die Mobilisierung betrifft nicht mehr nur diejenigen, die die Mittler, das heißt, die Attribute, welche auf die Realität, auf die sie sich beziehen, übertragbar sind, sprunghaft vermehren; sie betrifft auch jene, deren Aktivität dieser Bezugnahme unterworfen wird, und jene, die sie je nach den Modi der Verpflichtung benutzen, wobei der Imperativ des »Existentmachens« seinen Sinn ändert.

Diese Frage der Macht ist jedoch für die wissenschaftliche Praxis nicht bloß parasitär. Es ist hier wichtig, nicht allzu schnell die Opposition zwischen »wahrer Wissenschaft« und »Ideologie« einzubringen, indem man die eine für die eigentlich wissenschaftliche Erfindung und damit für die Geschichte der Wissenschaften als »Fortschritt« verantwortlich macht und die andere als eine mehr oder weniger fatale, aber in allen Fällen vom Fortschritt trennbare »Unreinheit« betrachtet. Die Frage der Macht, wie ich sie hier behandeln möchte,[19] gehört zu den »Folgen« des Ereignisses. Sie antwortet auf eine Frage, die sich den durch dieses Ereignis auf den Plan gerufenen Akteuren-Autoren stellt: Wozu befugt sie die Differenz zwischen Wissenschaft und Nicht-Wissenschaft, auf die sie sich berufen? Bis wohin können sie sie geltend machen? Bis wohin wird diese Differenz als Autoritätsquelle angesehen werden? In welchen Bereichen wird sie lediglich eine Einschränkung für ein Problem darstellen, das von ihr nicht definiert wird?

Von diesen Fragen, die alle untrennbar wissenschaftlich und politisch sind, gibt der Begriff des Paradigmas eine allzu deterministische Version: Als stünde es dem Wissenschaftler frei, im Hinblick auf die Ähnlichkeit mit seiner Praxis jedes Phänomen zu beurteilen, das sich ihm bietet; als seien diese Phänomene ihm von Natur aus verfügbar, ohne daß irgend jemand seinem Unternehmen Widerstand entgegensetzt; als müßte er nicht die Mittel

19 Das heißt, unter Ausschluß der peudo-wissenschaftlichen Praktiken, die ihre Macht »dem Namen der Wissenschaft« verdanken.

konstruieren, aufgrund deren anerkannt wird, daß seine Wissenschaft sich bis zu einem bestimmten Punkt erstreckt.

Diese Art Fragestellung schafft einen neuen Blick auf die »Autonomie« der Wissenschaftsgemeinden. Ebensowenig wie die Objektivität oder die Reinheit stellt die Autonomie ein Attribut der wissenschaftlichen Praxis dar. Es sind lauter Einsätze, die diese Praxis auszeichnen. Sie setzt nicht voraus, daß der Wissenschaftler sich von dem »reinigen« kann, was ein Autor aus ihm macht. Ganz im Gegenteil, die gegenwärtigen Studien über die Praktiken der Wissenschaften bringen den unglaublichen Prozeß aus Herumbastelei und Verhandlung ans Licht, der sowohl die Wahl des Problems (Machbarkeit im Hinblick auf die bestehenden oder möglichen Finanzquellen, verfügbare Instrumente, vorhandene oder zu schaffende Bündnisse, etc.) leitet, als auch die Arbeit im eigentlichen Sinne (Modifikationen des Forschungsthemas, des Apparates, der Interpretation). Wer die Wissenschaftler im Labor beobachtet, trifft auf »Autoren«, die über alle Grade an Freiheit verfügen, wie die literarische Analyse zeigt, und die sie einsetzen »wie Monsieur Jourdain«, ohne die gelehrten Namen zu kennen, die ihrer alltäglichen Praxis entsprechen. Was die Wissenschaft auszeichnet, ist die Frage: Kann diese Autoreneigenschaft »vergessen« werden? Läßt sich die Aussage von dem ablösen, der sie gemacht hat, und von anderen wiederholen? Ist eine wissenschaftliche Aussage schließlich akzeptiert, wird sie von nun an als »objektiv« betrachtet und spricht nicht mehr von dem, der sie vorgelegt hat, sondern vom Phänomen, sofern es für andere Arbeiten verfügbar bleibt. Ebenso impliziert die Autonomie der Wissenschaften keineswegs, daß die Wissenschaftler den Interessen der »nichtwissenschaftlichen« Welt gegenüber gleichgültig bleiben, noch auch, daß sie es sich untersagen, die finanziellen, rhetorischen, administrativen oder anderen Ressourcen auszubeuten, die sie ihnen bieten kann, oder die sie selbst in ihr verwirklichen können. Die Wissenschaft zeichnet sich dadurch aus, daß niemand sagen kann: Diese Hypothese, diese Behandlungsweise eines Problems wurde als »wissenschaftlich« anerkannt, weil sie in die

Richtung der wirtschaftlichen, industriellen oder politischen Interessen ging. Der Wissenschaftler, der solche Interessen geltend machen würde statt eines »eigentlich wissenschaftlichen« Arguments, das die Autonomie der Wissenschaft manifestiert, wird gebrandmarkt werden. Ein Wissenschaftler, dem es gelingt, seine Interessen mit denen seiner Disziplin in Einklang zu bringen, und voll von den Ressourcen profitiert, die ihm dieser Einklang verschafft, wird geehrt werden.

Mit einem Terminus wie »gelingen, in Einklang zu bringen«, betreten wir den Bereich, in dem die Wissenschaften nicht mehr vorgeben können, allein die Szene zu definieren, wo ihre Geschichten entstehen und wo der Wissenschaftler dem Gemeinwesen ein politisches Problem stellen kann. Aus eben dieser Sicht muß die Frage nach der unter den Wissenschaftlern üblichen Hierarchie gestellt werden, die sich in den Publikations- und Finanzierungsmöglichkeiten ausdrückt und von Kuhn aufgegriffen wird, der den »gelungenen Einklang« bevorzugt, bei dem die Kategorien einer Disziplin als Determinanten »außerhalb des Laboratoriums« akzeptiert werden.[20] Wir werden darauf zurückkommen. Betonen wir von nun an, daß dieses Problem Wissenschaftspolitik und Politik im herkömmlichen Sinne nicht in Gegensatz bringt, sondern verbindet: Ob es nun um die Hierarchie unter den Wissenschaften geht oder um die Art und Weise, wie die Wissenschaften aus den Laboratorien hervorgehen, man wird sich stets fragen können, ob der Wissenschaftler nicht mit Bestimmtheit denjenigen hat begegnen können *und müssen*, die am fähigsten waren, die Kategorien, in deren Begriffen er die Behandlung eines Phänomens vorschlägt, zu gefährden. Ebenfalls aus dieser Sicht, welche die beiden »Typen« von Politik verbindet, können gewisse Bestandteile des Diskur-

20 Diese Hierarchie ist nicht absolut. In gewissen Fällen, wenn zum Beispiel das Prestige des »großen Programms« (Eroberung des Weltraums, Krieg der Sterne) es rechtfertigt, akzeptieren die Disziplinen eine mehr oder weniger egalitäre Aufteilung der Verantwortungen. Dasselbe gilt für die Industrieforschung, doch hier läuft der Wissenschaftler Gefahr, in den Augen der Kollegen das zu verlieren, was ihn von einem simplen »Lohnempfänger« unterscheidet.

ses über die Wissenschaften analysiert werden, denen die Episte-mologen vergeblich Sinn zu verleihen suchten.

Es müssen zum Beispiel diejenigen Operationen als politisch angesehen werden, die darauf abzielen, einen Expansionsraum ohne Risiko für die Gesamtheit der methodologischen Diskurse zu sichern, dank deren die Wissenschaftler die Spuren des Ereignisses tilgen, das sie autorisiert. Schon Galilei hatte vorgegeben, die Versuchsanordnung sei lediglich dazu da, um die Wahrheit der Fakten zu illustrieren, eine rationale Wahrheit, zu deren Einsicht er als guter Geburtshelfer Sagredo und Simplicio führen wird, sobald sie sich von den Sinnestäuschungen und der ungerechtfertigten Autorität der Tradition befreit haben. Lavoisier behauptet seinerseits in der *Méthode de nomenclature chimique* (1787), daß sich der Chemiker von der Imagination freimachen müsse, die ihn über das Wahre hinausträgt zur Fiktion, und von allen Eigenschaften, die ihn zu einem »Autor« machen würden, um der Natur zu gestatten, ihre adäquate Beschreibung zu *diktieren*. In beiden Fällen stellt sich der Wissenschaftler als Repräsentant eines »wissenschaftlichen« oder »rationalen Ansatzes« dar, der allgemeingültig und zu Recht von unbegrenzter Tragweite sei. Ein Ansatz, den die Epistemologen vergeblich zu decodieren suchten. In beiden Fällen behauptet die Objektivität, sich als Produktion eines schließlich objektiven Vorgehens zu definieren. Wie Feyerabend gezeigt hat, ermöglicht diese Behauptung dem Wissenschaftler, diejenigen zu schwächen, die die Allgemeingültigkeit seiner Kategorien gefährden könnten, indem er ihre Einwände mit einem irrationalen Widerstand gegen die Objektivität in Verbindung bringt.

Wenn der methodologische Diskurs das Bulletin eines Typs von Sieg ist, der versucht, die Frage nach seinen Grenzen in Vergessenheit zu bringen, so realisiert die Produktion theoretischer Urteile über die Realität dasselbe Verfahren mit anderen Mitteln. Von Galileis »die Natur ist in mathematischen Begriffen geschrieben« bis zu Jacques Monods »der Zufall *allein* steht am Ursprung jeder Neuheit, jeder Schöpfung in der Biosphäre« haben gewisse von Wissenschaftlern hervorgebrachte begriffliche Aussagen metaphysische Anklänge. In Wirklichkeit sind dies extreme Grenzfälle einer Ausdruckswandlung, welche in geringerem Maßstab jede Theorie vollzieht.

Ich habe bisher von Aussage und nicht von Theorie gesprochen, um diesen Begriff den wissenschaftlichen Produktionen vorzubehalten, die eine Darstellung der Realität konstruieren, so wie sie »außerhalb des Laboratoriums« existiert. Aufgabe dieser Darstellung ist es, das Ereignis zu erklären, zu rechtfertigen, das von der Erfindung einer experimentellen Praxis konstituiert wird, und folglich die etwaige Besonderheit dessen, was diese Praxis ermöglicht hat, in Vergessenheit zu bringen. Wenn man also in den fünfziger und sechziger Jahren die codierten Beziehungen zwischen DNS und Proteinen erkennt, den genetischen Code entziffert, sind dies experimentelle Aussagen, die sich sprunghaft vermehren. Wenn man aber von genetischer Information spricht und das Lebewesen durch sein »Programm« definiert, so handelt es sich um Theorie.

Von theoretisch-experimentellen Wissenschaften zu sprechen, heißt, stillschweigend einzubeziehen, daß die theoretische Produktion in den modernen Wissenschaften erwartet wird und legitim ist. Sie ist jedoch nicht das Los jeder Aussage: Es kann passieren, daß ein als verläßlich anerkanntes experimentelles Verhältnis zu einem Meßinstrument wird, ohne indes bestimmte theoretische Bedeutung zu erlangen (so die spezifischen Absorptions- und Emissionsspektren der chemischen Elemente vor Bohr), oder aber seine Bedeutung von einer anderen Theorie erhält (so die chemischen »Gegebenheiten« in der Quantenchemie[21]). Andererseits kommt es ziemlich oft vor, daß Aussage und Theorie, in dem Sinne, wie ich sie gerade definiere, nicht ausdrücklich getrennt sind. Viele würden Theorie nennen, was ich Aussage nenne, andere würden in dem, was ich Theorie nenne, den »harten Kern« eines Forschungsprogrammes im Sinne von

---

21 Dieser Fall verdeutlicht die politische Dimension der Situation. Die Quantenchemie gilt als »ableitbar« von der Quantenmechanik, obwohl das tatsächliche Verhältnis der Verhandlung näher ist als der Ableitung. Siehe dazu Bernadette Bensaude-Vincent und Isabelle Stengers, *Histoire de la chimie, op. cit.*

Lakatos erkennen. Wieder andere werden von irrationalen ideologischen Behauptungen sprechen, wenn sie sich einem der Urteile widersetzen, die ich theoretisch nenne. Das Interesse der Definition, die ich einführe, besteht in der Rückführung der Theoriefrage nicht auf eine epistemologische Statusfrage, sondern auf die Wissenschaften als kollektive Praktiken und in der Vermeidung jeglicher epistemologischen Opposition zwischen einer »wahren«, legitimen Theorie und einer »ideologischen« theoretischen Behauptung.

Laut meiner Definition erkennt man eine Theorie an den *Behauptungen* ihrer Vertreter: Sie behaupten, daß sich in diesem oder jenem bedeutenden Fall das von einer Versuchsanordnung in Szene gesetzte Phänomen nicht darauf beschränkt habe, zuverlässig Zeugnis abzulegen, sondern *von seiner Wahrheit Zeugnis abgelegt habe.* Die Bakterie habe bezeugt, daß ihre Wahrheit als Lebewesen sei, genetisch programmiert zu sein. Auf diese Weise ist das Phänomen nicht mehr nur verläßlicher Zeuge, sondern wird *Objekt* im eigentlichen Sinne des Wortes. Das heißt, daß die experimentellen Kategorien ihre Bezugnahme auf die experimentelle Inszenierung als Praxis verlieren, um zu Urteilskategorien zu werden, die faktisch unabhängig vom Laboratorium gültig sind, wo sie auf die Probe gestellt werden könnten.

Die Produktion einer Theorie in dem Sinne, wie ich sie hier definiert habe, braucht nicht angegriffen zu werden, sie stellt für die Wissenschaftler ein »anderes Mittel« dar, Geschichte zu machen. Sie *unterbreitet* aber auch andere Mittel, mit den Wissenschaftlern Geschichte zu machen und zunächst ihre Geschichten zu erzählen und jene Geschichten, die uns, da wir gewisse Fragen beachten, mit ihnen verbinden: Wie hat sich der doppelte Einfluß gebildet – auf die Dinge, deren Weise, in der sie Zeugnis werden ablegen müssen, man künftig antizipieren kann, und auf die Kollegen, deren Fragen man künftig beurteilen und hierarchisieren kann? Es tauchen also viele Probleme auf, die sich auf den Typ von Erzählweise beziehen, die wir für die Geschichte vorschlagen können, und auf die möglichen Variationsweisen dieser Geschichte. Uns müßten nun die Mittel zu

Gebote stehen, die Frage Feyerabends und der Kritiker der Technowissenschaft wieder vorzunehmen: Welchen Einfluß haben die Wissenschaften, wenn es darum geht, das zu zerstören, was sie nur als »Nicht-Wissenschaft« begreifen können?

III

VORSCHLÄGE

7
EINE VERFÜGBARE WELT?

Die Macht in Geschichten

Ich habe seit Beginn dieses Buches dafür Sorge getragen, die wissenschaftlichen Geschichten von denen zu trennen, die sich »im Namen der Wissenschaft« herausbilden. Am Beispiel der Medizin habe ich gezeigt, wie sich der Imperativ der Produktion zuverlässiger Zeugen, der die theoretisch-experimentellen Wissenschaften auszeichnet, wandeln konnte. Vom Risikoträger ist dieser Imperativ zur Parole geworden, welche die Eigenart des lebenden Körpers, mit der die Medizin zu tun hat, seine Fähigkeit, aus schlechten Gründen zu heilen, als Hindernis definiert.

Ich habe ebenfalls, gestützt auf das Erkennen der Ähnlichkeitsverhältnisse, die Differenz zwischen »Paradigma« und »Weltanschauung« betont. Nun nötigt uns die Geschichte der Wissenschaften, auch dort wieder die Möglichkeit einer Wandlung des Paradigmas in »Weltanschauung« festzustellen, deren Charakteristikum nicht das Vermögen ist, Probleme zu erfinden, sondern sie zu disqualifizieren. Wenn also das genetische Programm die Wahrheit des Lebewesens ist, eine von Jacques Monod in *Le Hasard et la nécessité* verfochtene These, so ist das Wesentliche die Ähnlichkeit zwischen einer Bakterie, einem Elefanten und einem Menschen, die alle genetisch programmiert sind. Was sie unterscheidet, kann sicherlich interessant sein, wird aber ausgehend vom Begriff des genetischen Programms neu definiert werden müssen. Die Embryologie, eine Wissenschaft, die mit einem Merkmal verbunden ist, das den Elefanten von der Bakterie unterscheidet (es gibt kein Bakterienembryo), war in der ersten Hälfte des 20. Jahrhunderts eine Spitzenwissenschaft. Sie wurde mit dem Triumph der Molekularbiologie zum Ensemble wenig zuverlässiger empirischer Resultate, das auf den Augenblick wartet, in dem es gelingt, die embryologischen Prozesse von ihrer wesensmäßigen Beziehung zur genetischen Information Zeugnis ablegen zu lassen.[1]

Schließlich verfolgt mein Unternehmen das Bestreben, im Hinblick auf die Wissenschaften das Lachen Diderots wieder zu erlernen, der d'Alembert lieben und respektieren konnte, ohne sich jedoch von ihm beeindrucken zu lassen. Das spöttische Lachen Feyerabends kann nicht in derselben Weise Laplace erschüttern, wenn er verkündet, daß es nur einen einzigen Newton geben wird, weil es nur eine einzige Welt zu entdecken gab, und Galilei oder Newton »im Laboratorium«, wenn sie eine Weise der Befragung der Phänomene erfinden und selbst bei der Schöpfung dieser neuen Verbindung erfunden werden. Der prophetische Ton der Leser der Technowissenschaft, der die Reduktion der Natur auf eine Behandlung als Information brandmarkt, kann sich nicht an der Leidenschaft des Informatikers messen, der, um zu erfinden, wie eine Situation durch einen Computer »behandelbar« werden kann, eine Entwicklung durchmachen muß, die ihn in einen Mittler verwandelt, in den Schauplatz der Ko-Erfindung der Situation und der Sprache. Die »operatorische Vernunft« hat nicht denselben Sinn, wenn Jean Perrin verkündet, »die Atome existieren, ich kann sie zählen«, und wenn Jean-Pierre Changeux schreibt: »Nichts steht

1 Es ist beispielsweise bemerkenswert, daß François Jacob in *La Logique du vivant* (Gallimard, Paris, 1970) der Embryologie des 20. Jahrhunderts praktisch keinen Platz einräumt. Aus der Sicht der Molekularbiologie hat dieses Feld, das an der Spitze lag, nichts mitzuteilen, da es nichts zur Geschichte beigetragen hat, die zum genetischen Programm führt. Die Embryologie siedelt sich in der Zukunft an, das heißt, sie muß alles vom »Wiederaufstieg« erhoffen, den die Molekularbiologie, von der »Bakterie« bis zur »Fledermaus«, vollziehen müßte.

auf theoretischer Ebene seither mehr dem entgegen, daß die Verhaltensweisen des Menschen in Begriffen neuronaler Aktivitäten beschrieben werden.«[2]

Verfolgt man, wie die Bezugnahme auf die Wissenschaft ihren Inhalt wechselt – vom Risiko zur Methode, von der Schaffung eines besonderen Verhältnisses zur Sache hin zum Urteil, das die Besonderheit der Sache zum Hindernis macht, vom Feiern einer Eroberung zur Behauptung eines Rechts auf Eroberung –, so impliziert das eine immer wiederkehrende Frage: Wie wurde die »Welt«, das heißt, die Gesamtheit der praktischen Verhältnisse und der Bedeutungen, welche die Menschen untereinander und mit den Dingen vereinen, für die Strategien *verfügbar* gemacht, die »im Namen der Wissenschaft« durchgeführt wurden? Wieso konnten jene, deren Tätigkeit, Wissen, Bedeutungen neudefiniert oder zerstört wurden, diesen Inhaltswechsel nicht geltend machen? Warum konnten sie nicht dagegen protestieren, daß sie, statt als »Verbündete« anerkannt zu werden, die es zu interessieren galt, statt in ihrer Freiheit anerkannt zu werden, die Vorschläge nach den neuen Möglichkeiten, die sie bieten, zu erwägen, verurteilt und disqualifiziert wurden?

Um diesem Problem Sinn zu verleihen, habe ich die Unterscheidung zwischen experimenteller Aussage und Theorie eingeführt. Eine experimentelle Aussage kann die Wissenschaftslandschaft erschüttern, umwälzen, Gebiete verbinden, andere ausschalten, doch definiert sie Zwänge, die alle berücksichtigen müssen, von denen jedoch alle, wenn sie die Mittel dazu erfinden, profitieren können. Hingegen bedarf eine Theorie der sozialen Anerkennung der Hierarchisierung der Wissenschaftslandschaft, die sie vorschlägt. Eine Wissenschaft, welche die wesentlichen Fragen stellt, ist die Spitzenwissenschaft. Eine andere kann nützlich sein, weil die Fragen, die sie an den Gegenstand richtet, das Terrain für die Spitzenwissenschaft vorbereiten können. Wieder eine andere wird angewandte Wissenschaft, die einer reineren Wissenschaft als sie selbst untergeordnet ist und es

2 *L'Homme neuronal*, Fayard, Paris, 1983, S. 169.

akzeptiert, daß das, was sie interessiert, von der reinen Wissenschaft als parasitär oder nebensächliche Komplikation definiert wird.[3] Eine andere schließlich muß als parasitär oder ideologisch oder nicht-objektiv gebrandmarkt werden, denn wenn die Fragen, die sie stellt, und die Zeugnisse, die sie erforscht, ernst genommen würden, dann würden sie den theoretischen Gegenstand in Frage stellen und implizieren, daß gewisse Phänomene, die dem Feld der Theorie angehören, von einem anderen Wahrheitstyp zeugen. Aus der Sicht Jacques Monods war der von den Embryologen geschaffene Begriff der Selbstorganisation lediglich ein irrationales Überdauern alter romantischer Doktrinen.

Jede Theorie bestätigt eine gesellschaftliche Macht, den Wert der menschlichen Praktiken zu beurteilen, und keine setzt sich durch, ohne daß irgendwo die gesellschaftliche, ökonomische oder politische Macht im Spiel war. Doch reicht die Tatsache, daß sie im Spiel war, nicht aus, um die Theorie zu disqualifizieren. Die Vergangenheit, von der wir erben, ist übersättigt mit »guten Fragen«, die im Namen triumphierender theoretischer Behauptungen vergessen wurden, aber auch theoretischer Behauptungen, die wider jede moralische Erwartung fruchtbare Geschichten hervorgebracht haben. Das »Verbrechen« kann sich in den Wissenschaften genauso bezahlt machen wie anderswo. Die Unterscheidung zwischen experimenteller Aussage und Theorie macht uns also nicht zu Gerichtsherren, sondern läßt unser Interesse an den wissenschaftlichen Strategien zu, sowohl im Hinblick auf die Vergangenheit als auch auf die Zukunft. Eine Theorie kann und muß nach ihrer Tragweite und den Wirkungen, die sie anstrebt, beurteilt werden. Wer sind diejenigen, die sie auf positive Weise, im Namen einer Überzeugung

---

3 Die Tatsache, daß die Ingenieurswissenschaft als angewandte Wissenschaft neudefiniert wurde, deren theoretische Grundlage die Galileische Mechanik ist, das heißt, ihre Probleme durch »Abweichung vom Ideal« lokalisiert, welches von einer Welt ohne Reibung konstituiert würde (eine Welt, in der der Ingenieur nicht arbeiten könnte), verläuft über eine schwerfällige Institutionsgeschichte (im 18. Jahrhundert Konflikt zwischen den »Erfindern« und der Wissenschaftsakademie von Paris, Gründung der École polytechnique, die nach der Revolution zum Träger der Reorganisation des Ingenieursberufs im Staatsdienst wird).

versammeln will? Sind sie von nun an durch eine Versuchsanordnung (minimale Tragweite) versammelt, oder umfassen sie die Einwohner wissenschaftlicher Territorien, in denen diese Anordnung bisher keine Differenz hervorgebracht hat? Welchen Appell richten dementsprechend die theoretischen Behauptungen an allgemeine Themen: Fortschritt, Objektivität, Überschreiten der Erscheinungen? An sich Zeichen für einen Appell an eine »gesellschaftliche« Macht (die Öffentlichkeit einschließlich der nicht implizierten Kollegen, die Geldgeber etc.), um die Skeptiker und die Unbeugsamen zu besiegen. Je nach der Tragweite einer theoretischen Behauptung, das heißt, dem disparaten Charakter dessen, was sie vereinen und hierarchisieren will, kann man sich darauf gefaßt machen, daß der Bericht sich kompliziert, immer mehr Argumente, immer mehr aktive Bündnisbildung, immer mehr verbündete Interessen einbezieht. Die theoretische Einheit vereint nicht das Netz der sich rasch vermehrenden Interessen, sie kommt nach der Art des »Gottesgerichts« in *Tausend Plateaus* hinzu.[4]

Unter diesem Gesichtspunkt befragt, können zwei Theorien vollkommen verschieden sein, obwohl sie denselben Typ von Formalismus verwenden. Zum Beispiel versammelt die Quantentheorie des Atoms Physiker und Chemiker, die alle a priori

---

4 Gilles Deleuze und Félix Guattari, *Tausend Plateaus, op. cit.,* zum Beispiel S. 218. Das Gottesgericht regt (S. 221) zu einer Warnung an, die an das Leibnizsche Prinzip erinnert, nicht zu versuchen, die überkommenen Gefühle zu erschüttern: »Befreit ihr ihn (den oK, den organlosen Körper, das heißt, was in Begriffen des Organismus, auf »göttliche« Weise gerichtet wurde) aber mit einer allzu gewaltsamen Gebärde, sprengt ihr die Schichten unklug in die Luft, werdet ihr selber getötet, versinkt in einem schwarzen Loch oder werdet gar von einer Katastrophe erfaßt, anstatt die Ebene zu umreißen. Das Schlimmste ist nicht, stratifiziert, organisiert, signifiziert oder unterworfen zu bleiben, sondern die Schichten zu einem selbstmörderischen oder unsinnigen Zusammenbruch zu treiben, der dazu führt, daß sie, schwerer als je zuvor, auf euch zurückfallen.« Von den Soziologen-Ironikern zu überdenken: Was wird schwerer als je zuvor auf uns zurückfallen, wenn es ihnen gelingt, die Wissenschaftler davon zu überzeugen, daß ihre Aktivität durchaus auf Machtspiele reduzierbar ist? Um die Unterwerfung unter dieses Gericht zu vermeiden und vorsichtig dessen Koexistenzregelungen mit dem Netz, das es subsumiert, zu erforschen, sollte man sich von den sieben »Regeln der Methode« und den »sechs Prinzipien« anregen lassen, die Bruno Latour in *La Science en action, op. cit.,* ausführt.

aktiv an ihren Darstellungsmöglichkeiten interessiert sind. Hingegen richtet sich die Quantentheorie der Meßprozesse zu Recht an die gesamte Menschheit. Denn sie setzt voraus, daß alles, was existiert (beispielsweise die berühmte »Katze von Schroedinger«), nach der Art eines (isolierten) Wasserstoffatoms dargestellt werden kann, und sie stellt damit so technisch wie nur möglich die Frage nach dem Auftreten der Eigenschaften »unserer Welt« (und zum Beispiel dem Auftreten einer Katze, die tot *oder* lebendig wäre und nicht tot *und* lebendig). Es scheint also, daß die Existenz der Welt selbst, in der wir leben, dem »Gottesgericht« unterworfen ist, vom Urteil der Quantenmechanik abhängt, welche die gesamten Kenntnisse über die Welt subsumiert und vereint. Wenn es darum geht, die Öffentlichkeit für die Quantenmechanik zu interessieren, dann nehmen die Populärschriftsteller offenbar eher den Weg über Schroedingers Katze als über das Wasserstoffatom.

Man kann über »Schroedingers Katze« lachen und amüsiert verfolgen, wie das, was für Schroedinger die Illustration einer Unzulänglichkeit der Quantentheorie war (sie berichtet nicht über die Eigenschaften der beobachtbaren Welt, nämlich darüber, daß eine Katze entweder tot oder lebendig *sein muß*), zum Symbol für die Macht geworden ist, welche die Quantenmechanik hätte, um die Evidenzen des gesunden Menschenverstandes in Frage zu stellen. Kann man jedoch lachen, wenn die Ärzte behaupten, daß das, was derzeit dem Fortschritt der Medizin im Weg steht, eines Tages überwunden sein wird? Welche Kenntnisse und welche Praktiken vernichten sie oder verhindern deren Erfindung im Namen dessen, was man eine »mobilisierende Überzeugung« nennen muß – den Glauben an eine Zukunft, in der der Körper seinen rationalen Repräsentanten vollauf recht geben und ihnen gestatten wird, die Behauptungen der Scharlatane wegzufegen, wie die Astronomie es ermöglicht hat, die Behauptungen der Astrologen wegzufegen? Das Lachen genügt natürlich nicht, aber es ist notwendig. Ohne es können sich womöglich die Kraft der Beispiele der Vergangenheit und das Spiel der Mächte, welche die Zukunft konstruieren, ungestraft zusammentun, wobei sie sich wechselseitig aufeinander berufen, um dieser Zukunft den Anstrich eines Schicksals zu geben.

Mobilisierung

Man kann auf vielerlei Weisen die Geschichte der Wissenschaften erzählen und auf sie die Politiken der Zukunft gründen. Die Weise, die ich vorschlage, setzt den Akzent auf das Ereignis, das Risiko, die rasche Vermehrung der Praktiken. Diejenige, welche zum Beispiel die rationale Medizin braucht, gründet das Versprechen einer *Reduzierbarkeit* dessen, was ihr derzeit im Wege steht (wie die Wirkung des Placebos), auf die Vergangenheit. Sie bildet in diesem Sinne ein mobilisatorisches Modell, das die Ordnung in den Reihen der Forscher aufrechterhält, ihnen Vertrauen in die Zukunft, für die sie kämpfen, einflößt und sie gegen das wappnet, was andernfalls ihre Bemühungen zerstreuen oder sie dazu führen könnte, an der Begründetheit ihres Vorgehens zu zweifeln.

Man könnte nach der Art Feyerabends sagen, die Erzeugung eines mobilisatorischen Modells sei Sache der Wissenschaftler wie das Gesetz des Schweigens die der Mafia ist. Doch bevor man es sagen kann, muß man über andere Wörter verfügen können, um zu beschreiben, was die Wissenschaftler tun. Ebenso müssen die Wissenschaftler selbst (wie die Mafia-Angehörigen) die Möglichkeit haben, andere Wörter zu finden, um gegebenenfalls ihr Modell zu *verraten*. Um in diese anderen Wörter einzuführen, in diese andere Möglichkeit, den Vormarsch der Wissenschaften in einen Bericht zu fassen, möchte ich zunächst den seltsamen Kontrast zwischen den Wirkungen der experimentellen Praxis und der mobilisatorischen Rhetorik, die sich dieser Wirkungen bemächtigt, hervorheben.

Die Wirkungen der Erfindung bestehen stets in der Schaffung unvermuteter Unterscheidungen, der Möglichkeit, das, was als »gegeben« erschien, abzuwandeln. Was als zuverlässiger Zeuge definiert wird, erklärt niemals nur das, was jeder wußte – das, wozu jede gut konstruierte Fiktion fähig ist –, es ist die Möglichkeit, ein Phänomen auf neue, unerhörte Weisen Zeugnis ablegen zu lassen, das seinen Vertretern das Vermögen verleiht, dieses Zeugnis von einer Fiktion zu unterscheiden. Selbst in den Fällen, in denen eine theoretische Behauptung eine fruchtbare Geschichte hervorbringt, »realisiert« diese Geschichte nicht die Behauptung, ohne für sie eine unerwartete Bedeutung zu erfinden, die sie eher verwandelt, als daß sie ihr gehorcht.[5] Als Jean Perrin 1912 den Skeptikern die Sicht einer Welt anbietet, in der die makroskopischen Phänomene in Begriffen von nicht wahrnehmbaren Ereignissen und Atombewegungen interpretiert werden können, oktroyiert er ihnen damit nicht eine auf Atome reduzierbare Welt. Er weist ihnen die Vielfalt von Situationen nach, in denen sich die Atome durch ihren Zerfall ionisieren und die Moleküle, indem sie in Reaktion treten, aufeinanderprallen und die erratische Bewegung eines Brownschen Teilchens bestimmen, in einer Weise von ihrer Existenz zeugen, die nicht auf die Fiktion zurückgeführt werden kann, denn sie ermöglicht es jedesmal, diese Akteure aufzuzählen und der berühmten »Avogadroschen Zahl« den stets selben Wert zuzuschreiben. Als die Molekularbiologie fähig wurde, den »genetischen Code« zu entziffern, wurde sie gleichzeitig damit fähig, die scheinbare Einheit des Gens, des Akteurs der Fortpflanzung der Vererbung, in eine Vielzahl von Intervenienten zu zersprengen, das heißt auch, für jeden von ihnen einen verschiedenen Interventionsmodus zu erfinden, der die Vererbung abwandelt. Rückwirkend kann man selbstverständlich sagen, daß die Atome, die Moleküle, die genetische Fortpflanzung gegebene Bedingungen unserer Geschichte sind, aber sie »machen« nur »Geschichte« im Sinne von wissenschaftlichen Referenten, indem sie ganz genauso zu Bedingungen für *andere* Geschichten werden und das,

---

5 Das typische Beispiel könnte die theoretische Behauptung der »Reduzierbarkeit« der Chemie auf die Physik der Bewegung und der Interaktionen sein, die seit dem 18. Jahrhundert geäußert wird. Jede Geschichtsetappe, in der sich diese Behauptung zu rechtfertigen scheint, signalisiert vor allem eine radikale Mutation der Physik.

was erklärt werden mußte, in einen »Fall« innerhalb einer Vielfalt von Fällen verwandeln. Die Rhetorik jedoch, die sich des Ereignisses bemächtigt, übt die Macht der Reduktion aus. Die physikalisch-chemischen Prozesse sind reduzibel auf das Spiel der zählbaren Atome; die Molekularbiologie hat die Vererbung auf die Fortpflanzung einer in den DNS-Molekülen codierten Information reduziert. Diese Rhetorik verwandelt die Bedeutung der »Explikation«. Es geht nicht mehr darum, dies zu »ex«-plizieren im Sinne von »heraustreten lassen«, worauf man sich bezieht, sondern auch das und jenes – was ebenso viele »Konsequenzen« hat, die als Gegenleistung die Existenz des Referenten bezeugen. Es geht darum zu versichern, daß dieser Referent die *generelle* Macht hat, die Mannigfaltigkeit auf das Selbe zurückzuführen. Auf diese Weise wird schweigend übergangen, daß die »explizierte« Mannigfaltigkeit gewöhnlich nicht vor der Explikation existierte, daß sie weniger Eroberung als Produkt einer praktischen Erfindung ist, die zu den anderen Praktiken *hinzugekommen* ist.

Der Kontrast zwischen dem Wuchern möglicher Neuheiten, das vom Ereignis selbst hervorgerufen wird und ihm seine Bedeutung und seine Tragweite gibt, und der reduktionistischen Rhetorik, die sich darauf beruft, ist weder notwendig noch auch unbedeutend. Er bringt eine Inszenierung zum Ausdruck, welche die erfundene-explizierte Mannigfaltigkeit gleichzeitig zum Garanten der generellen Reduzierbarkeit eines einzuschließenden Phänomenfeldes macht. Eine mobilisatorische Inszenierung, welche die siegreiche Armee und mit ihr zugleich die Landschaft identifiziert, die als verfügbar für ihre Eroberung definiert wird. Mit anderen Worten, die Inszenierung ist nicht nur rhetorisch, aber sie kann sich auch nicht mit einer unausweichlichen Konsequenz der konstitutiven Politik der Wissenschaften gleichsetzen. Sie bildet eine Sonderform politischer Organisation, über die zu lachen man lernen muß, um zu lernen, ihr gegebenenfalls zu widerstehen.

»Mobilisierung« bedeutet: das Verfügbarmachen der Landschaft, deren Besitzungen einzig vom Standpunkt des Hindernisses aus geleugnet oder festgestellt werden, das sie im Verhältnis zum Ideal einer homogenen Landschaft bilden, deren sämtliche Punkte in gleicher Weise zugänglich sein müßten: Im Mittelalter wurden die Felder zertrampelt, heute lassen sich die Brücken über die Flüsse so schnell errichten, daß die Geschwindigkeit des Vormarsches einer Armee davon nicht beeinträchtigt wird. Mobilisierung bedeutet ebenfalls, Kohärenz der Gesamtheit, im Idealfalle augenblickliche Informationsübermittlung zwischen den verschiedenen Teilen und dem Zentralposten, der über ein umfassendes Bild der Situation verfügt. (Bekanntlich war der Hauptvektor der Vereinheitlichung der Ortszeiten in Deutschland das Heeresministerium.) Mobilisierung bedeutet schließlich Disziplin. Es ist nötig, daß die verschiedenen Teile den empfangenen Befehlen gehorchen, zu Teilen eines einzigen Körpers werden, wobei die Verantwortung für ihre Aktivitäten auf das eine Gehirn zurückgeht, das sie befehligt. Jede lokale Initiative, und sei sie auch von Erfolg gekrönt, ist suspekt.

Wie soll man die Interessen mobilisieren, ohne sie zu zerstören, ohne die interessierten Rivalen in eine gehorsame Armee zu verwandeln? Wie lassen sich die Wissenschaftler in einer Weise disziplinieren, daß ihre lokalen und selektiven Erfindungen sich nach der Art der siegreichen Deduktion erzählen lassen, wobei die Verantwortung für die Operation der Machtinstanz zufällt, in deren Namen der Wissenschaftler sich betätigt?

Wie läßt sich beim Mitglied der Wissenschaftsgemeinde ein Sinn für Initiative, für die günstige Gelegenheit bewahren, der eher zum Guerillero gehört, jedoch in einer Weise, daß dieser Guerillero in seiner Vorstellung einer disziplinierten Armee angehört und den Sinn und die Möglichkeiten seiner lokalen Initiativen den Parolen des Generalstabs überläßt?

Man kann in der Beschreibung der »Normalwissenschaft« laut Kuhn die Erfindung dieser ursprünglichen Mobilisierungsform lesen, so wie sie sich im Laufe des 19. Jahrhunderts mit der Einrichtung der modernen akademischen Forschungsstätten herausgebildet hat. Das Paradigma läßt sich als Vollzugsfaktor dieser Mobilisierung entziffern: Es schafft eine Homogenität maximaler Antizipation; es läßt ein jedes Mitglied der Gemeinschaft die Art und Weise erfinden, auf die es wirksam verstanden werden kann, erlaubt jedoch der Gemeinschaft ein rasches Urteil über diese Erfindungen; es fordert dazu auf, die Verantwortung für die Erfolge der Disziplin zuzuschreiben und die für die Mißerfolge dem »inkompetenten« Forscher; es übermittelt sich auf eine weitgehend implizite Weise, die das, was Judith Schlanger das »kulturelle Gedächtnis« nannte,[6] zusammenschrumpfen läßt: nämlich die dichte Ko-Präsenz vielfacher Bedeutungen, die ein rückzugsloses Haften an einer von ihnen verhindert, den Grund, weshalb andere Interessen sich an das gewandt haben und stets wenden, womit man zu tun hat, das, was »die Welt zwischen uns und uns einführt«.

Man kann sich fragen, ob nicht diese Mobilisierungsform im Niedergang begriffen ist, zumindest in gewissen Disziplinen. Der Begriff der Normalwissenschaft impliziert in der Tat eine gewisse Langsamkeit, eine relative Stabilität der Urteile, die für mehrere Generationen von Wissenschaftlern eine Norm darstellt. Er impliziert ebenfalls das Ereignis, das die Interessen ausrichtet, jedoch eine aus der Sicht der siegreichen Mobilisierung störende Differenz zwischen den Bereichen schafft, wo das Maß eine bestimmte Bedeutung und einen Einsatz hat, und jenen, wo es empirische Korrelation ist, die vielfachen Interpretationen verfügbar ist. Tatsächlich schafft die Geschwindigkeit, mit der sich heute neue technische Apparaturen anbieten, welche die voraufgehenden veralten lassen, eine Form von Mobilisierung, die seither nicht mehr das Bedürfnis, noch die Zeit hat, ein Paradigma zu schmieden. Die Mittel zur Beschaffung des neuesten Instruments zu finden, um im Rennen zu bleiben, das heißt, um Zugang zu den Publikationen zu finden, bei denen ihre Resultate Anklang finden, stellt in vielen zeitgenössischen Laboratorien eine Parole dar, die genügt, um die Interessen auszurichten, ohne sie jedoch als Erben des Ereignisses zu konstituieren und ohne von ihm hervorgerufen zu sein.

6 Judith Schlanger, *Penser la bouche pleine*, Fayard, Paris, 1983.

Es besteht ein sehr großer Unterschied zwischen der paradigmatischen Mobilisierung und der Mobilisierung durch die bloße Geschwindigkeit der technischen Innovation. Die erste hat die Zeit – im doppelten Sinne, nämlich dem der günstigen Gelegenheit, die das Ereignis bildet, und zum anderen dem der Erfindung ihrer Folgen eigenen Zeitlichkeit –, eine Darstellung zu konstruieren, die man als »territorial« bezeichnen kann, denn sie erlaubt es, die Differenz zwischen dem Innen und dem Außen zu setzen, die Geschichte der Gründung und der Konstitution der Begründungen zu erzählen, die doppelte Dynamik des »reinen«, vom Paradigma autorisierten Wissens und seiner Niederschläge, die von seiner Fruchtbarkeit zeugen, zu konstruieren. Die zweite wird von vielen Wissenschaftlern als eine Art Unzufriedenheit erlebt, als Nostalgie und ein neues Gefühl der Verwundbarkeit: Hochkomplizierte Gegebenheiten und Korrelationen häufen sich, aber keiner hat wirklich die Zeit, sie zu durchdenken; die Diskrepanz zwischen »vorher« und »nachher« vollzieht sich immer schneller, doch hängt sie nicht mehr von Schöpfungen ab, welche die Autonomie des Territoriums bestätigen würden, sondern vom beschleunigten Veralten der Instrumente, welche die Forschung datieren; die Qualität der Forscher zählt weniger als ihr Zugang zu den Hilfsquellen, die es ihnen erlauben, den Imperativen des Augenblicks zu entsprechen; ihre Identität bezieht sich nicht mehr auf das Ereignis, das ihre Überzeugungen autorisiert, sondern auf die Macht von Instrumenten, die meistens aus anderen Disziplinen hervorgegangen sind; es wird für die Forscher also immer schwieriger, den immer nachdrücklicheren strikten Befehlen und Pressionen zu widerstehen, sogenannte »brauchbare« Informationen zu liefern, selbst wenn diese aus ihrer Sicht von keinerlei Interesse sind. Kurz, die empfundene Bedrohung besteht darin, daß die wissenschaftliche Forschung auf dem Wege ist, dem zu ähneln, womit ihre »technowissenschaftliche« Lektüre sie in der Tat gleichsetzt. Und daß dementsprechend die Differenzierung zwischen »reiner Wissenschaft«, deren Achse einzig die territorialen Interessen bilden, und jenen »Niederschlägen« verschwindet, bei denen diese Interessen, zusammen mit anderen, zugunsten einer doppelten Undifferenziertheit folgendes herausbilden: Phänomene, die nicht mehr fähig sind, die Interessen zu beglaubigen, da sie durch die Macht des Instruments zur Verfügung gestellt wurden; Wissenschaftler, die keinen Grund mehr haben, den Instanzen zu widerstehen, die ihnen suggerieren würden, sich eher für dies Phänomen zu interessieren als für jenes.

Die Mobilisierungsform, die vom Funktionieren einer »Normalwissenschaft« beschrieben wird, war eine wissenschaftliche Erfindung, und sie fand in einem Kontext statt, in dem die Autonomie der Forschung nicht mehr im Verhältnis zu traditionellen, feindlichen oder gleichgültigen Mächten definiert und ausgehandelt werden mußte, sondern im Verhältnis zu modernen Mächten, Staaten und Industrien, die potentiell oder aktiv an den wissenschaftlichen Erkenntnissen und Praktiken interessiert waren. Die Macht des mobilisatorischen Paradigmas ist zugleich eine *Gegenmacht*, die sich der Drohung einer Unterwerfung der Forschung unter »utilitäre« Interessen widersetzt.[7] Man kann sich die Besorgnis der Wissenschaftler vorstellen, die mit der Unsicherheit dieser Gegenmacht konfrontiert sind, doch kann man sie verstehen, ohne indes ihre Nostalgie zu teilen. Denn die Konstruktion territorialer Disziplinen, die durch ein Paradigma genormt sind, ist untrennbar mit dem Bild einer reduktionistischen Eroberung verbunden, welche die rechtmäßige Verfügbarkeit dessen bestätigt, was es einzuschließen gilt. Die großen mobilisierenden Erzählungen haben den Fortschritt stets auf asymmetrische Weise beschrieben, als die Macht desjenigen, der

7 In *Über Francis Bacon von Verulam und die Geschichte der Naturwissenschaften,* in: Justus von Liebig, *Reden und Abhandlungen,* Sändig Reprint Verlag, Wiesbaden 1965, S. 220–254, hält Justus von Liebig, einer der Erfinder der Praxis der Normalwissenschaft, eine wahre Philippika gegen den Begriff einer »nützlichen« Wissenschaft, die ihm zufolge damals in England herrscht, und verknüpft den wissenschaftlichen Fortschritt, wie ihn die deutsche Chemie illustriert, mit der Ablehnung der Zerstreuung auf empirische Fälle, die aus wissenschaftsfremden Gründen für interessant erachtet werden. »Ein Experiment, dem nicht eine Theorie, d. h. eine Idee vorhergeht, verhält sich zur Naturforschung wie das Rasseln einer Kinderklapper zur Musik.« Ebd. S. 249.

im Namen der Wissenschaft voranrückt, und die Verachtung der »Meinungen« jener, die das Territorium besetzen, das unterworfen werden soll. Sie haben stets verschwiegen, daß die eingeschlossenen Zonen zu allermeist nicht nur nicht unberührt waren, sondern daß die lokalen Kenntnisse, die in keiner Weise ungültig gemacht wurden, es ermöglichten, die Schaffung neuer Triftigkeiten zu lenken, die rückwirkend als Deduktionen beschrieben wurden, welche das Paradigma autorisiert hatte.

Um ein linguistisches Bild zu gebrauchen: Das Paradigma behauptet die Einhelligkeit der Phänomene, die dieselbe Sprache sprechen, doch ist diese Sprache heimlich durch lokale Zwangsläufigkeiten bereichert, die in keinem offiziellen Wörterbuch auftauchen und an Ort und Stelle gelernt werden müssen. Um ein geographisches Bild zu gebrauchen: Das Paradigma behauptet die Homogenität der Landschaft, doch verschweigt es Pässe und Spalten auf den Verbindungswegen zwischen den verschiedenen Regionen, und es verschweigt im offiziellen Reisebericht die lokale Hilfe, ohne die der Ankommende kein Mittel zum Fortkommen hätte basteln-erfinden können.[8] Der Preis für die Politik der Unterwerfung des Lokalen unter das Globale ist nicht nur eine Hierarchisierung der Wissenschaft, die systematisch das theoretisch-experimentelle Vorgehen begünstigt, das allein seine Praktiker mit Urteilen wappnen kann, welche die Phänomene und die Menschen mobilisieren, sie sorgt überdies für eine Art des Einsatzes für die Wahrheit, der die Wahrheit an die Seite der Macht stellt und somit für alle Mächte verwundbar macht.

Das Metier des Chefs

Die Beziehung zwischen der Konstitution eines disziplinären Territoriums und der sozialen Konstruktion einer Welt, die es

8 Zum Beispiel von der »Reduktion« der Chemie auf die Quantenphysik, siehe Bernadette Bensaude-Vincent und Isabelle Stengers, *Histoire de la chimie, op. cit.*

den Produkten der Disziplin erlaubt, mit den sozialen, ökonomischen, politischen und industriellen Interessen »Geschichte zu machen«, ist intensiv und verschleiert zugleich. Weil nämlich eine sehr heikle Doppelbewegung hierzu notwendig ist: Die Arbeit der disziplinären Konstitution muß ausschließen und auswählen, während die Konstruktion einer Welt, die ersehnt, empfängt, antizipiert und zusammenträgt, für ein Maximum an Kompetenten und Nicht-Kompetenten all das einschließen und existent machen muß, was das Laboratorium erschafft.

Bruno Latour hat auf drei vorzüglichen Seiten das Problem nach Art der Arbeit und der Strategie und nicht des Schicksals, das heißt, der unvermeidlichen Mobilisierung der Welt durch die Produkte der Wissenschaft dargestellt. Er beschreibt im Stil der Fiktion (ohne jedoch etwas zu erfinden) eine Woche im Leben des »Chefs«, des Leiters eines Laboratoriums, in dem gerade ein vom Gehirn abgesondertes Hormon festgestellt wurde, das man Pandorin nennt.[9]

Was ist Pandorin? Es ist kein Artefakt. Das wissen wir, denn die beschriebene Woche verläuft nach der Kontroverse zwischen dem Chef und seinen kompetenten Kollegen, deren Laboratorium ihnen die Überprüfung seines Moleküls ermöglicht. Das isolierte, gereinigte, identifizierte Pandorin ist tatsächlich ein vom Gehirn erzeugtes Molekül, kein Kontaminations- oder Verfallsprodukt des echten Moleküls. Dennoch, es kann das Produkt einer schlichten und ehrenwerten Forschung in der Neuroendokrinologie sein, oder aber der Ausgangspunkt einer »Revolution« in den Zerebralwissenschaften und somit dem Chef einen Nobelpreis eintragen; es kann ein biologisches Molekül unter anderen bleiben oder aber fähig sein, die Gesamtheit der Hormone zu mobilisieren, verbünden und repräsentieren, welche die Existenz eines »feuchten Gehirns« dort bezeugen, wo das »trockene Gehirn« Neuronenkreisläufe beherrscht. Kurz, wir wissen nicht, »was ist« das Pandorin und wie wird man die Geschichte seiner »Entdeckung« erzählen, und eben diesem

9 *La Science en action, op. cit.,* S. 250–253.

Problem widmet sich die Aktivität des Chefs, der seine Woche damit verbringt zu reisen, zu verhandeln, das Wort zu ergreifen, zu versprechen, zu intrigieren.

Es gibt insbesondere einen vielversprechenden Kollegen, der einen Apparat so weit entwickelt hat, daß er die Spuren des Pandorins im Gehirn von Ratten sichtbar machen kann. Der Apparat ist ein Prototyp, und der Forscher braucht die Unterstützung seines Chefs, um die Industrie zu interessieren, doch wenn die Industrie interessiert wäre, dann könnte der Apparat rasch zu einer »black box« werden, die in den Laboratorien umso unerläßlicher würde, als die *referees* der Fachzeitschriften fordern würden, daß jede neurochemische Forschung, die dieses Namens würdig ist, das Problem der Rate des abgesonderten Pandorins für jeden untersuchten zerebralen Funktionsbereich stelle und damit die Vermehrung seiner Attribute ermögliche. Nun erhebt sich auch die Frage der Lektürekomitees: Die Zeitschrift *Endocrinology* hat die neue Spezialität noch nicht anerkannt; »gute« Artikel werden von *referees,* die nichts davon verstehen, abgelehnt. Die Nationale Akademie der Wissenschaften müßte auch eine Unterabteilung anerkennen, ohne die die Mitglieder der neuen Disziplin auf die Physiologie und die Neurologie verstreut blieben. Und an der Universität selbst müßte ein neuer Kursus brillante junge Leute für diese in voller Entfaltung begriffene Disziplin gewinnen.

Der Chef ist französischer Herkunft, und sollte nicht Frankreich, darauf bedacht, das Prestige dieses expatriierten Sohnes, dem die Sorbonne gerade einen Ehrendoktor zuerkannt hat, zu teilen, eine Geste machen, die Bestimmungen der Wissenschaftspolitik mildern, um die Schaffung eines ausdrücklich französischen Laboratoriums zu begünstigen, das auf die Erforschung der Peptide des Gehirns spezialisiert ist? In den Vereinigten Staaten wird der Präsident bereits von den Vertretern der Diabetiker unter Druck gesetzt, die auf den vom Chef angekündigten Durchbruch hoffen: Sie machen sich zu seinen Verbündeten, um Priorität für ihn und die Verringerung des »Hindernisses« zu fordern, das der durch eventuelle klinische Tests implizierte »Papierkrieg« darstellen würde. Weitere Tests im Hinblick auf die Schizophrenen werden bereits diskutiert. Und natürlich ist der Chef im Gespräch mit den Leitern einer pharmazeutischen Gesellschaft: Wird das Pandorin, patentiert, industriell hergestellt, klinisch getestet, ein Medikament sein?

Im Laufe seiner Ortswechsel verkündet der Chef den Journalisten, daß sich eine Revolution in der Gehirnforschung anbahnt, deren Vorzeichen das Pandorin ist. Doch ermahnt er sie auch, kein auf Sensation getrimmtes Bild von der Wissenschaft zu zeichnen. Und im Flugzeug verfaßt er auf die Bitte eines jesuitischen Freundes hin einen Artikel, der das Pandorin mit dem Elan des Heiligen Johannes vom Kreuz in Verbindung bringt. Ganz nebenbei wird der Tod der Psychoanalyse angekündigt.

Der Chef tut, was er muß, will er dem Pandorin jede nur mögliche Tragweite verleihen, es auf so vielen Ebenen wie nur möglich existent machen. Das soll nicht heißen, daß diese Existenz einzig von seinen Strategien abhängt: In den akademischen und industriellen Forschungslaboratorien wird das Pandorin strengen Überprüfungen trotzen müssen. Doch nichts verleiht dem Molekül »an sich«, unabhängig vom »Chef«, die Macht, diese Prüfungen, auf die es angewiesen ist, selbst hervorzurufen oder den anderen Forscher, der Industrie, den wissenschaftlichen Zeitschriften Interesse daran aufzunötigen. Ohne dieses Interesse bliebe es ein simples, nacktes Molekül mit unbestimmter Rolle und unbestimmten Möglichkeiten. Hingegen beschränkt seine demultiplizierte Existenz sich nicht darauf, das Molekül mit Rollen und Anwendungen zu »bekleiden«, sondern modifiziert die Landschaft der Beziehungen, die das Gehirn, die Besorgnisse der Bürger, die Tätigkeit der Industrien, das Ansehen der Disziplinen und die Mittel, die den Forschern zugestanden werden, miteinander verbinden.

Muß man den Chef an den Pranger stellen? Wie Latour bemerkt, ist die bescheidene, selbstlose Mitarbeiterin, die wiederum das Laboratorium nicht verläßt, die Nutznießerin dieser offenbar selbstsüchtigen Arbeit: »Gerade *weil* der Chef ständig draußen auf der Suche nach neuen Hilfsquellen ist und behauptet, sie könne darin bleiben und sich ausschließlich ihrer For-schungsarbeit am Labortisch widmen. Je mehr sie darauf be-harrt, ›ausschließlich Wissenschaft‹ zu treiben, desto kostspieli-ger und langwieriger sind ihre Experimente, desto mehr muß der Chef herumreisen, um einem jeden zu erzählen, daß für sie das Wichtigste auf der Welt ihre Arbeit sei.«[10]

Der Chef ist gezwungen, sich für die Welt zu interessieren, sie zu verwandeln, damit diese Welt sein Molekül existent macht. Er tut, was er muß, um das Pandorin existent zu machen, und er macht es sehr talentiert. Unsere Forscher sind nicht immer naive Chorknaben, und diejenigen, deren Namen uns im Gedächtnis bleiben, haben meist, und mit Grund, erhebliche strategische Fähigkeiten erwiesen. Doch diese Fähigkeiten selbst verweisen auf die Schichtungen dieser Welt, in der sehr verschiedene Gesprächspartner koexistieren. Mit den einen werden die Ver-handlungen »hart« sein – besonders die Industrielaboratorien werden nicht mit sich feilschen lassen. Bei anderen, der Zeit-schrift *Endocrinology,* der Akademie oder Universität geht es darum, eine »Lobby« zu organisieren. Andere, die Vertreter der Diabetiker, werden als Hebel benutzt: Das Leiden der Kranken ist ein gewaltiges Argument, und wenn die Kranken selbst im Namen der Hoffnung rekrutiert werden, dann können die Ent-scheidungen »auf höchster Ebene« unter Umgehung der üb-lichen Netze, in denen die Prioritäten der Forschung verhandelt werden, stattfinden. Die Journalisten müssen im Zaum gehalten werden: Sie müssen die Nachricht von der zukünftigen Revolu-tion vorbereiten, ohne jedoch zu vergessen, daß der Chef ein uneigennütziger Wissenschaftler ist, der sie vor jedem Sensatio-nalismus gewarnt hat. Schließlich müssen all jene, die sich auf die eine oder andere Weise für die menschliche Subjektivität interes-sieren, erfahren, daß der Fortschritt der Wissenschaft mit den falschen Unterscheidungen zwischen »Laborwissenschaft« und »Humanwissenschaften« aufräumen wird. Die Psychoanalyse wird rituell zu Grabe getragen, und der Heilige Johannes vom

10 *Ibid.,* S. 254.

Kreuz verkündet, daß nicht nur die Intelligenz, sondern auch das Gefühlsleben zum Einsatz kommt. Die Behauptungen des Chefs werden hier keinerlei Überprüfung nach sich ziehen. Er zielt nicht darauf ab, seine Kollegen um einen Mystiker in Ekstase zu versammeln, der zum zuverlässigen Zeugen des Pandorins geworden ist, das in ihm wirkt. Sondern er will wie Jean-Pierre Changeux und so viele andere in der Rolle des drohenden, skandalösen Vertreters des Laboratoriums erscheinen, dessen reduktionistischer Vormarsch von den Protesten der Wissenschaftsvertreter beglaubigt wird, die vom Verschwinden bedroht sind.

Die Besonderheit des Chefs läßt sich weniger auf die Identität der Wissenschaft zurückführen als auf die Freiheit, mit er das dreifache Territorium konstruieren kann, in dessen Namen er die Welt verwandelt: das Molekül, die zukünftige Wissenschaft vom »feuchten Gehirn« und den experimentellen Fortschritt, der das irrationale Dunkel zerstreut. Nichts scheint ihn aufhalten zu können, ihm beispielsweise anzuzeigen, daß an diesem Punkt die »Wissenschaft« aufhört und die »Propaganda« beginnt. Man respektiert ihn, oder man fürchtet ihn. Wenn die Journalisten auch hohnlachen, können sie doch nichts dagegen ausrichten. Die jesuitische Zeitschrift honoriert feierlich dieses »Gipfeltreffen« zwischen dem Höhepunkt des Rationalen und dem des Spirituellen. Die Kranken sind bereit, mit dem, der ihnen Hoffnung gibt, gemeinsame Sache zu machen. Die Psychoanalytiker werden zweifellos protestieren, daß sie, weit davon entfernt, tot zu sein, »jenes menschliche Leiden repräsentieren, das die positiven Wissenschaften, nicht verstehen, sondern nur zum Schweigen bringen können«. Selbst die Wissenschaftskollegen des Chefs wissen, daß eine disziplinäre Neuorganisation im Gange ist, die ihnen neue Zwänge und neue Forderungen auferlegen wird. Es wird zweifellos nötig sein, auch wenn man skeptisch ist, die Mittel zur Anschaffung des neuen Pandorindetektors zu finden und in diesem Zusammenhang Zahlen zu produzieren, die möglicherweise belanglos sind. Es wird durchaus nötig sein, damit die Artikel in der neuen Unterabteilung der Zeitschrift *Endocrinology* akzeptiert werden. Einige dieser Kollegen mögen sich über das Abdriften ihrer Wissenschaft in eine bloße instrumentelle Praxis beschweren wollen, doch wo sollen sie die eventuellen Zweifel geltend machen? Wie kann man, ohne der Öffentlichkeit, den Kranken, den Geldgebern gefährliche Fragen einzuflößen, demjenigen widerstehen, dessen Darstellung zufolge das Gehirn dem Fortschritt verfügbar ist? Der Chef verwaltet sein Metier als Wissenschaftler, er vermehrt die potentiellen Identitäten des Pandorins, die Geschichtsmöglichkeiten, die es gegebenenfalls existent machen werden. Und das einzige Indiz dafür, daß er nicht aufhört, das Milieu zu wechseln, von einem biochemischen Pandorin zu einem kulturellen Pandorin, von einem Pandorin, das eine neue Disziplin verbündet, zu einem Pandorin als zukünftigem Wunderheilmittel, von einem vermittelnden Pandorin zu einem Pandorin, das die Studenten anzieht, die sich der Spitzenforschung verschreiben, ist die qualitative Differenz zwischen den Argumenten: von der scharfen Verhandlung zur Rhetorik. Als ginge es diesmal unzweifelhaft um eine radikale Asymmetrie. Der Chef rekrutiert Verbündete für sein Laboratorium, das selbst die Neurochemie des Gehirns repräsentiert, die wiederum den wissenschaftlichen Fortschritt repräsentiert, doch gewisse seiner Verbündeten sind definiert durch Forderungen, die befriedigt werden müssen, andere durch eine Wettbewerbslogik, der sie sich zu unterwerfen haben, und wieder andere durch Überzeugungen, Ängste und Hoffnungen, die aufrechterhalten werden müssen. Dementsprechend werden die verschiedenen Eigenschaften des Pandorins nach den verschiedenen Zwängen konstruiert: Jene, die es an die anspruchsvollen Verbündeten binden, werden unter Umständen zum Preis ständiger Umgestaltungen erkämpft, die es auf eine Weise existent machen, welche der Chef nicht vorherzusehen vermag; hingegen genügt das aus dem Laboratorium hervorgegangene, »nackte«, doch dank des Chefs bereits interessante Pandorin, um die Maßnahmen zur disziplinären Neuorganisation einzuleiten und als reduktionistische Kampfmaschine zu funktionieren. Ihm wird schlicht eine Vielfalt von Merkmalen zugeschrieben, die angeblich verfügbar sind, da sie aus Wissenschaften oder Praktiken hervorgehen, welche laut Definition der Laborwissenschaft mit Fug und Recht zur Reduktion verurteilt sind. Mehr noch, es liegt ganz im Interesse der anspruchsvollen Verbündeten des Chefs, an dieser asymmetrischen Konstruktion teilzuhaben. Die wirtschaftliche Rentabilität des zukünftigen Detektors hängt davon ab, ebenso wie das Renommee der neuen Generation von Medikamenten, die vielleicht eines Tages auf dem Markt erscheint. Ebenso wie für den Chef gilt die erste Sorge dieser Verbündeten dem »Existentmachen«, doch hängt die Existenz hier von anderen Prüfungen ab, welche die rechtlichen, kommerziellen, wirtschaftlichen Zwänge einbeziehen. Und sie umfassen eine Instanz, die offiziell nicht in die wissenschaftlichen Kontroversen eingreift: die Öffentlichkeit, die zum Konsumieren veranlaßt werden soll. Doch ist es vorteilhafter, die These zu respektieren und zu stützen, derzufolge die Industrie hier ein schlichter Vermittler ist, der die wohltätigen Niederschläge der Grundlagenforschung umsetzt, denn im Namen dieser These erringt der Chef das Interesse der Öffentlichkeit, beeindruckt die rezeptierenden Ärzte, induziert die Nachfrage der Kranken, kurz, schafft den Markt…

Das Pandorin ist eine Fiktion, und jede Ähnlichkeit mit der Art und Weise, wie die echten Wissenschaftler, beispielsweise jene, die an der Decodierung des menschlichen Genoms arbeiten, aus ihren Laboratorien heraustreten, wäre rein zufällig.

Politik der Netze

Wie läßt sich vermeiden, daß die Landschaft unserer Praktiken, unserer Handlungen und unserer Leidenschaften auf eine globale Instanz zurückgeführt wird, die die Macht hätte, sie zu erklären und die anzuprangern genügte? Bruno Latour lehnt die Begriffe Rationalität, Effizienz, Kalkulierbarkeit, Wissenschaftlichkeit ab, die alle die Konstruktion durch das Attribut erklären, das dem, was konstruiert wurde, die Anerkennung verschafft hat. Ebenso weigert er sich, von »Macht« zu sprechen. Und er hat Recht, wenn die Bezugnahme auf die Macht dazu bestimmt ist, das Netz der lokalen Bündnisse in Vergessenheit zu bringen, diejenigen zum Beispiel, deren Schaffung der Chef im Namen von Pandorin betreibt, die Menge der Mittler, ihrer Repräsentanten und der Prüfungen, die sie durchmachen – sie sollen vergessen werden, um das Ganze unter dem Zeichen eines kohärenten und allmächtigen Megaprojekts zu ordnen. Wenn die Macht eine Majuskel treibt, verwandelt sie den Wurzelstock, das Rhizom,[11] in einen Baum: Jeder Zweig »erklärt sich« durch seine Beziehung zu einem anderen, dem Stamm, ja sogar den Wurzeln Näheren, das heißt, der Stelle – die von einer »Logik«, wenn nicht von Akteuren besetzt ist –, von der aus der ganze Rest als außengesteuerte Marionetten angeprangert werden kann. Der »Chef« weiß natürlich nicht, was er in Gang bringt, ebenso wenig wie die Forscher, die, um ihre Forschungen zu fördern, die Öffentlichkeit mit der Hoffnung auf eine Zukunft nähren, in der die »genetischen Krankheiten« heilbar sein werden. Doch tut er im Rahmen seines Grades an Freiheit, was er kann, und es gibt kein Außerhalb, von dem aus das, was für ihn Initiative ist, ableitbar werden könnte.

Dennoch ist es schwierig, den »Irrtum der Epistemologen« anstelle der Macht in die Rolle des großen Verantwortlichen für alles, was nicht funktioniert, zu versetzen – wozu Latours Werk *Wir sind nie modern gewesen* manchmal aufzufordern scheint. Gewiß, Epistemologen, Philosophen und andere Denker des sozialen Bereichs zeichnen sich aus durch ihre Verachtung der Hybriden, durch ihre Gleichsetzung von Mittlern mit Zwi-

---

11 Siehe Gille Deleuze und Félix Guattari, *Kapitalismus und Schizophrenie. Tausend Plateaus, op. cit.* Der Wurzelstock (Rhizom) impliziert die Verbindung zwischen Heterogenem: Jeder beliebige Punkt kann mit jedem beliebigen anderen verbunden werden; er läßt sich nicht in Relation zum Einen, Bild, Projekt, Logik verstehen; er kann an jeder beliebigen Stelle abgebrochen werden und entlang anderer Linien fortfahren; er kann nicht im Namen eines genetischen Prinzips, sondern nur kartographisch zusammengefaßt werden.

schengliedern, wobei sie die Gesellschaft und/oder die Natur als das bezeichnen, was sie erklärt. Doch darf der »Irrtum« ebenso wenig angeprangert werden wie die Macht. Er erklärt nichts, außer als Produkt des Netzes, das charakteristisch ist für den unserer Epoche eigenen *Stil* von Netz und für das politische Problem, das er stellt.

Ist es der Fehler des Epistemologen, wenn die meisten Wissenschaftler mehrere Sprachen sprechen, eine, die sie ihren Kollegen und ihren potentiellen Geldgebern vorbehalten, und eine, die sie benutzen, wenn sie sich an die als inkompetent definierte »Öffentlichkeit« richten? Ist es der Fehler des Philosophen, wenn er auf den Schulbänken gelernt hat, die Wissenschaft würde »Gesetze« entziffern, welche »objektiv« die Phänomene charakterisieren, und es sei seine Aufgabe, diese Situation zu denken? Ist es der Fehler des Soziologen oder des Politologen, wenn die soziotechnischen Innovationen oder die Entscheidungen, die sie kommentieren, stets unter dem Zeichen einer Trennbarkeit zwischen dem, was ist – die Zwänge, die man rational berücksichtigen muß –, und dem, was sein soll – die weiterbestehende Wahl zwischen diesen möglichen Zwangsprodukten – präsentiert werden? Gewiß, man kann ihnen eine gewisse Trägheit, einen gewissen Konformismus, einen unangebrachten Respekt vorwerfen. Doch muß man das Netz als ein System denken, das an gewissen Stellen die heroische Notwendigkeit hervorruft, weder träge, noch konformistisch, noch respektvoll zu sein, um nicht am Ende als der Gelackmeierte dazustehen.

Der Irrtum tritt nicht einfach irgendwo auf. Er tritt an den Punkten auf, wo tatsächlich die Verhandlungen aufhören, wo sich die Wörter nicht mehr an Akteure wenden, die sich nicht dazuzählen lassen werden, sondern an jene, die sich gerade dadurch als »inkompetent« definiert sehen, an jene, zu denen man von den Überzeugungen, den Wünschen, den Ängsten, den Forderungen spricht, auf die man spekuliert, die jedoch als »unbeeinflußbar« definiert werden, als strategisches Material und nicht als Protagonisten einer Strategie. Jene, die sich irren, begehen schlichtweg den Irrtum, sich auf die Rhetorik zu verlassen, die sich an die Öffentlichkeit wendet – an die Schüler, die Leser populärwissenschaftlicher Zeitschriften –, und sich nicht klarmachen, daß sie Zugang zu einer »Information« haben, die sie auf die Ohnmacht reduziert.[12]

Sicher, es kommt regelmäßig vor, daß man sich »irrt«. Jene, die beispielsweise Wert darauf legen zu betonen, daß die Konsumenten nicht ohnmächtig sind, der Macht des Angebots unterworfen, haben zahlreiche Geschichten über abgelehnte oder von den Konsumenten zweckentfremdete Produkte, über neu zu definierende Handelsstrategien, über unvorhergesehene, dringend zu befriedigende Nachfragen zu erzählen. Die politische Frage, nämlich die nach der Differenz zwischen den qualifizierten Akteuren und den anderen, impliziert nicht die Allmacht der ersten und die passive Unterwerfung der zweiten. Sie zeichnet sich in den Wörtern ab, die diesen Situationstyp ausdrücken: Die Öffentlichkeit ist unberechenbar, ihre Reaktionen überraschen uns ständig. Diese Wörter gehören in ein Register, das ebenso gut die meteorologischen Phänomene kommentieren könnte. Sie treffen die Unterscheidung zwischen jenen, die aktiv versuchen, die triftigen Variablen vorherzusehen, zu bestimmen und sie nach den Beschränkungen zu definieren, welche entscheidbar machen, was Fiktion bleiben und was Existenzmöglichkeiten haben wird, und jenen, die durch ihre Reaktionen die Kalküle widerlegen oder bestätigen, deren Gegenstand sie waren.

Die Macht steht nicht »außerhalb« des Netzes wie eine Wahrheit, die es einem ersparen würde, der Konstruktion der Verästelungen zu folgen, und erlauben würde, sie einfach abzuleiten. Aber sie bestimmt das Netz und setzt ihm seine Grenzen, das heißt die Punkte, an denen der Begriff des Interesses den Sinn

12 Es kann passieren, daß der »Irrtum« diejenigen befällt, die dem nicht unterworfen sein sollten. Siehe das hervorragende Werk von Bruno Latour, *Aramis ou l'amour des techniques* (La Découverte, Paris, 1992), worin der »Tod von Aramis«, eines zukünftigen, revolutionären Gemeinschaftstransportsystems, schließlich auf die Tatsache verweist, daß seine »Väter« die Technik nicht mochten oder selbst von der Verwirrung zwischen soziotechnischer Innovation und dem Existentwerden einer Idee, der man die Macht zuschrieb, sich von selbst zu realisieren, an der Nase herumgeführt wurden.

ändert, an denen man aufhört, sich an Protagonisten zu wenden, die es zu interessieren gilt, und an denen die Strategien beginnen, die voraussetzen, daß das Interesse »sich befehlen« oder zumindest, auf Risiko und Gefahr der Strategen, in dem Sinne behandeln läßt. Diese Punkte sind zahlreich und zeichnen unklare Grenzen, die selbst kartographiert werden müssen. Sie teilen nicht in zwei Bereiche, sondern schaffen Höhenunterschiede. Sie orten sich jedesmal, wenn als Referent einer Beziehung zwischen zwei Positionen eine Instanz auftaucht, der – abgesehen von Hindernissen – zugeschrieben wird, daß sie die Macht besitzt, ihre eigenen Wirkungen zu bestimmen, und eine Welt, die – abgesehen von Widerständen – für die Entfaltung dieser Wirkungen potentiell verfügbar ist.

Die Hierarchie der Landschaft der wissenschaftlichen Kenntnisse, die Modellrolle des theoretisch-experimentellen Vorgehens, wie auch die Mobilisierungsstrategien, die unaufhörlich bestimmen, was als »gute« Annäherung zu gelten hat und was »noch nicht bewältigte« sekundäre Schwierigkeiten sind, zeigen an, daß die Höhenunterschiede der Macht das wissenschaftliche Feld durchziehen. Doch gehen sie nicht allein aus der Wissenschaft hervor. Auch diese Höhenunterschiede bilden Rhizome. Wieviel leichter ist es, einen Wissenschaftler zu benutzen, der bereits gewohnt ist zu meinen, daß sein Ansatz »Interesse gebietet«! Wieviel lenkbarer sind die wissenschaftlichen Experten, die von einem Feld delegiert sind, wo Verachtung für das herrscht, was sich nicht im Laboratorium reproduzieren läßt! Wieviel fähiger zur Weitergabe der wissenschaftlichen Erfindung als »maßgeblich« sind diejenigen, die sie in der Weise der Evidenz erfahren haben. Und schließlich sind diejenigen umso bereiter, im Namen der Wissenschaft den Weg einer soziotechnischen Innovation in die Existenz zu rechtfertigen, deren leidenschaftliche Tätigkeit gerade darin besteht, für möglichst viele Protagonisten die Differenz zwischen Fiktion und zuverlässigem Zeugnis zu »vermehren«, »existent zu machen«.

Die Wissenschaften sind nicht per Schicksal die Verbündeten der Macht, aber sie sind per Definition verwundbar für all diejenigen, die dazu beitragen können, Differenzen zu schaffen, Interessen zu stabilisieren, störende Fragen auszugrenzen, das Heraustreten aus den Laboratorien zu erleichtern. Die Besonderheit der Wissenschaften liegt meiner Meinung nach darin, daß sie die Mittel erfinden, um die Macht der Fiktion zu besiegen, und die Gründe, die wir erfinden, einem Dritten unterwerfen, das in der Lage ist, zwischen ihnen zu unterscheiden, was sie technisch verantwortlich macht für ein »Engagement für das Wahre«, welches das, was nicht wissenschaftlich ist, als bloß fiktiv, als verfügbar für die Erprobung, definiert. Diese Besonderheit wirft das politische Problem ihrer Koexistenz mit der anderer Akteure auf, für die die Begriffe der Unterwerfung und Verfügbarkeit eine ganz andere Bedeutung haben, welche sich nicht an rivalisierende und interessierte Autoren wendet, sondern an eine Welt, die als Manöverfeld aufgefaßt wird.

Warum ist das Anprangern einer »operationalen Rationalität«, die angeblich der Wissenschaft eigen ist und systematisch zerstörerische Auswirkungen hat, sobald sie aus dem Laboratorium heraustritt, um den Kampf mit der Welt aufzunehmen, derart überzeugend? Warum ist man, wie die Wissenschaftler selbst, so häufig dazu verleitet, die wissenschaftliche oder rationale Stellung eines Problems den »subjektiven«, »kulturellen«, »psychologischen« Aspekten entgegenzusetzen, die offenbar auf einer anderen Ebene berücksichtigt werden müssen? Doch wohl, weil »außerhalb« des Laboratoriums, in der Landschaft der menschlichen Praktiken, dieselbe mobilisatorische Strategie vorherrscht wie in der Landschaft der Wissenschaft, nämlich die Abwertung dessen, was als »Hindernis« beurteilt wird, und das Privileg, das systematisch dem zugestanden wird, was die Macht eines Vorgehens zu bestätigen erlaubt. Man muß sich hier, emblematisch, an das Ende des 13. Jahrhunderts erinnern, als Étienne Tempier im Namen der göttlichen Allmacht die unbesiegbare Macht der Fiktion proklamierte. Wer sprach da durch ihn? Zweifellos eine Kirche, die bemüht war, die Instrumente ihrer Autorität angesichts der rivalisierenden Autorität der heidnischen Wissenschaften wiederzuerschaffen. Doch wie sind diese Instrumente selbst zu verstehen? Die Philosophie war, laut Deleuze und Guattari, ebenso wenig die Freundin des griechischen Gemeinwesens, wo sie entstanden ist, und die Wissenschaft ist ebenso wenig die Freundin des Kapitalismus, wie die Kirche Tempiers die Freundin der Kaufleute war, die zu jener Zeit lernten, die Welt nicht mehr in Bezug auf eine intelligible Ordnung zu erklären, sondern in Bezug auf das Mögliche: eine wandelbare Welt als Manöver- und Spekulationsfeld. Wenn die Bezugnahme auf die »moderne Wissenschaft«, wie ich zu zeigen versucht habe, mit der Erfindung der Mittel entsteht, das Verbot Tempiers umzukehren, so nicht mit dem Blick auf eine »Rückkehr« zu einer Welt, die ihre Gründe durchsetzen konnte, sondern durch die Entdeckung, daß die Macht der Fiktion, die Erfindung des Laboratoriums selbst gegen die Willkür der Fiktion gerichtet werden kann. Doch das umgangene Verbot kann gerade dadurch verstärkt werden: Es kann im Interesse der Wissenschaft liegen, *alles, was nicht Wissenschaft ist,* an die Willkür der Fiktion zurückzuverweisen. Man muß also die Definition einer »der Fiktion verfügbaren Welt«, welche die Praktiken der Kaufleute, später der Kapitalisten, und die wissenschaftlichen Praktiken zu vereinen scheint, in Begriffen des geheimen Einverständnisses denken. Es gibt zwischen den beiden Typen von Praxis keine verborgene Identität, die ihre Komplizenschaft in Schicksal verwandeln würde, sondern eine relative Interessenkonvergenz, die ein politisches Problem darstellt, das sehr unterschiedliche Lösungen finden kann.

Nichts hindert a priori an der Vorstellung, daß die Wissenschaftler sich bewußt sind, daß sie mit einem Milieuwechsel, nach dem sie nicht mehr Kollegen ansprechen, sondern an der Erfindung unerbittlich technischer und sozialer Innovationen beteiligt sind, auch ihren »ethisch-ästhetisch-ethologischen« Stil wechseln müssen. Denn alles ändert sich, wenn man das Laboratorium und damit den Ort verläßt, wo die Phänomene als zuverlässige Zeugen erfunden werden, die zwischen Wahrheit und Fiktion unterscheiden können. Im Laboratorium Galileis beispielsweise versammeln sich diejenen, die bereit sind, sich für die

Bewegung zu interessieren, die von der schiefen Ebene erfunden und inszeniert wird. Außerhalb des Laboratoriums gibt es die Reibung, den Wind, die Unebenheiten des Bodens und die Dichte der Mittel, all das, dessen Ausschaltung es Galilei ermöglichte, Geltung zu gewinnen. Und es gibt außerdem eine Welt, die von anderen Akteuren bewegt wird, welche andere Projekte verfolgen, die ebenfalls eine Differenzierung zwischen dem implizieren, was berücksichtigt werden muß, und dem, was man übergehen sollte. Angesichts dieser Akteure würde sich also der Wissenschaftler, dem sein Milieuwechsel bewußt ist, fragen: »Warum bin ich für sie so interessant? Wo sind die anderen, die in der Lage sind, das zu berücksichtigen, was mein Laboratorium eliminieren muß, um mir die Befugnis zum Sprechen zu geben?«

Niemand wird je vorschlagen, den Wind außer acht zu lassen, wenn es beispielsweise um den Bau einer Brücke geht. Hier müssen sich die idealen Bedingungen des Laboratoriums auf die »Gewalt der Dinge« einrichten, denn ihre Vernachlässigung zahlt sich in einer Weise aus, die klar den Unterschied zwischen Erfolg und Irrtum setzt. Ebenso sieht sich jede Industrie gezwungen, einen Komplex erkannter Risiken zu berücksichtigen, der sich mit den Gesetzgebungen und Reglementierungen entwickelt, das heißt, sie muß die rechtlichen Vertreter des Problemaspekts einschalten, den das Risiko bezeichnet.[13] Aber die Wissenschaftler, die wissen, daß sie mit dem Verlassen des Laboratoriums das Milieu wechseln und die Praxis wechseln müssen, würden nicht erwarten, daß das Gesetz sie zur Berücksichtigung dessen zwingt, was ihre Laboratorien eliminieren. Sie wüßten, daß der Stil, der den Risiken der Erprobung angemessen ist, den Sinn ändert, wenn es um Entscheidungen geht, die sich auf unwiderruflich konkrete Situationen erstrecken, wo die Wörter,

---

13 Was das Doppelregister der Risiken betrifft, jene, die man nicht vernachlässigen darf, und jene, die an eine Zukunft delegiert werden können, in der sich alles »von selbst« regeln wird, und zu seinen Folgen in der jüngsten Geschichte der Medizin in den Vereinigten Staaten siehe Diana B. Dutton, *Worse than the Disease. Pitfalls of Medical Progress,* Cambridge University Press, Cambridge, 1988.

wenn man nicht acht gibt, die Macht haben zu disqualifizieren, zum Schweigen zu bringen, Amalgame und Konfusionen zu billigen, das heißt, wie Slogans zu funktionieren.

Diese Wissenschaftler würden die Notwendigkeit als »rational« definieren, daß angesichts eines Problems »außerhalb des Laboratoriums« systematisch all diejenigen gesucht und versammelt würden, die imstande sind, die Dimensionen dieses Problems, welche sie selbst nicht berücksichtigen, darzustellen und zur Geltung zu bringen. Sie würden es als Bestandteil ihrer wissenschaftlichen, ethischen und politischen Verantwortung auffassen, den selektiven Charakter ihres Wissen zu bestätigen, und verlangen, daß all jene zusammengefaßt würden, die auf eine triftige Weise der Problemstellung zur Erfindung beitragen können. Sie wüßten ebenfalls, daß sie dabei gegen die Fiktionen der Macht, gegen die Urteile kämpfen müssen, die gewisse Interessen disqualifizieren, sie zu obskurantistischen Hindernissen oder inakzeptablen Forderungen aufbauen.[14] Und sie wüßten, daß, sobald es um die gesellschaftliche Entwicklung geht, die Differenz zwischen Erfolg und Mißerfolg *nicht die Macht hat,* eine sinnvolle Expertenwahl sicherzustellen: Im Gegensatz zur Brücke, die zusammenbricht, wenn sie schlecht berechnet ist, wird eine »soziale« Lösung selten von ihren Auswirkungen widerlegt. Nur muß man zu diesen Auswirkungen häufig die monströse, verzweifelte, heimliche oder verwüstete Entwicklung dessen zählen, was nicht berücksichtigt wurde.

Der Unterschied zwischen diesen Wissenschaftlern und denen, die sich heute bereitwillig als legitime Vertreter eines Problems auswählen lassen, ohne sich zu fragen, wo denn all die anderen sind und welche Mittel ihnen zugebilligt wurden, um

---

14 Siehe zum Beispiel Isabelle Stengers und Olivier Ralet, *Drogues, le défi hollandais,* coll. »Les Empêcheurs de penser en rond«, Éditions des Laboratoire Delagrange, Paris, 1991, wo wir zeigen, daß die repressive Drogenpolitik durch die Auswahl der adäquaten Experten die Tatsache verschleierte, daß sie jenen Süchtigen, die sich nicht durch den Wunsch nach Entzug definieren, keinerlei »Interesse« entgegenbrachte. Siehe auch *Drogues et droit de l'homme,* unter der Leitung von Francis Caballero, coll. »Les Empêcheurs de penser en rond«, Éditions des Laboratoire Delagrange/Synthélabo, Paris, 1992.

ihre Kompetenz zur Geltung zu bringen, hängt von der wissenschaftlichen Identität ab, welche die mobilisierte Wissenschaft konstruiert. Der mobilisierte Wissenschaftler wird stolz und glücklich sein, sich von einer Macht zum Experten berufen zu sehen, die ihn als einzigen legitimen Vertreter eines Problems anerkennt. Er hat gelernt, all das als »noch nicht« beseitigtes Hindernis zu verachten, was sein Laboratorium nicht berücksichtigen kann, und er wird es normal finden, daß derjenige, der ihm die Mittel verschafft, das Laboratorium zu verlassen, diese Dimensionen des Problems gegebenenfalls genauso als unerheblich, irrational oder selbstregulierend definiert. Für ihn wird wesentlich sein, daß der Wert seiner Forschung vollauf bestätigt wird und er (endlich) die Finanzierung erhält, die sie verdient. Und er wird aktiv seine Kollegen entmutigen, die »Zustände« bekämen, die versuchen würden, sich die »möglichen«, nicht »wissenschaftlich« dargestellten Folgen dessen vorzustellen, woran sie gerade arbeiten. Jean Bernard, der Vorsitzende des französischen Ethik-Komitees, »beruhigt« die Öffentlichkeit , wenn Jacques Testart es wagt, die gefährlich unkontrollierbaren Folgen der Techniken künstlicher Zeugung herauszustreichen.[15] Daniel Cohn, Programmdirektor von Généthon, tut die Bedenken desselben Jacques Testart hinsichtlich der sozialen, politischen und subjektiven Folgen der Methoden genetischer Diagnostik heute als »irrational« ab und hält den Fragen, welche die Forscher der Humanwissenschaften aufwerfen, die Unterscheidung zwischen jenen entgegen, die sich der Aufgabe widmen, Krankheit einzudämmen und Leiden zu lindern, und jenen, die durch obskurantistische Ängste alles nur komplizieren.

---

15 Als scharfsinnige Studie über diese Folgen, deren kaum kontrollierbarer Charakter mittlerweile erkannt... jedoch der »Irrationalität« der Öffentlichkeit angelastet wurde, siehe Michel Tort, *Le Désir froid. Procréation artificielle et crise des repères symbolique*, La Découverte, Paris 1992.

8

DAS SUBJEKT UND
DAS OBJEKT

Welche Besonderheit für die Wissenschaften?

Die Analyseinstrumente, mit denen ich mir bis hier beholfen habe, sind unzulänglich, und diese Unzulänglichkeit äußert sich in einer vom politischen Standpunkt aus sehr mißlichen Konsequenz. Ich habe in der Tat meine Beschreibung auf die theoretisch-experimentellen Praktiken zentriert, als würde sich die Definition der Besonderheit der Wissenschaft, die Erfindung der Mittel zur Unterscheidung zwischen Fiktionen, mit der Produktion der von den Laboratorien geschaffenen zuverlässigen Zeugen vermischen. Die mißliche Konsequenz besteht in der scheinbaren Unmöglichkeit, sich den Wissenschaftlern anders zu nähern als aus der Sicht ihrer Verwundbarkeit im Verhältnis zur Macht. Sie sollten ihrer Leidenschaft, »existent zu machen«, Grenzen setzen und ihre Verantwortlichkeiten bei der Wahl der Verbündeten erkennen, die ihnen die Mittel für diese Leidenschaft anbieten.

Es ist nie gut, eine Gruppe durch einen Widerspruch zwischen ihren unmittelbaren Interessen und ethischen und politischen Forderungen, denen sie sich unterwerfen müßten, zu definieren. Die Szene ist zu dramatisch und gibt nichts her, worüber man lachen kann. Hingegen ist es interessant, einen scheinbaren Widerspruch in Spannung zu verwandeln, die der fraglichen Gruppe von nun an innewohnt und in ihr divergente Interessen hervorruft. Gewisse Aspekte der ethischen oder politischen Forderungen können nun zu internen Einsätzen werden, zu Erfindungsvektoren statt zu Motiven der Selbstbeschränkung.

Weitere mißliche Konsequenzen der Quasi-Identifizierung von Wissenschaft und theoretisch-experimenteller Wissenschaft, die ich tatsächlich bis hier akzeptiert habe, werde ich noch erwähnen. Denn man könnte versucht sein, sie zu benutzen, um ein für allemal die Frage nach der Tragweite der Wissenschaften und ihrer Autorität zu regeln. Man könnte sagen, daß es nur dort Wissenschaft gibt, wo die Versuchsanordnung erfunden werden konnte, die in der Lage ist, die Rivalen zum Schweigen zu bringen, eine Situation der Überprüfung herzustellen, deren Einsatz das Darstellungsvermögen ist. Diese mögliche Definition der Wissenschaft ist umso akzeptabler für viele Praktiker der theoretisch-experimentellen Wissenschaften, als sie die Opposition zwischen »Wissenschaft« und »simpler Meinung« verhärtet, die von der experimentellen Inszenierung vorausgesetzt wird. Außerhalb des Urteils der Anordnung gibt es keine Differenzen, nur die Meute der unbestimmt variablen und willkürlichen Meinungen. Diese Definition verurteilt also zur Ohnmacht, sobald es darum geht, die Wissenschaften zu diskutieren, die außerhalb des Laboratoriums entstehen. Zum Beispiel hat sie nachdrücklich die These der amerikanischen »Kreationisten« gefördert, die sich weigern, den biblischen Bericht von der Entstehung der Arten durch den Darwinschen zu ersetzen. Die Kreationisten argumentierten, die Evolutionswissenschaft könne nicht die Bezeichnung Wissenschaft beanspruchen, weil sie sich auf keines der Merkmale berufen könne, welche die Erfindung der theoretisch-experimentellen Macht zum Ausdruck bringen. Und darüber hinaus liefere diese Definition der Wissenschaft keine andere Handhabe als Hohn und Verunglimpfung, wenn es um pseudo-experimentelle Wissenschaften geht, die systematisch Artefakte produzieren.

Wenn das historische Problem, das ein kontingenter Prozeß stellt, in seinem kontingenten Neubeginn mit anderen Gegebenheiten besteht, ist es kein Widerspruch, den wesentlichen Charakter des experimentellen Ereignisses zu behaupten, während man gleichzeitig die Hierarchie der Wissenschaften ansicht, die sich auf das theoretisch-experimentelle Modell gründet. Es geht also darum zu versuchen, die im Hinblick auf die Experimentalwissenschaften geschaffene Besonderheit auf andere Bereiche »auszudehnen«, was zugleich heißt, diese Besonderheit von der Erfindung einer Macht, der Erfindung der Mittel zur Schaffung zuverlässiger Zeugen, abzulösen.

Die Erfindung einer Besonderheit, die abstrakt genug ist, um von ihrem Entstehungsterrain getrennt zu werden, darf nicht mit der Suche nach einer »neuen Wissenschaft« verwechselt werden, zum Beispiel nach jener »holistischen« Wissenschaft, welche die Welt so respektiert, wie sie sich darbietet, und versucht, Spaltungen und Konflikte, mit denen man uns heutzutage ständig in den Ohren liegt, zu versöhnen und zu beheben.[1] Aus der Sicht, die ich vorgeschlagen habe, integriert die wissenschaftliche Tätigkeit eine Form von Politik und Rivalität, sie fördert ein »Engagement«, das Interesse, Wahrheit und Geschichte in einer Weise verbindet, die weder die der traditionellen Wissenschaften, noch die traditionell mit dem weiblichen Bild verknüpfte ist, ganz Sanftheit, Versöhnung, Respekt vor den Gefühlen anderer, Vertrauen in eine zerbrechliche aber tiefgreifende Institution. Deswegen habe ich auch betont, wie interessant die Darlegung Sandra Hardings ist, die den Kampf der feministischen Bewegung mit dem Kontrast zwischen der leidenschaftlichen Tätigkeit Newtons und Galileis zum einen und den Diskursen über die Methode und die Objektivität, die sich darauf berufen, zum anderen in Verbindung bringt. Sollte das »anti-polemische« Bild der Frau der Wahrheit entsprechen, so müßte es den Selbstaus-

---

1 Halten wir bei dieser Gelegenheit fest, daß *La Nouvelle Alliance* publiziert wurde, lange bevor von »neuer Wissenschaft« die Rede war, und sich nicht für eine derartige Perspektive einsetzte. Der Begriff »poetischer Horchposten der Natur« hat jene empört, die »vergaßen«, das Folgende zu lesen: »in dem etymologischen Sinne, in dem der Poet ein Fabrikant ist«. Und die von neuem im Hinblick auf die Physik die Idee der »Fähigkeit«, die Natur zu respektieren, mit der Idee eines Respekts vor der Natur, so wie sie ist, verwechselt haben (Siehe Ilya Prigogine und Isabelle Stengers, *La Nouvelle Alliance. Métamorphose de la science*, neu veröffentlicht in der coll. »Folio/Essais«, Gallimard, Paris, 1986, S. 374).

schluß der »wahren Frauen«, nämlich derjenigen, die ihm entsprechen, aus dem Kreis der Erben des Ereignisses »Erschaffung der modernen Wissenschaften« zur Folge haben, das nunmehr mit einer »männlichen« Auffassung der Wahrheit verbunden wäre. Doch verpflichtet mich meine Position in umgekehrter Weise. Ich werde zeigen müssen, daß die Besonderheit, die ich für die »modernen Wissenschaften« feststelle, tatsächlich Wahrheit und Macht trennt und nicht die These von der »tiefen Spaltung« beglaubigt, in deren Namen wir anerkennen, daß unglücklicherweise die traditionellen Wissenschaften – ein ungleicher Kampf – durch die bloße Existenz der modernen Wissenschaften verurteilt sind.

Die Herausforderung, die ich mir vornehme, nämlich Wissenschaft und Macht voneinander zu trennen, ohne indes Wissenschaft und Polemik zu trennen, läßt sich in der Sprache wiederholen, die das Subjekt und das Objekt trennt. Die klassische Auffassung des Subjekts und des Objekts ist das Produkt einer polemischen Spaltung. »Frei« ist das Subjekt, das sich ein für allemal von der Meinung gereinigt hat. Es kann nur mit Objekten zu tun haben, deren Existenzweise absolut von seiner eigenen unterschieden ist. Es weiß, wie es sich auf diese Objekte zu beziehen hat, auf jeden Fall so, daß diese Beziehung nichts mit der Weise gemeinsam hat, in der es sich auf ein anderes Subjekt bezieht. Auf die eine oder andere Weise sind Macht, Initiative und Frage auf Seiten des Subjekts, während das Objekt auf der Seite der »Sache« steht, um derentwillen die Subjekte diskutieren und urteilen.[2]

Die klassische Unterscheidung zwischen Subjekt und Objekt setzt natürlich die Macht voraus, die des Subjekts nämlich, das fähig ist, das Objekt vor das Tribunal zu zitieren, wo sein Fall diskutiert wird. Das Laboratorium, in dem die Bedingungen für das Zeugnis des Objekts definiert werden und wo dies auf die Probe gestellt wird, ist das Symbol par excellence dieses Tribu-

---

2 Zum mythischen und anthropologischen Auftreten des Objekts siehe Michel Serres, *Statues,* Éditions François Bourin, Paris, 1986.

nals, der Ort, an dem das Vorhergesehene entsprechend den Kategorien verstanden wird, die ein Urteil erlauben. Weitergehend kann man sogar sagen, daß das »Experimentaltribunal« der Ort ist, an dem sich die klassische Unterscheidung zwischen Subjekt und Objekt »stabilisiert hat«, während der philosophische Diskurs, insbesondere der Kants, ihr eine allgemeine Tragweite zusprach.

Aus der Sicht, aus der sich das Experiment als besondere Praxis bestätigt, die nicht voraussetzt, sondern sowohl das Subjekt und das Objekt, als auch ihre Beziehungen *schafft*, kann keine Version dieser Beziehungen, so bereinigt sie auch sei, mehr eine Allgemeingültigkeit anstreben. Was kann aber aus der Unterscheidung zwischen Subjekt und Objekt in den wissenschaftlichen Praktiken werden, die nicht nach dem Experiment ausgerichtet sind? Dies ist keine philosophische Frage mehr, sondern eine den Wissenschaften immanente Frage, das heißt, eine Frage der Praxis.

Muß man, um Wissenschaft und Macht voneinander zu lösen, die Unterscheidung zwischen Subjekt und Objekt anfechten, oder muß man sie modifizieren? Die These, die ich in diesem Kapitel vertreten werde, lautet, daß die Besonderheit der modernen Wissenschaften die Aufrechterhaltung dieser Unterscheidung impliziert, denn aus ihr erwächst das Risiko.[3] Seit dem Moment, da es sich um Wissenschaft handelt, *können* die menschlichen Aussagen nicht mehr gleichwertig sein, und die Erprobung, die eine Differenz zwischen ihnen schaffen *muß*, impliziert die Herstellung einer Bezugnahme, die sie einerseits bezeichnen und die andererseits in der Lage sein *muß*, die Differenz zwischen Wissenschaft und Fiktion zu setzen. Die Unter-

---

3 Die Beibehaltung der Unterscheidung zwischen Subjekt und Objekt impliziert die Beibehaltung der Unterscheidung zwischen wissenschaftlicher und technischer Produktion. Die Erfindung einer technischen Versuchsanordnung kann in keiner Approximation durch die Unterscheidung zwischen Subjekt und Objekt erhellt werden, denn ihr Material und ihr Einsatz bestehen nicht im Orten, was zum einen und was zum anderen gehört, sondern in der Schaffung neuer Verteilungsweisen, die sich durch nichts anderes als durch ihre Möglichkeit rechtfertigen (Siehe Bruno Latour, *Aramis ou l'amour des techniques, op. cit.*).

scheidung zwischen Subjekt und Objekt kann also insofern nicht schlicht und einfach eliminiert werden, als sie dieses Erprobungsverhältnis zum Ausdruck bringt.[4] Es bleibt jedoch die Frage offen, was eigentlich dieser Erprobung unterzogen werden muß. Diese Frage verbindet sich mit Sandra Hardings These über den Zusammenhang zwischen »Objektivität« und kritischer Infragestellung der Beziehung zwischen der »sozialen Erfahrung« der Wissenschaftler und den durch ihr Vorgehen bevorzugten »Typen kognitiver Strukturen«, also durch die wissenschaftlichen Praktiken selbst. Hardings These wahrt die Unterscheidung zwischen Subjekt und Objekt, modifiziert jedoch deren Sinn: Sie wird nicht als ein Recht anerkannt, sondern als ein Risikovektor, ein »Dezentrierungs«-Faktor. Sie schreibt dem Subjekt nicht das Recht zu, das Objekt zu kennen, sondern dem Objekt die (zu konstruierende) Macht, das Subjekt zu erproben.

Die abstrakte Definition der Besonderheit der modernen wissenschaftlichen Praktiken, die ich vorschlagen werde, lautet also folgendermaßen: Wenn es nicht mehr darum geht, die Macht der Fiktion zu besiegen, *so geht es stets darum, sie zu erproben,* also die

---

4 Die konstruktivistische These, derzufolge jedes Experimentieren »performativ« ist, das heißt, aktiv erschafft, was bei ihm die Stellung des Objekts einnimmt, ist vom philosophischen Standpunkt aus »wahr« und vom praktischen aus katastrophal. Sie kann, wenn diese Unterscheidung zwischen Standpunkten außer acht gelassen wird, zur Schwächung jeglichen Widerstandes gegen die wissenschaftlichen »Pathologien« führen. Nehmen wir zum Beispiel die in den Vereinigten Staaten eröffnete Debatte über multiple Persönlichkeiten – werden sie durch die Behandlung, die sie enthüllen soll, erzeugt oder nicht: Der Konstruktivist könnte versucht sein, im Namen der Tatsache, daß eine Behandlung niemals etwas »enthüllt« hat, was vor ihr bestand, in Hohngelächter auszubrechen. Doch berücksichtigt er dann nicht, daß die Spezialisten für multiple Persönlichkeiten wiederum glauben, ihre Behandlung gäbe einer »wahrhaft wahren« Wahrheit die Macht, sich zu manifestieren, und ihre gesamte Praxis rechtfertige sich durch dieses »wahrhaft Wahre«. Philosophisch stellt das Problem der multiplen Persönlichkeit zweifellos in Frage, was wir unter »Persönlichkeit« verstehen, Artefakt oder innerste Wahrheit (siehe zu diesem Thema Mikkel Borch-Jacobsen, »Pour introduire à la personnalité multiple«, in *Importance de l'hypnose,* unter der Leitung von Isabelle Stengers, coll. »Les empêcheurs de penser en rond«, Synthélabo, Paris, 1993). Praktisch muß dieses Problem auf dem Terrain diskutiert werden, wo es sich stellt, das heißt, einem Terrain, das durch die Autorität des »wahrhaft Wahren« konstituiert ist.

Gründe, die wir erfinden, einem Dritten zu unterwerfen, das sie in Gefahr bringen kann. Mit anderen Worten, es geht immer darum, die Praktiken zu erfinden, die unsere Meinungen im Verhältnis zu etwas angreifbar machen, das sich nicht auf eine andere Meinung reduzieren läßt. Wenn, wie die Sophisten sagten, »der Mensch das Maß aller Dinge ist«, so geht es immer darum, die Praktiken zu erfinden, dank deren diese Aussage ihren statischen, relativistischen Charakter verliert und in eine Dynamik eintritt, in der weder der Mensch noch die Sache das Maß beherrschen, sondern in der es die Erfindung neuer Maße, das heißt, neuer Beziehungen und neuer Erprobungen ist, welche dem Menschen und der Sache die jeweiligen Identitäten zuteilt.

Um zu zeigen, daß diese Besonderheit tatsächlich unablässig von der Geschichte der modernen Wissenschaften neu erfunden wird, mit anderen Gegebenheiten, das heißt auch, mit anderen Mitteln und anderen Modalitäten des Engagements, werde ich zunächst ein Problem auswählen, das sich heute im Innersten der theoretisch-experimentellen Wissenschaften selbst stellt. Es geht um einen neuen Typ von Protagonisten, die jede Unterscheidungsmöglichkeit zwischen Theorie und Modell in Frage stellen.

Mathematische Fiktionen

Die Unterscheidung zwischen Theorie und Modell, die von einem epistemologischen Standpunkt aus artifiziell erscheinen mag, hat meist vom Standpunkt der kollektiven Praxis der Wissenschaften einen sehr klaren Sinn. Ein Modell definiert sich, offiziell jedenfalls, durch das Fehlen eines Urteilsanspruchs: Es bekundet das Fehlen des Kräfteverhältnisses, das es ihm gestatten würde, sich als Repräsentant des Phänomens darzustellen, und kann dementsprechend ausdrücklich an die Entscheidungen eines Autors gebunden sein. Mehrere, von unterschiedlichen

Variablen definierte Modelle für ein und dasselbe Phänomen können problemlos nebeneinander bestehen, wobei jedes seine besondere Gültigkeitszone oder seine spezifischen Vorzüge hat.

Wie soll man in den von uns eingeführten Begriffen den Gebrauch der Modelle verstehen? Die Modelle besagen selbst, daß sie Fiktionen sind und als solche behandelt werden müssen. Doch stellen sie zugleich eine Art von Erprobung der Fiktionen dar, die nicht die Rivalen eliminieren, sondern die Konsequenzen verfolgen und verdeutlichen soll. Daher läßt sich *Erewhon* von Samuel Butler als Modell betrachten, nämlich als Hypothese einer Verkehrung unserer Kategorien hinsichtlich derer, denen geholfen werden sollte, und derer, die man verurteilen sollte. Was bringt uns das? Was würde sich in einer Gesellschaft, oder genauer in der viktorianischen, wie Butler sie begreift, verändern oder unverändert bleiben?

Seit dem Mittelalter hat diese geregelte, erforschende Verwendung der Fiktion in der Mathematik ein Vorzugsinstrument erblickt. Nehmen wir die Barmherzigkeit, eine »gleichförmig unförmige« Größe (die sich auf lineare Weise im Verhältnis zu einer extensiven Variablen, hier der Zeit, verändert). Wozu berechtigt diese Definition? Was erlaubt sie, von all den Aussagen, die wir über die Barmherzigkeit machen können, zu »retten«, das heißt, als Konsequenz zu reproduzieren?

Zweifellos um sich von diesem Gebrauch der Mathematik abzusetzen, hat sich Galilei derart bemüht zu betonen, daß seine mathematische Definition der gleichförmig beschleunigten Bewegung keine Fiktion sei, die sich einem Autor verdankt. Das Phänomen, das er erfunden hat, vermag die Gegeninterpretationen zum Schweigen zu bringen, weil es praktisch in Begriffen von Variablen definiert ist, die erlauben, es gleichzeitig zu beschreiben und zu kontrollieren: Es sind die Abwandlungen, durch die das Phänomen auf die Wertveränderungen dieser Variablen reagiert, welche die Legitimität dessen bestätigen, was es repräsentiert. In diesem Sinne ist die Verbindung zwischen mathematischer und experimenteller Repräsentation kein sehr tiefgründiges Geheimnis. Jedesmal, wenn ein »zuverlässiger Zeuge« entsteht, der in der

Lage ist, seinen Repräsentanten zu bezeichnen, gründet sich ebenfalls eine Repräsentation mathematischen Typs, die ihr Zeugnis als eine Funktion der Variablen, durch deren Vermittlung es befragt wird, in Szene setzt. Der Gebrauch der Mathematik, der die mathematische Repräsentation weder zum Ausdruck bringt, noch ihr irgendeine Macht überträgt, verweist uns also auf eine andere mögliche Geschichte, in der die Mathematik vor allem Verbindungen mit den spekulativen Kräften der Imagination und nicht mit einer »theoretischen Wahrheit« der Welt herstellt. Diese Geschichte ist im übrigen in der unseren ebenso gegenwärtig wie in der Geschichte der Experimentalwissenschaften, denn in ihnen hat die mathematische Imagination unablässig die Möglichkeiten oder Notwendigkeiten der Repräsentation des Objekts überschritten. Doch wohnen wir im Laufe dieser letzten Jahre der Produktion einer neuen Möglichkeit von Geschichte bei. In den Augen einiger könnte die Verwendung der Mathematik als Fiktionsinstrument sehr wohl die neue Zukunft ausmachen, die unsere »galileische« Vergangenheit und Gegenwart in den Stand einer Übergangsperiode verweisen würde, deren Parenthese sich nun schließen könnte.

Diese neue Sichtweise ist an die Entwicklung der Techniken der Informatik gebunden. Denn die Macht des Computers als Simulationsinstrument bringt unter den Wissenschaftlern eine Spezies hervor, die man »neue Sophisten« nennen könnte, Forscher, deren Engagement sich nicht mehr auf eine Wahrheit bezieht, welche die Fiktionen zum Schweigen bringt, sondern auf die Möglichkeit, die mathematische Fiktion zu konstruieren, durch die jedes beliebige Phänomen reproduziert werden kann.

Wenn zum Beispiel Steve Wolfram schreibt, daß das Universum ein gigantischer Computer sein könnte,[5] so muß man zunächst verstehen, daß ein derartiges Universum nicht länger verspricht, eine Richterposition zu begründen; es kann nicht weiterhin einer Theorie zusprechen, sie vereinheitliche ein ver-

5 Siehe Ed Regis, *Who Got Einstein's Office?*, Addison-Wesley Pub. Comp., Reading (Mass.), 1988.

schiedengestaltiges Feld unter einem hierarchisierenden Gesichtspunkt, der das Wesentliche von der Anekdote trennt. Denn das Computer-Universum stellt ein direktes Verhältnis zwischen Phänomen und Simulation her, ohne ein Jenseits der Simulation, ohne Theorieversprechen jenseits der Modelle. Es stellt das Ideal einer auf ideale Weise wandelbaren Matrix dar, die in der Lage ist, alle möglichen Evolutionen hervorzubringen.

Die Computersimulationen legen nicht nur einen Anbruch der fiktionalen Verwendung der Mathematik nahe, sie stürzen gleichzeitig die Hierarchie zwischen gereinigtem Phänomen, das auf die von der experimentellen Repräsentation erfundene ideale Intelligibilität reagiert, und anekdotischen Komplikationen. Denn was die Simulation vereinnahmt, wird von ihr auf ein und dieselbe Stufe gestellt: Die »Gesetze« werden zu Zwängen, deren Auswirkungen unabhängig von den Umständen, die aus jeder Simulation einen neuen Fall machen, von keinerlei Interesse sind. Mehr noch, die Definition des »Falls« selbst wahrt von der mathematischen Repräsentation nur den Zwang einer präzisen, formalisierbaren Definition der Relationen und nicht notwendig den einer Definition der Variablen, die der Möglichkeit einer experimentellen Kontrolle entsprechen würde. Die Kunst des Simulators ist die des Szenario-Schreibers: Er setzt eine Vielfalt *disparater* Elemente[6] in Szene, definiert auf eine narrative, zeitliche »Wenn-dann«-Weise, wie diese Elemente zusammenspielen, und verfolgt dann die Geschichten, die diese narrative Matrix hervorzubringen vermag. Diese Geschichten sind es, die die Matrix auf die Probe stellen und aus der Simulation ein Experiment mit unseren Aussagen machen. Sie »setzen sie in Handlung um«, ohne uns die Möglichkeit zu geben, einzugreifen und die Erzählung in eine Richtung zu lenken, die wir wünschen oder für plausibel halten. Mit anderen Worten, das Charakteristikum der mathematischen Sprache, die Tatsache, daß die Aussagen *bindend sind*, erstreckt sich hier auf die Gesamtheit der

6 Die gegebenenfalls auf verschiedene Disziplinen Bezug nehmen, was die Simulation zu einer »interdisziplinären« Praxis machen kann.

Beschreibungen, die wir für die »Erklärung« eines Prozesses halten, und stellt sie auf die Probe: Die Erklärung kann enthüllen, daß sie natürlich das implizierte, worauf sie abzielte; aber vielleicht enthüllt sie auch, unter geringfügig anderen Umständen, einen ganz anderen Prozeß, oder sogar, bei entsprechend chaotischer »Dynamik«, alles nur irgend Mögliche.

Wenn die Simulation auf eine neue, experimentelle Weise Beschreibung, Erklärung und Fiktion mitteilen kann, und dies auf allen Gebieten, auf denen ein Autor glaubt, »Gründe« für eine Geschichte vorschlagen zu können, wirft sie in den theoretisch-experimentellen Feldern ein spezifisches Problem auf. Nicht ohne Grund wird hier die Notwendigkeit einer »Ethik« der Simulation diskutiert, denn die Art und Weise, auf die das Programm die Gesetze »schmuggelt«, ihre Tragweite aushandelt, statt deren Macht zum Ausdruck zu bringen, stellt den Modus wechselseitiger Verpflichtung zwischen Vorgehen, Wahrheit und Wirklichkeit in Frage. Das Informatik-Labor ist in der Tat weit rascher, anpassungsfähiger und gefügiger als das materielle Laboratorium. Man kann darin Phänomene inszenieren, die man im herkömmlichen Laboratorium nicht erzeugen könnte; man kann Maßstäbe erweitern, andere verkleinern, das Verhalten einer Bevölkerung von tausend Molekülen simulieren oder ein Kristall mit einzigartigen Defekten interessanten Prüfungen unterziehen. Doch welche Entsprechung gibt es zu einem »Experiment«, das an einem »virtuellen« Kristall ausgeführt wurde? Erzeugt es eine Fiktion, oder berechtigt es zu einer experimentellen Aussage? Wie soll man mit Aussagen vom Typ »das Experiment beweist, daß …« umgehen, wenn es sich nicht mehr um ein Ereignis handelt, eine erworbene Beziehung zwischen den Wörtern und den Dingen, sondern um eine Szene, die gänzlich in Begriffen von Repräsentationen definiert ist?

Die »Affäre Galilei« setzte die Experimentalwissenschaften gegen die Macht der Fiktion ein, gegen die Idee, die einzige rationale Berufung einer Theorie sei es, »die Phänomene zu retten«, was heißt, sie zu simulieren, ohne vorzugeben, daß man ihren Sinn durchdringt. Seither ist die Möglichkeit einer Geschichte denkbar, in der die noch offene Parenthese im Begriff ist, sich zu schließen, in der die Macht der Fiktion, die vom experimentellen Ereignis bestätigt und besiegt wurde, wieder zum Horizont der wissenschaftlichen Praktiken würde. Diese neue Möglichkeit stellt für die Wissenschaftler selbst ein politisches Problem dar: Wie soll man die Verhältnisse zwischen den Abkömmlingen zweier Laboratoriumstypen und damit divergierender Verpflichtungen regeln? Doch trägt sie von nun an zur Wandlung der Verhaltensweise gewisser Schlüsseleinsätze in der Geschichte der modernen Wissenschaften bei, das heißt, zur Einführung einer Form von Humor, wo zuvor die tragische Ästhetik einer Reduktionswissenschaft herrschte, die der Nivellierung der Differenzen gewidmet war.

Bezeichnend ist beispielsweise gerade jetzt das Entstehen eines wissenschaftlichen Feldes, das *artificial life* getauft wurde. Künstliches Leben zu erschaffen, war der Traum des Experimentators, die Demonstration der Macht, die der Mensch über seine eigenen Erzeugungsbedingungen gewonnen zu haben scheint. Nun versammelt aber dieses Feld heute eine Menge unterschiedlicher Wissenschaftler, darunter all jene, denen es dank der jüngsten Techniken (Roboter, Computersimulation) gelungen ist, ein Merkmal eines Lebewesens einzufangen und zu reproduzieren. Es geht nicht mehr um Reduktion sondern um reichliche Vermehrung; dementsprechend werden die Bündnisse nicht mehr »auf dem Gipfel« geschlossen: Keine Disziplin ist mehr Königin, Ort der Verheißung, wo das Leben zum Wissenschaftsobjekt wird. Roboterfachleute und Simulatoren interessieren sich leidenschaftlich dafür, was die Ethologen über ein bestimmtes Verhaltensmerkmal einer bestimmten Art unter bestimmten Umständen wissen. Der Kunstgriff macht etwas existent, und dazu bedarf er einer haargenauen Beschreibung dessen, worauf er abzielt, aber er versucht nicht zu beweisen. Er stellt jedoch die simplistischen Fiktionen auf die Probe, die den großen Überblick über ein Leben ermöglichen sollten, dessen Geheimnis zu Tage gefördert werden könnte, indem er die Beziehungen zwischen Erklärung und ausführender Umsetzung auf die Probe stellt: »Wenn wirklich, ›um dies zu tun, nur nötig ist, daß ...‹, dann konstruieren Sie mir das, was durch seine Aktivität ›tun wird‹, was Sie erklärt zu haben glauben.«

Daß die Simulationswissenschaften die Partei des Verschiedenartigen ergreifen konnten und nicht die der Reduktion auf das Selbe, ist an sich noch keine Garantie für Harmlosigkeit. Auch wenn die Roboter nicht mehr der Aufgabe einer Reproduktion des Lebens nachkommen, sondern der Erfindung von Mitteln, das eine oder andere seiner Merkmale an eine maschinelle Anordnung zu delegieren, so sind sie dadurch dennoch nicht freundlich und friedfertig geworden. Neu ist vielmehr, daß hier das theoretisch-experimentelle Vorgehen mit anderen erfinderischen und gewagten Praktiken konfrontiert ist, die allein schon durch ihre Existenz die Macht der Wahrheit, die dieses Vorgehen definiert, in Frage stellt. Es geht nicht darum, auf die Unterscheidung zwischen »Artefakt« und »zu Demonstrationszwecken geschaffenes Faktum« zu verzichten, sondern sich für etwas anderes zu interessieren, nämlich für das Artefakt als solches, das ebenfalls fähig ist, im Hinblick auf die Erklärungsmöglichkeiten zwischen den menschlichen Fiktionen zu unterscheiden. Weil diese Wissenschaften Spitzentechniken anwenden, ist es schwierig, sie in Begriffen von Fehler, Hindernis oder Mangel an Reife zu beurteilen. Durch ihre Bündnisse mit den Feldspezialisten, die als einzige in der Lage sind, ihnen die für sie besonders interessanten Merkmale zu liefern, stürzen sie in der Tat seither die Ordnung der Disziplinen um. Und ebenso wie Stephen J. Gould im Namen der Feldwissenschaften (in *Wonderful Life*) stellen die Simulationswissenschaften das theoretisch-experimentelle Modell leidenschaftlich in Frage.[7]

7 *Wonderful Life: The Burgess Shale and the Nature of History,* Norton, New York, 1989

Darwins Erben

Seit Jahren veröffentlicht Stephen J. Gould Bücher, deren Titel – »The Panda's Thumb«[8], »The Flamingo's Smile«[9], »Hen's Teeth and Horse's Toes«[10] – selbst schon Manifeste für die erstaunliche Neuheit der Evolutionsbiologie, Darwins Erbin, darstellen. Eine Neuheit im Verhältnis zu zwei unterschiedlichen Traditionen, der theoretisch-experimentellen Wissenschaft zum einen und der technisch-sozialen Auffassung der Lebewesen, die mindestens seit Aristoteles vorherrscht, zum anderen. Beurteilt man sie vom theoretisch-experimentellen Modell ausgehend, so kann man sich fragen, ob die Darwinsche Biologie wirklich eine Wissenschaft ist. Die amerikanischen Kreationisten haben sich nicht geirrt, wenn sie sich an ihr schadlos hielten und nicht, wie die Kirche zur Zeit Galileis, an der Astronomie. Welche »Theorie« haben die Darwinisten zu ihren Gunsten vorzuweisen, die ihr Urteilsvermögen beglaubigen würde, ihre Fähigkeit, in einer Episode der Evolution das Wesentliche von der Anekdote zu unterscheiden? Haben sich nicht die großen, scheinbar erklärenden Begriffe – Anpassung, Überleben des Tauglichsten etc. – als a priori bar jeden Erklärungsvermögens erwiesen: als simple Wörter, die eine Geschichte kommentierten, nachdem diese rekonstituiert worden ist?

Aus der Perspektive der traditionellen Fragen, die sich aus der Differenz zwischen den Lebewesen und den Nicht-Lebewesen ergeben, erscheint die Darwinsche Antwort genauso schwach. Wieviele Kritiker haben das nicht am Problem des Auges durchgespielt: Wie kann ein kontingenter Prozeß wie der, den Darwin heraufbeschwört, solch eine Vorrichtung wie das Auge hervorbringen, wenn man weiß, daß dieses Organ durch den geringsten Fehler jede Brauchbarkeit verlieren würde? Das Auge repräsentiert par excellence die »technisch-soziale« Auffassung vom Lebewesen. Es fordert seine Definition als Instrument, als Mittel

8 *The Panda's Thumb: More Reflections in Natural History*, Norton, New York, 1980.
9 *The Flamingo's Smile: Reflections in Natural History*, Norton, New York, 1985.
10 *Hen's Teeth and Horse's Toes*, Norton, New York, 1983.

zu einem Zweck. Das Auge ist zum Sehen gemacht. Es fordert eine Auffassung vom Lebewesen, die das Ideal einer von harmonischer Arbeitsteilung gelenkten Gesellschaft abbilden würde. Jedes Organ leistet, genauso wie das Auge, was es zum Allerbesten des Organismus zu leisten hat, und dieser wiederum verleiht seinen Teilen ihre endgültige Intelligibilität. Wie soll man nicht eine Form von zweckbestimmender Macht in Anspruch nehmen, um dieser Harmonie Rechnung zu tragen?

Es gibt unter den Erben Darwins Biologen, die diese Herausforderung als solche annehmen. Dies sind die sogenannten Neo-Darwinisten, die der Darwinschen Auslese eine derart erschöpfende Macht zumessen, daß sie ihr den Platz des Großen Ingenieurs einräumen, der den Organismus im Hinblick auf seine wohlverstandenen Interessen geplant hätte. Was auch immer das Merkmal eines beliebigen Lebewesens sein mag, seine Daseinsberechtigung ist die Auslese, die im Innern der wuchernden Vielfalt der Mutanten wirkt. Gould hat diese Form von Darwinismus »Panglossische Anpassung« getauft. »Alles steht zum Besten in der besten der Welten«, wiederholte Dr. Pangloss Candide gegenüber. Jedes Merkmal des Lebewesens muß nützlich sein oder gewesen sein, denn seine Nützlichkeit ist es, die seine Auswahl erklärt, sagen die Neo-Darwinisten.[11]

Die Kritik des »adaptionistischen Paradigmas« entwickelt sich nicht im Namen eines anderen Paradigmas, sondern stellt vielmehr den Abschied der Evolutionswissenschaft von dem Bestreben dar, überhaupt nach einem Paradigma zu urteilen. Denn dieses Bestreben lag der Macht zugrunde, die der Auslese zugestanden wurde: Wenn sie *die einzige* Instanz ist, die auf legitime Weise dem Bestehenden Sinn verleihen kann, dann rechtfertigt sie die Eliminierung all dessen als Täuschung, was mit dem von Darwin erfundenen Typ von Zeitlichkeit unvereinbar scheint.

11 Siehe den inzwischen klassischen Artikel von Stephen J. Gould und Richard C. Lewontin, »The Spandrels of San Marco and the Panglossian Paradigm: a Critique of the Adaptionist Programme«, in *Proceedings of the Royal Society, London,* B205, 1979, S. 581–598.

Die Hauptinnovation Darwins war zweifellos die Erfindung der Geschichte der Lebewesen als *langsame* Geschichte, als »treibende«, sagte er, in dem Sinne, als ihr der Motor abgeht, den eine innere, dem Leben eigene Anpassungsfähigkeit oder das Erbe der von Lamarck vorgeschlagenen erworbenen Eigenschaften gebildet hätte. Und eben im Namen dieser Langsamkeit, des kontinuierlichen und unendlich fortschreitenden Vorgangs der Auslese, hatte Darwin die Angaben der Paläontologie als täuschend abgelehnt, denn sie scheinen von (nach Maßgabe der geologischen Zeiten) »plötzlichen« Mutationen zu zeugen. Die Theorie der von Gould und Eldredge betonten Gleichgewichte hat dieses Urteil angezweifelt und impliziert, daß die Paläontologie Problemquelle werden kann, statt von der »adaptionistischen« Erzählung abhängig gemacht zu werden. Im selben Sinne stellt die These, derzufolge Massenvernichtungen die Geschichte der Lebewesen skandieren würden, jegliche adaptionistische Moral in Frage: Schluß mit den monotonen und dürftigen Geschichten, deren Moral sich so gut unseren natürlichen Urteilen anschließen würde. Nein, die Säugetiere haben die Dinosaurier nicht besiegt, weil diese zu ungeschlacht, zu dumm, eine Sackgasse der Evolution waren, während die Säugetiere, die zu uns führen, bereits die Überlegenheit, die uns auszeichnet, an den Tag legten.

Wenn die Auslese nicht allmächtig ist, wenn sie es nicht erlaubt, eine Sicht zu konstruieren, aus der sämtliche Fälle auf dasselbe hinauslaufen würden, dieselbe adaptionistische Moral hätten, dann verliert der Biologe sein Urteilsvermögen und muß lernen zu erzählen. Wir kommen hier zu einer den *Feldwissenschaften* eigenen Problematik, die sie von den Laborwissenschaften unterscheidet. Man findet bei der Arbeit im »Feld«, in den Tiefen des Ozeans, in den Museen, wo die gesammelten Fossilien untersucht werden, in den Wäldern, wo die Proben gewonnen werden, ebenso raffinierte Instrumente wie in einem Experimentallabor, ebenso viel an Erfindung, was die Bedeutung eines Maßes betrifft. Doch findet man keine Versuchsanordnungen im Galileischen Sinne, die dem Wissenschaftler die Macht gäben, seine eigene Frage in Szene zu setzen, das heißt, ein Phänomen so zu bearbeiten, daß es imstande ist, zu diesem Thema Zeugnis abzulegen; die Instrumente des Naturforschers oder des Feldwissenschaftlers geben ihm die Möglichkeit, *Indizien* zu sammeln, die ihn dann bei seinem Versuch führen, eine *konkrete* Situation wiederherzustellen, Beziehungen zu identifizieren und nicht ein Phänomen wie eine mit ihren unabhängigen Variablen versehene Funktion darzustellen.[12] Gewiß, das Indiz kann ebensowenig wie das experimentelle Zeugnis als neutral, als unabhängig vom Interesse eines Autors und seinen Antizipationen definiert werden. Doch weiß der Autor hier, daß sein Feld aus ihm keinen Richter machen wird. Kein Feld kann für alle gelten, keines kann »Fakten« im experimentellen Sinne des Begriffs autorisieren. Was ein Feld zu behaupten erlaubt, *dem kann ein anderes Feld widersprechen,* ohne daß jedoch eines der Zeugnisse falsch wäre oder ohne daß die beiden Situationen als in sich unterschiedlich beurteilt werden können. Andere Umstände waren im Spiel. Sämtliche Zeugnisse über die Darwinsche Auslese können nicht die anderen Zeugnisse zum Schweigen bringen, die die Allgemeinheit ihres Erklärungsvermögens in Zweifel ziehen. Der Evolutionsbiologe weiß nicht mehr a priori, wie die Auslese in jedem einzelnen Fall funktioniert, noch vor allem, was sich der Auslese verdankt.

Wonderful Life von Stephen J. Gould läßt sich aus mehr als einem Grund mit Galileis *Dialog* vergleichen. Die Macht, die herausgefordert wird, ist hier nicht Rom, sondern das Modell der theoretisch-experimentellen Wissenschaften. Die Evolutionswissenschaft lernt es, ihre Besonderheit als *historische Wissenschaft* den Experimentatoren gegenüber zu behaupten, die dort, wo es keine »Faktenproduktion« gibt, nur eine Tätigkeit vom Typ »Briefmarkensammeln« erblicken können.

Die darwinistischen Erzählungen kranken heute nicht mehr

12 Siehe zu diesem Thema die Gegenüberstellung von Beweiswissenschaften und Indizienwissenschaften, die Carlo Ginzburg vorschlägt, »Signes traces pistes«, in *Le Débat,* N. 6, 1980, S. 2–44.

an der moralisierenden Monotonie, die dem »Besten« den Sieg verhieß. Sie lassen immer heterogenere Elemente eingreifen, welche die Erzählhandlung unablässig komplizieren und individualisieren. Die Lebewesen sind nicht mehr »Gegenstände der darwinistischen Darstellung«, die nach Kategorien beurteilt werden, welche das Wesentliche von der Anekdote trennen. Die »Begriffe« der Anpassung, des Überlebens des Fähigsten haben nicht mehr die Macht, dem Wissenschaftler die Voraussicht zu ermöglichen, wie sie in einer bestimmten Situation anwendbar sind. Keine Ursache hat in den darwinistischen Geschichten mehr an sich die Macht, etwas zu verursachen, eine jede ist in eine Geschichte einbegriffen, und von eben dieser Geschichte erhält sie ihre Identität als Ursache. Jeder Zeuge, jede Gruppe von Lebewesen wird von nun an als etwas betrachtet, das eine besondere und lokale Geschichte zu erzählen hat. Die Wissenschaftler sind hier keine Richter mehr, sondern Ermittler, und die Fiktionen, die sie vorschlagen, haben den Stil von Kriminalromanen und beinhalten zunehmend überraschendere Verwicklungen. Die darwinistischen Erzähler arbeiten zusammen, aber in der Weise von Autoren, deren Verwicklungen sich überbieten, lernen sie voneinander, immer disparatere Ursachen einzuführen und jeder Ursache zu mißtrauen, die mit dem Anspruch auftreten würde, zu bestimmen, wie sie verursacht. Kurz, dem zu mißtrauen, was sich entsprechend als Falle erweist: den verschiedenen Assimilationsweisen der Geschichte an einen Fortschritt. In *Wonderful Life* wird die »Rolle« des Simplicio von »unseren Denkgewohnheiten« gespielt, die stets dazu neigen, das, was geschehen ist, zu definieren als das, was geschehen mußte.

Die Besonderheit, die ich als Definition der modernen Wissenschaften vorgeschlagen habe, nämlich die Mittel zu erfinden, um die Macht der Fiktion zu problematisieren und zu gefährden, ist hier also unzweifelhaft mit anderen Gegebenheiten neu erfunden. Während die Versuchsanordnung ein Engagement einführte, das man unter das Zeichen der »Urteilsmacht« setzen kann, schreibt sich die Besonderheit des »darwinistischen Biologen« in eine Strategie der Dezentrierung und der »Demoralisierung« ein: Ziel des Vorgehens ist es, der Realität aktiv zu gestatten, unsere Fiktionen auf die Probe zu stellen, doch erhält sie das Mittel, zu intervenieren und differenzieren, nur in einer Bewegung der »Demoralisierung« der Geschichte.

Die Geschichte demoralisieren

Moral muß hier so verstanden werden, daß eine »moralische« Erklärung eine Ursache sucht, die der Erklärung »würdig« ist und die Rechtfertigung ihrer Wirkung in sich trägt: »besser angepaßt«, »fähiger« ... Die Moral schreibt sich seither stets in eine progressive Perspektive ein und neigt meist dazu, den Menschen in den Mittelpunkt der Geschichte zu rücken. Wie soll man der Versuchung widerstehen zu meinen, zwischen den Dinosauriern und den Säugetieren derselben Zeit müßte es einen Unterschied geben, der würdig sei, das Verschwinden ersterer und die Geschichte, die von letzteren zu uns führt, zu erklären. Im darwinistischen Sinne greift die Realität insofern ein, als sie uns für *etwas anderes als das, was auf uns verweist,* interessiert, obwohl es um das Verstehen der Geschichte geht, die zu uns geführt hat.

Und tatsächlich können die »Evolutionisten« uns immer noch nicht erzählen, wie ein Auge entstanden ist, aber es ist ihnen gelungen, mit den Lebewesen in einer Weise »Geschichte zu machen«, die unseren Blick auf sie neu erfindet. Die darwinistische Effektivität ist die Möglichkeit, wie die Titel der verschiedenen Aufsatzsammlungen Goulds betonen, sich für »bizarre« Züge der Natur zu interessieren. Das Auge wird später kommen, wenn wir in der Lage sind, es von seinem Bild als Instrument zu einem Zweck zu befreien und es in weit bizarreren historischen Begriffen zu verstehen. Solange wir das Auge nicht als Produkt einer Geschichte sehen können, lassen wir es beiseite und interessieren uns für den Daumen des Panda, das Lächeln des Flamingo, die Wanderung der Schildkröten, all das, was wir nicht sähen, solange wir das Leben in Begriffen des Zwecks denken würden. Wahrheit, Realität und Vorgehen verpflichten sich wechselseitig in einem Unternehmen, das dort, wo wir durch Urteil verstanden, Erzählungen schafft.[13]

Das Vorgehen des In-Erzählung-Setzens ist ebenso *gewagt* wie das des Experimentators. Es unterliegt der stets gegenwärtigen Möglichkeit, ein Artefakt zu schaffen. Das spezifische Risiko des Erzählers rührt von der Vermehrung der Indizien her, die bekanntlich die Macht der Fiktion ebenso nähren wie einengen können. Vom *Namen der Rose*, worin Pseudo-Indizien, die Beziehung zwischen den Umständen der ersten Verbrechen und der Entwicklung der Apokalypse, sowohl den Ermittler wie den Kriminellen leiten, bis zum *Foucaultschen Pendel*, in dem eine simple Bestelliste die Geheimgesellschaft existent macht, deren Existenz sie zu enthüllen schien, hat Umberto Eco sich zum Mythologen dieses neuen Typs von Artefakt gemacht.

Und das von der Ungewißheit der Indizien aufgeworfene Problem wird von demjenigen verdoppelt, das der instabile, für die geringste quantitative Abwandlung empfängliche Charakter der Simulationsmodelle aufwirft. So sieht der neue Risikohorizont aus, den heute jene Wissenschaftler, die man die »Historiker der Erde« nennen könnte, eröffnet haben und den die zeitgenössischen Kontroversen um den »Treibhauseffekt« wunderbar illustrieren.

Die Geschichte der Erde wird seither eher in Szene gesetzt als einem Urteil unterworfen, und diese Neuheit kommt im Auftreten von Wissenschaftlern zum Ausdruck, die durch ein Engagement neuen Typs auf den Plan gerufen wurden, das heute umstritten ist, denn es scheint sie zu veranlassen, in Geschichten einzugreifen, welche die Wissenschaftler »nichts angehen dürften«. Am Anfang dieser sehr interessanten Geschichte stand die 1979 von einem Physiker und einem Geologen, Luis Alvarez

---

13 Man wird sich nicht wundern, daß die Paläoanthropologie ein Vorzugsbereich für die »Demoralisierung« der Geschichte ist, in dem Fall derjenigen, die zum Auftreten des *Homo sapiens* führte. Siehe dazu Roger Lewin, *Bones of Contention*, Simon and Schuster, New York, 1987 (hg. in Penguin Books, 1991).

und seinem Sohn Walter, vorgeschlagene Herstellung einer Beziehung zwischen einem Indiz, einer dünnen Iridium-Schicht, die auf bemerkenswert gleichmäßige Weise in den geologischen Schichten verteilt ist, die dem Ende der Kreidezeit entsprechen, und einem »Makro-Faktum«, der offenbar brutalen Auslöschung von 65 % bis 70 % der lebenden Arten,[14] unter ihnen die Dinosaurier, die in derselben Epoche stattfand. Hat wirklich zu jener Zeit ein Riesenmeteor die Erde getroffen? Konnte der Zusammenstoß eine weltweite Umwandlung der meteorologischen Verhältnisse auslösen? Konnte diese Umwandlung die Auslöschung der betroffenen Arten hervorrufen? Das von den Alvarez' ausgedachte Szenario ist wesensgemäß interdisziplinär, da es einen Bericht zur Folge hat, der Sonnenströmung, Klimawechsel, meteorologische Verhältnisse, Verhalten von Staubwolken, Kraterforschung, Statistiken über die Ausrottungen, paläontologische Ausgrabungen etc. einbezieht. Es bildet ebenfalls in dem Sinne ein hervorragendes Feld für die Computersimulation, als diese, wie wir gesehen haben, von Natur aus interdisziplinär ist und das Spiel verschiedenartiger Aktanten[15] umfaßt. Aber es war für ein wissenschaftliches Kollektiv ebenfalls Anlaß, die Besonderheit seiner Praxis, und die Möglichkeit neuer Beziehungen zwischen menschlichen Geschichten und Geschichten der von den Wissenschaften inszenierten Prozesse zu erkennen. Und das zunächst anhand einer unerwarteten Frage: Könnten die anläßlich der Hypothese der Alvarez' erzeugten Simulationen nicht im Falle eines nuklearen Krieges (wieder) aktuell werden?

Die Frage des »nuklearen Winters«, die 1983 zum erstenmal aufgeworfen wurde, hat Biologen, Meteorologen und mathema-

---

14 Siehe dazu David M. Raup, *Extinction. Bad Genes or Bad Luck?*, Oxford University Press, Oxford, 1993.

15 Ein von Bruno Latour vorgeschlagener Terminus, um in derselben Weise von Menschen und Nicht-Menschen sprechen zu können, die eine kontroverse Situation verbindet. Oder hier eine Computer-Simulation. Die Definition des Aktanten steht im Verhältnis zur Szene, in der er agiert; sie kann sich im Laufe der Erzählung wandeln und die Gestalt verschiedener *Akteure* annehmen.

tische Modellierer (interdisziplinäres Funktionssystem) über die Spaltungen des Kalten Krieges hinweg zusammengeschlossen (Modellierer aller Länder, vereinigt euch!), und sie hat bei den Politikern und Militärs Verwirrung gestiftet. Die Drohung des nuklearen Krieges bildet hier keine »Ursache«, die aus sich heraus die Macht hätte zu erklären, auf welche Weise sie diese Wissenschaftler beeinflußt hat (andere vor ihnen hatten protestiert, hatten sich zusammengeschlossen). Diejenigen, die sie um das Thema des »nuklearen Winters« vereint hatte, waren nicht in erster Linie moralische oder verantwortliche Bürger, sondern Wissenschaftler, die durch ein Ereignis aufgebracht waren, »erzeugt« durch die Begegnung zwischen einer neuen Wissenschaftsmöglichkeit und der Entdeckung der unvorhergesehenen Bedrohung, die in einer Geschichtsmöglichkeit enthalten ist. Und die Folgen dieses Ereignisses überschreiten die üblichen, für die antinuklearen Proteste vorgesehenen »psychosozialen« Rahmen: Die Iridiumschicht und die Dinosaurierfossile, die atmosphärischen Verhältnisse und die vielfältigen Folgen der Klimaschwankungen sind zu Zeugen möglicher Geschichten für ein neues Kollektiv geworden, das die Berechnungen der Strategen durcheinanderbringt, das Pentagon erschreckt und vor der Nase der CIA Kontakte mit dem Osten anknüpft, im Hinblick auf Modellierungen, simple spekulative Modellierungen (nicht etwa auf militärische Geheimnisse, die es ermöglicht hätten, diese Kontakte zu blockieren).

In ihrer Eigenschaft als Wissenschaftler engagieren sich heute jene, die versuchen, den »Treibhauseffekt«, die Folgen der Abholzung, die Auswirkungen der Verschmutzung zu modellieren, und tragen dazu bei, die politisch-ökonomischen Berechnungen zu stören. Doch die »neuen Gegebenheiten«, die dieser neue »kontingente Prozeß« erfindet, rufen ebenfalls neue Kontroversensituationen hervor. Die Wissenschaftler sind hier nicht mehr diejenigen, die haltbare »Beweise« erbringen, sondern Ungewißheiten.

Die irreduzible Ungewißheit ist das Kennzeichen der Feldwissenschaften. Sie hat nichts mit einer Unterlegenheit zu tun, sondern mit einer Modifizierung der Verhältnisse zwischen »Subjekt« und »Objekt«, zwischen dem, der die Fragen stellt, und dem, der antwortet. Folglich ist es im Hinblick auf die Feldwissenschaften schwierig, von »Entdeckung« zu sprechen, und die Leidenschaft, »existent zu machen«, nimmt seither einen anderen Sinn an. Denn niemand bezweifelt, daß das »Feld« existiert, und zwar vor dem existiert, der es beschreibt. Selbst wenn es durch die zahlreichen Prozeduren, die es codieren und dechiffrieren, erfunden genannt werden kann, existiert es in dem Sinne vor seiner Dechiffrierung, als ihm eine Stabilität vorgegeben wird, die es in die Lage versetzt, interdisziplinäre Praktiken aufzunehmen. Es ist insofern präexistent, als diese Praktiken es »de jure« für fähig halten, sie in Einklang zu bringen. Doch untersagt zum anderen diese Präexistenz die Mobilisierung, so wie wir sie beschrieben haben. Der »artifizielle« Charakter der experimentellen Existenzweise gestattet überall dort eine Vermehrung von Geschichten, wo die Produktionsbedingungen für diese Existenzweise geschaffen werden können, und wenn auch dieser Schöpfungsprozeß, wie wir gesehen haben, die theoretischexperimentellen Wissenschaften verwundbar macht für die Macht, so verleiht er der experimentellen Bezugnahme zugleich eine »gewichtigere« Existenz als die des Feldes.[16] Denn das Feld berechtigt seine Vertreter nicht, es woanders existent zu machen als dort, wo es ist. Es berechtigt sie auch nicht dazu, die Stabilität der Beziehungen zu beweisen, die es ermöglichen, es im Verhältnis zu einer Veränderung von Umständen oder dem Eindringen eines neuen Elementes zu beschreiben. Die Dynamik des »Existent-Machens« und die des Beweises sind nicht mehr Sache der Macht, sondern Sache des Prozesses, den es zu *verfolgen* gilt. Denn die Zeit des Beweises, die im Laboratorium einzig der wissenschaftlichen Zeitlichkeit angehörte, ist hier mit der Zeit der

---

16 Was einen Kontrast erklärt, über den Stephen J. Gould häufig seine Überraschung und Enttäuschung ausgedrückt hat: Dieselben Gesprächspartner, die nicht auf die Idee kämen, die heliozentrische Theorie oder die Existenz der Atome anzuzweifeln, betrachten häufig den ganzen Komplex der aus der Paläontologie hervorgegangenen Rekonstruktionen der Geschichte der Lebewesen als heillos spekulativ.

diagnostizierten Prozesse selbst verbunden, der Zeit, die eventuell ein ungewisses Indiz in einen quantifizierbaren, aber vielleicht irreversiblen Prozeß verwandelt. In diesem Sinne sind die Feldwissenschaftler weit eher Störenfriede als interessante Verbündete für die Macht, denn sie interessieren sich genau für das, was die Macht, wenn sie sich an die theoretisch-experimentellen Wissenschaften wendet, »im Namen der Wissenschaft« vergessen läßt.

Es ist also eine politische, ästhetische, affektive und ethologische Verwandlung der Rolle, welche die Wissenschaft in der menschlichen Geschichte spielt, die verwickelt ist in den Lärm und die Raserei, die Beschuldigungen der Unehrlichkeit, der Parteilichkeit, oder der Unverantwortlichkeit. Wissenschaftler repräsentieren seither unter uns die Frage nach den langen und verworrenen Zeiten am Ursprung der Dinge und stellen die Fiktionen auf die Probe, denen zufolge die Zeit des menschlichen Fortschritts sie nach Belieben ignorieren oder manipulieren könnte.

»Was will er von mir?«

Die Praxis der theoretisch-experimentellen Wissenschaften verläuft über das Ereignis der Erfindung der Mittel, um ein Phänomen Zeugnis ablegen zu lassen, und diese Erfindung impliziert stets eine systematische Abwandlung: Weil es im Laboratorium als eine *Funktion* erfunden wurde, die *Variablen* gehorcht, wird ein Phänomen fähig, seinen legitimen Repräsentanten zu bezeichnen. Eine solche Abwandlung fehlt, wenn es um die Praktiken der Feldwissenschaften geht, bei denen jede Situation hier und jetzt ihre triftigen Variablen bezeichnen kann, ohne indes dem Wissenschaftler die Macht zu verleihen, die Verschiedenheit der Fälle zu beherrschen. Diese Verschiedenheit als solche konstituiert nun die Erprobung unserer Fiktionen. Doch da die Erfindung von Praktiken sich an Seiende richtet, deren Existenzweise *an sich die Macht der Fiktion bezeugt,* impliziert sie, wie wir sehen werden, einen dritten Abwandlungstyp. Diesmal betrifft die Abwandlung den Wissenschaftler selbst als »modernen« nach den Begriffen von Bruno Latour, das heißt, als einen, der versucht, Wahrheit und Fiktion einander entgegenzusetzen.

Von der Erde, seither Subjekt unserer Szenarios, können wir eines mit Sicherheit voraussetzen: daß ihr die Fragen, welche wir uns im Hinblick auf sie stellen, völlig egal sind. Was wir »Katastrophe« nennen werden, heißt für sie Kontingenz. Die Mikroben und auch die Insekten werden überleben, was wir auslösen können. Mit anderen Worten, einzig weil die globalen ökologischen Wandlungen, die wir herbeiführen können, eventuell in der Lage sind, die irdischen Existenzverhältnisse, von denen wir abhängig sind, in Frage zu stellen, können wir meinen, die Erde würde durch unsere Geschichten aufs Spiel gesetzt. Aus der Sicht der langen Geschichte der Erde selbst wäre dies ein weiteres »kontingentes Ereignis« in einer langen Reihe. Diese Ästhetik der Kontingenz definiert gleichzeitig die Kraft und die wesentlichen Grenzen des Wissenschaftsstils, der von den Historikern der Erde praktiziert wird, wie auch von den Historikern der menschlichen Geschichten, die sich an diese als »der Vergangenheit zugehörig« wenden. Dieser Stil hat eine Entsprechung in den Genres der Fiktion: Die Eigenart des Kriminalromans klassischer Machart, beispielsweise, besteht darin, daß die Differenz zwischen dem Ermittler und den Verdächtigen stabil bleibt. Wenn das Verbrechen stattgefunden hat, so *vor* dem Eingreifen des Ermittlers. Die Regel des Genres in den Berichten von Historikern ist vom selben Typ: Die Züge, die sie interessieren, haben eine stabile Identität im Verhältnis zum Interventionstyp, der ihre Untersuchung ermöglicht.

Ganz anders ist jedoch die Situation des wissenschaftlichen Autors, wenn diejenigen, mit denen er zu tun hat, Ratten, Paviane oder Menschen, in der Lage sind, sich für die Fragen, die ihnen gestellt werden, zu »interessieren«, das heißt, den Sinn der Versuchsanordnung, die sie befragt, *von ihrem eigenen Standpunkt aus zu interpretieren,* das heißt weiter, sich auf eine Weise existent zu machen, welche aktiv die Frage einbezieht. Ganz anders ist jedoch die Situation, wenn die Geschichte, von der aus der Fragende versucht, Autor zu werden, für den Fragenden *gleichfalls Geschichte macht,* das heißt, wenn die Bedingungen der *Erkenntnisproduktion* des einen, gleichfalls, unausweichlich Bedingungen der *Existenzproduktion* für den anderen sind.

Wenn der nukleare Winter für ein neues, von den Geschichten der Erde hervorgerufenes Engagement als Emblem dienen kann, so kann das Abenteuer der »sprechenden« Affen, Sarah, Washoe, Lucy und so vieler anderer, als Emblem für das Problem dienen, das vom unteilbaren Charakter der Produktionen von Erkenntnis und Existenz hervorgerufen wird. Können die Schimpansen sprechen lernen? Die Antworten auf diese Frage haben zahlreiche Kontroversen hervorgerufen – und tun es noch –, die im übrigen sowohl unsere Beschreibung der menschlichen Sprache wie ihres Erlernens bereichert haben. Dasselbe gilt für den Typ von »Bewußtsein«, den wir den Schimpansen, den Gorillas und uns selbst zuschreiben können. Doch der Preis für diese Wissensproduktion ist die Produktion neuer Wesen, jener, deren potentielle Fähigkeiten wir »enthüllen«, indem wir sie in ein intensiv menschliches Universum stürzen, wo die Fragen, die für uns sinnvoll sind, für sie Sinn annehmen. Die »Psycho-Primatologen« haben Probleme, welche die anderen Tierpsychologen nicht haben: Sie können sich ihres Versuchsmaterials nicht nach Gebrauch entledigen, sie in ihre natürliche Umgebung oder in den Zoo zurückschicken, denn es sind hybride, buchstäblich »zur Menschenwelt gebrachte« Wesen, für die sie sich genauso verantwortlich fühlen wie Eltern für ihre Kinder. Die im Namen des zu produzierenden Wissens geschaffenen Bindungen verbinden und verpflichten die Menschen den neuen Wesen, die sie *existent gemacht* haben.

Wenn die gestellte Frage – obgleich auf unterschiedliche Weisen – sowohl den interessiert, der sie stellt, als auch den, dem sie gestellt wird, greift auch die Macht der Fiktion zweimal ein: Seitens des Wissenschaftlers, der eine Praxis erfinden muß, die seine Fiktionen auf die Probe stellt, und seitens dessen, der nicht mehr ganz ein Feld ist (auch wenn man in den Sozialwissenschaften von Feld spricht[17]). Denn die Frage, »was will er von mir (dieser Wissenschaftler)?«, ist eine ungeheure Spekulations- und Selbstproduktionsquelle, ob diese nun verbal ausdrückbar ist, oder sich durch verblüffte oder auf Vermutungen beruhende Verhaltensweisen äußert. Der Begriff des Zeugen wird hier vieldeutig, kaum unterscheidbar vom Artefakt (im negativen Sinne). Korrelativ verschwindet die Wechselbeziehung zwischen »existent machen« und »die Existenz von ... beweisen«. Genau hier begegnet der Wissenschaftler, auf seinem eigenen Gebiet, dem »Scharlatan«, demjenigen, der beispielsweise eine Heilung für einen Beweis hält, und genau hier kann er selbst, um nicht einem Scharlatan zu gleichen, versucht sein, jede Frage zu disqualifizieren, die sich auf den Unterschied zwischen einem physikalisch-chemischen Körper und einem Lebewesen bezieht (dies ist nur ein Placebo).

Wieder einmal wandelt sich also die Frage nach dem Verhältnis zwischen »Subjekt« und »Objekt«. Wer wie Stanley Milgram die übliche Rolle des Subjekts aufrechterhält, das die Initiative zu Fragen ergreift, auf die jene, mit denen er es zu tun hat, auf die eine oder andere Weise antworten müssen, kann im Namen der Wissenschaft die Henker »existent machen«, die er lediglich zu »finden« glaubte. Die neue Prüfung, der das »Subjekt« unterzogen wird, besteht darin, daß es mit Wesen zu tun hat, die in der Lage sind, ihm zu gehorchen, zu versuchen, es zufriedenzustellen, im Namen der Wissenschaft zu dulden, uninteressante Fragen zu beantworten, als seien sie triftig, ja, sich sogar überzeugen zu lassen, daß sie es sind, weil der Wissenschaftler es »besser weiß«; auf jeden Fall mit Wesen, die *kein Mittel der Tatsache gegenüber gleichgültig machen kann, daß sie befragt werden.* Das befragte Wesen, das in den Dienst der Wissenschaft gestellt wurde, läßt

17 Wo man im übrigen über die Ambiguität des Begriffs im Bilde ist. Sucht ein Feldteam nach den Mitteln, um die Produktivität einer Werkstatt zu verbessern, wird prompt nahezu jedes ausprobierte Mittel (vorübergehend) erfolgreich sein: Das Interesse der Werkstattmitglieder für das Interesse, deren Gegenstand sie sind, ist entscheidender als die verschiedenen Faktoren ihrer »Lebensqualität«.

sich nicht in Frage stellen, ohne daß die wissenschaftliche Frage auf unkontrollierbare Weise für es ebenfalls Sinn ergibt. Das »Objekt« betrachtet, hört und interpretiert hier das »Subjekt«.

Es ist kaum erstaunlich, daß sich die Beziehung zwischen Wissensproduktion und Existenzproduktion in den meisten Fällen heute als Hindernis für die Wissenschaftlichkeit erweist, und dies von der Experimentalpsychologie bis zur Pädagogik, von der Soziologie bis zur Medizin, von der Tierethologie bis zur Sozialpsychologie. Selbst die Psychoanalyse, deren Feld durch diese Beziehung definiert zu sein scheint, läßt sich vom Bestreben aus beschreiben, deren Implikationen zu umreißen, denn dies ist genau das, was die Inszenierung des Freudschen Unbewußten erlaubt. Durch all seine theoretischen Mutationen hindurch ist es stets fähig geblieben, die Differenz zwischen dem zu garantieren, was der schlichten Suggestion entstammen würde, das heißt, der illegitimen Macht der Fiktion, und dem, was »Wahrheit« wäre, was also auf diese Fiktion nicht zurückführbar ist.[18] Weil sich hier nämlich das Ideal in Frage gestellt sieht, das die modernen Wissenschaften, trotz Étienne Tempiers Verdikt, ganz plötzlich zurückerobert und zu einer neuen Intensität geführt haben, das Ideal einer Wahrheit, die sich der Fiktion entgegensetzen kann, und damit auch das einer »Realität«, welche die Macht der Fiktion auf die Probe stellen kann.

Bis hier hat sich die Frage nach dem Recht der Wissenschaften, zu zerstören oder zu verstümmeln, was ihnen nicht widerstehen kann, vor allem in ethischen Begriffen gestellt: So haben wir nicht das Recht, im Namen der Wissenschaft Menschen, ja, Lebewesen überhaupt, jeder beliebigen Art von Befragung zu unterziehen. Doch sind die Fragen und Prozeduren, welche die Würde verletzen oder die Gesundheit schädigen, nicht die einzigen Probleme. Jede wissenschaftliche Frage bringt als Zukunftsvektor eine Verantwortung mit sich. »Wer bist du, mir diese

18 Siehe Léon Chertok und Isabelle Stengers, *Le cœur et la raison, op. cit.*, und Isabelle Stengers, *La Volonté de faire science. A propos de la psychanalyse.* coll. »Les Empêcheurs de penser en rond«, Éditions Synthélabo/Delagrange, Paris, 1993.

Frage zu stellen?«;»Wer bin ich, dir diese Frage zu stellen?« Dies sind die Fragen, denen der Wissenschaftler nicht entgehen kann, der weiß, daß die Verbindung zwischen Wissensproduktion und Existenzproduktion irreduzibel ist.

Eher als um eine strikt ethische Frage geht es also in Wirklichkeit um die Erfindung dessen, was Félix Guattari »ein neues ästhetisches Paradigma« genannt hat.[19] »Ästhetisch« bezeichnet hier zunächst eine Existenzproduktion, die dem *Empfindungsvermögen* entspringt: dem Vermögen nämlich, in einer Weise von der Welt beeinflußt zu werden, die nicht die einer erfahrenen Interaktion ist, sondern die einer doppelten Sinnschöpfung: seiner selbst und der Welt.[20]

Ein kontingenter Neubeginn »mit anderen Gegebenheiten«? Wenn wir uns an das im Zusammenhang mit Marx wiedergekäute Problem der Beziehungen zwischen »Wissenschaft« und »engagierter Aktion« erinnern,[21] und auch an Freuds Besessenheit, eine strenge Unterscheidung zwischen Psychoanalyse und Suggestion einzuführen, so kann man sagen, daß der Neubeginn bereits begonnen hat. Die Schwierigkeit, der mit voller Wucht begegnet wird, markiert die Triftigkeit der Frage. Eine Möglichkeit, die uns überkommene Herausforderung zu formulieren, wäre also: Eines Tages sollten wir fähig werden, Marx oder Freud so zu lesen, wie die Biologen heute Darwin lesen können. Mit Zärtlichkeit.

Es ist in der Tat zutiefst bezeichnend, daß in der Ethnopsychoanalyse, wie Tobie Nathan sie definiert,[22] die Risiken eines solchen Neubeginns am explizitesten erforscht werden: nämlich dahin zu gelangen, die Dschinn, die Geister der Ahnen oder die exotischsten Gottheiten, weder als »wahrhaft wahr« noch als fik-

---

19 Félix Guattari, *Chaosmose*, Galilée, Paris, 1992.
20 Siehe zu diesem Thema das Kapitel »Retournements«, in Léon Chertok, Isabelle Stengers und Didier Gille, *Mémoires d'un hérétique*, La Découverte, Paris 1990.
21 Siehe zu diesem Thema die wesentliche Beziehung, die laut Roy Bhaskar zwischen Sozialwissenschaft und Emanzipationsproblem hergestellt werden sollte, in *Scientific Realism and Human Emancipation*, Verso, London, 1986.
22 Tobie Nathan, *... Fier de n'avoir ni pays, ni amis, quelle sottise c'était. Principes d'ethnopsychanalyse*, La Pensée sauvage, Paris, 1993.

tiv zu denken, sondern *im selben Sinne wie das Freudsche Unbe-wußte* als konstituierenden Bestandteil einer psychotherapeuti-schen Anordnung; und dahin zu gelangen, den offenen Kom-plex dieser Anordnungen und der kulturellen Räume, die sie voraussetzen und einrichten, nicht unter dem Zeichen einer mehr oder weniger ironischen Relativität zu denken (irgendwas funktioniert), um darin den Bereich selbst zu erkennen, in dem sich das Wissen konstruiert, das dem entspricht, was wir heute »psychischen Apparat« nennen. Damit ist vor allem der Bereich gemeint, in dem sich jene konstruieren, die in der Lage sein müßten, damit zu experimentieren und dessen Praxis zu über-mitteln.[23]

Das ist es, was unser westliches Sehen, Wissenschaft zu trei-ben, eine Theorie zu schaffen, die es ermöglicht das Rationale vom Irrationalen zu unterscheiden, verletzen kann. Dennoch entwickelt sich hier die Möglichkeit einer Praxis, die, während sie unsere Fiktionen auf die Probe stellt, *wie es die Besonderheit der modernen Wissenschaften fordert,* eine Position des Humors schafft, wo sich die Wissenschaft produzierende westliche Kul-tur der härtesten Prüfung unterzieht, derjenigen nämlich, die sie als Kultur unter vielen neuerfindet. Denn diejenige von unseren Fiktionen, die so durch die Frage der Seienden auf die Probe gestellt wird, welche jede Theorie in Fiktion und gewisse Fiktio-nen in Zukunftsvektoren umwandeln können, ist keine andere als unser Glaube an die Macht der Wahrheit, wenn sie wahrhaft wahr ist, die Fiktion zu entlarven.

Es erübrigt sich zu sagen, daß die mit der Erfindung von Prak-tiken dieses Genres befaßten Wissenschaftler nicht mehr nur Störenfriede, Verbreiter von Unsicherheit darstellen würden, sondern wahre Verräter, die im Namen der Wissenschaft fähig sind, die Auswirkungen aller Spaltungen, kleiner und großer, zu

---

23 Zweifellos kann man aus dieser letzten Sicht als Kontrast zu den traditionellen psy-chotherapeutischen Techniken von einem »Nicht-Wissen« sprechen, das der von der Frage der Willkür der Fiktion besessenen Psychoanalyse ebenso eigen ist wie den anderen zeitgenössischen Techniken, etwa der Ericksonschen Hypnose, die sich alle für diese Willkür entschieden haben.

verfolgen, die uns ermöglichen zu klassifizieren, einzuschätzen, zu urteilen, zu identifizieren, zum Schweigen und zum Sprechen zu bringen. Es ist kaum erstaunlich, daß heutzutage diejenigen entschlossene Randfiguren darstellen, die gemäß dem von Sandra Harding vorgeschlagenen Kriterium – die Überprüfung der Beziehung zwischen der »sozialen Erfahrung« der Wissenschaftler und den »Typen kognitiver Strukturen«, die von ihrem Vorgehen begünstigt werden, in die wissenschaftliche Praxis einzubeziehen – als »maximal objektiv« bezeichnet werden müssen.

9
ENTWICKLUNGEN

Wie widerstehen?

Das »Gefühl der Scham«, schrieben Deleuze und Guattari, »ist eins der stärksten Motive der Philosophie.«[1] Doch »den Philosophiebüchern und den Kunstwerken ist gemeinsam, daß sie widerstehen, dem Tod, der Knechtschaft, dem Unerträglichen, der Scham, der Gegenwart«.[2] Ich bin mir nicht sicher, ob ich fähig war, ein Philosophiebuch zu schreiben, aber ich habe jedenfalls versucht, an der Erprobung von Begriffen zu arbeiten, die gestatten, der Gegenwart zu widerstehen, an eine Zukunft zu appellieren, in deren Spiegel unsere Gegenwart und unsere Vergangenheit »sich seltsam verzerren«.[3]

Es ist nicht leicht, ohne Bezugnahme auf eine Vergangenheit zu widerstehen, die man bereuen sollte, und umso weniger leicht, als das, dem es zu widerstehen gilt, diese Vergangenheit als überholt bezeichnet und die Zukunft als Versprechen, das von nun an die Gegenwart disqualifiziert.

Haben wir jedoch, trotz der Scham, die das im Namen eines so definierten Fortschritts Begangene einflößt, die Möglichkeit, uns auf die Reue über eine Vergangenheit, »die nicht fortschritt«,

---

1 *Qu'est-ce que la philosophie?* op. cit., S. 103.
2 *Ibid.*, S. 105.
3 *Ibid.*, S. 106.

zu beziehen? Haben wir die Möglichkeit, uns einer Bezugnahme auf den Fortschritt zu entledigen?

Ob man von der Wissenschaft oder der Gesellschaft spricht, der Fortschritt ist das dominierende Bild, das, was uns gestattet, die Geschichte zu strukturieren, das Wesentliche vom Anekdotischen zu trennen, Erzählung und Bedeutung in Verbindung zu bringen. Der Fortschritt stellt für uns wahrhaftig ein Maß des Fortschreitens der Zeit dar und zugleich die Kennmarke, die dem, der spricht, das Recht gibt, zu urteilen. Der Fortschritt berechtigt auch zur Vereinfachung der Erzählungen, denn er erlaubt, in einer bestimmten Situation zwischen jenen zu scheiden, die sich täuschen, und jenen, die im Besitz der Wahrheit sind. Der Fortschritt trifft die Auswahl dessen, was der Erhaltung und Erweiterung würdig ist, und dessen, was unter einigen vorübergehenden Schmerzen der Vergangenheit überlassen werden kann. Der Fortschritt selektiert und verurteilt, was ihm im Wege steht. Er ermächtigt uns also, die Probleme der Gegenwart auf zwei radikal verschiedene Weisen zu behandeln, je nachdem ob sie die Zukunft ankündigen oder eine Vergangenheit repräsentieren, die überwunden werden muß. Das Bild des Fortschritts ist mächtig. Selbst die Verurteilungen dieser oder jener, früher für sehr »fortschrittlich« gehaltenen Episode – Kolonialisierung, Entwicklung der Techniken, ideologische Mobilisierung – vollziehen sich in seinem Namen, denn es ist schwierig, die Phrasen zu vermeiden, die sich durch eine Redewendung folgender Art abkürzen lassen: »Früher glaubten wir, daß ..., heute wissen wir, daß ...« Selbst die Verurteilung der westlichen Arroganz, die sich wesensmäßig unterschieden von den anderen Kulturen glaubte, hebt die Differenz nicht auf: Wir sind es, die sich in Bewegung befinden, die haben leiden lassen und die nun fähig geworden sind, unsere Ausschreitungen zu erkennen. Kein »relativistischer« Schluß kann vergessen lassen, daß, ob Rationalisten oder Relativisten, stets wir es sind, die sprechen.

»Früher wußten wir nicht, daß wir glaubten, heute wissen wir, daß wir nicht mehr glauben können.« Die Redewendung, die den Fortschritt anzeigt, ist stets da. Und sie überdauert noch in den Listen und syntaktischen Verrenkungen der »Postmodernen«, die sich rühmen, nicht mehr zu glauben, und ihre Ironie der Beschreibung jenen widmen, die »noch glauben«, akademische Spielchen, den Rentnern vorbehalten, die Nutznießer dessen sind, woran sie vermeintlich nicht mehr glauben. Tatsächlich denke ich, daß wir auf die Bezugnahme auf den Fortschritt nicht verzichten können, denn wir haben keine Wahl: Seit sich uns diese Frage stellt, sind wir als Erben jener Bezugnahme definiert, vielleicht frei, sie neu zu definieren, doch nicht, sie aufzugeben. Und interessant an »wir wissen, daß wir nicht mehr glauben können« ist nun das Problem, das von diesem Satz angekündigt wird. Zu wissen, daß man nicht mehr glauben kann, bedeutet nicht, »aufzuhören zu glauben«, sich des Erbes zu entledigen – nichts gesehen, nichts gewußt, alles ein Mißverständnis, oder ein Irrtum –, sondern zu lernen, es anders fortzusetzen.

Die Frage ist also, wozu uns dieses »wir können nicht mehr glauben« befähigen und zu welchen Sensibilitäten, welchen Risiken, welchen Entwicklungen es uns auffordern kann. Können wir diesem »wir können nicht mehr glauben« einen positiven Sinn verleihen, die Scham über das, was unser Glaube zugelassen hat, in die Fähigkeit verwandeln, zu problematisieren und zu erfinden, das heißt, zu widerstehen?

Auf einer Seite mit prophetischen Anklängen evoziert Bruno Latour das »Parlament der Dinge«:

In ihm findet sich die Kontinuität des Kollektivs neu zusammengesetzt. Es gibt keine nackten Wahrheiten mehr, aber auch keine nackten Bürger. Die Mittler haben den ganzen Raum für sich. Die Aufklärug hat endlich eine Bleibe. Die Naturen sind präsent, aber mit ihren Repräsentanten, den Wissenschaftlern, die in ihrem Namen sprechen. Die Gesellschaften sind präsent, aber mit den Objekten, die ihnen schon immer Gewicht gegeben haben. Zwar spricht der eine Mandatsträger vom Ozonloch, der andere repräsentiert die Chemieindustrie des Rhône-Alpen-Gebiets, ein dritter die Arbeiter dieser selben Industrie, ein vierter die Wähler aus dem Raum um Lyon, ein weiterer die Meteorologie der Polarregionen, und wieder ein anderer spricht im Namen des Staates. Aber das ist nicht entscheidend, solange sie alle sich über dieselbe Sache äußern, über dieses Quasi-Objekt, das sie alle geschaffen haben, diese Objekt-Diskurs-Natur-Gesellschaft, deren neue Eigenschaften uns alle verwundern und deren Netz sich von meinem Kühlschrank bis zur Antarktis erstreckt, auf dem Weg über die Chemie, das Recht, den Staat, die Ökonomie und die Satelliten.[4]

Entstammt dieses eigenartige Bild des Parlaments der Dinge, das hier, wie man wohl verstanden haben wird, über das Ozonloch diskutiert, einer reformistischen oder einer revolutionären Sicht? Das ist eine Frage, die mir meine Studenten häufig stellen und auf die es keine Antwort gibt. Dieses Bild ist so interessant, weil es eine unmittelbar wirksame »Deformation« der Gegenwart unter dem Eindruck einer Zukunft mit grenzenlosen Forderungen hervorruft. Es schafft von dort aus eine paradoxe Kommunikation zwischen dem, was uns der Fortschritt, im klassischen Sinne des Begriffs, einander entgegenzusetzen hieß, zwischen dem Reformismus, der in der Kontinuität humanisiert und bessert, und der Revolution, die verurteilt und bricht.

Man könnte sagen, daß das Parlament der Dinge tatsächlich den Triumph der wissenschaftlichen Praktiken feiert. Denn es konstituiert die umfassende Erprobung unserer Fiktionen und zunächst der eines Allgemeinwohls, in dessen Namen sich die Einzelinteressen zu unterwerfen haben. Doch erkennt es diese Praktiken nur insofern an, als sie immer vielfältigere und anspruchsvollere Repräsentanten einbringen, aber nicht, wenn sie ein Recht behaupten.

In diesem »Parlament der Dinge« würde der »Chef«, Jean-Pierre Changeux oder Daniel Cohen, vielleicht das Pandorin, die untereinander verbundenen Neuronenmengen oder das menschliche Genom repräsentieren, aber sie würden sich beständig an der Seite der Vertreter der Mystik, des Unbewußten, also der Gesamtheit jener Praktiken befinden, die sie als Brachland bezeichnen würden, das ihrem Voranrücken offenstünde. Ihr Eifer müßte nicht durch Begrenzungen gezügelt werden, die von außen im Namen einer Instanz auferlegt wür-

4 *Wir sind nie modern gewesen, op. cit.,* S. 192.

den, über die beschlossen wäre, daß sie Respekt einflößen müsse, eine als Tabu eingesetzte Fiktion. Er müßte die Mittel erfinden, sich für die anderen zu interessieren und sie zu interessieren, ohne die Hoffnung, sich »im Namen der Wissenschaft« an ihre Stelle setzen zu können. Das Eroberungsprinzip, bei dem der Eingeborene a priori vom Standpunkt seiner Unterwerfbarkeit aus definiert ist, hätte nämlich dem Prinzip der Vielfalt Platz gemacht: Jeder neue Repräsentant *kommt zu den anderen hinzu,* kompliziert das Problem, das sie versammelt, auch wenn er vorgibt, es zu vereinfachen; und er kann das, was er repräsentiert, nur existent machen, wenn es gelingt, es »zwischen« sich und die anderen zu stellen, und sich also aktiv für die anderen zu interessieren, um zu verstehen, wie er selbst sie interessieren kann.

Wenn sich »Boyle« in dieser Fiktion gegen »Hobbes« durchsetzt, wenn die Vielzahl der Vertreter von Einzelinteressen sich gegen den Leviathan eines fiktiven Allgemeininteresses durchsetzt, dem sich das Einzelne unterwerfen müßte, so ist der Preis klar, der zu zahlen wäre. Die Übermittlungsarbeit, die, wie Latour schreibt, zum »Zentrum« der doppelten natürlichen und gesellschaftlichen Macht geworden ist, wird dadurch *verlangsamt.* Die Geschwindigkeit, das Mobilisierungsprinzip, würde eine verfügbare Welt voraussetzen, deren Relief sich in Begriffen von Hindernissen dechiffrieren würde, die umgangen, reduziert oder ignoriert werden müssen. Wenn sich die Reliefs mit »Kollegen« bevölkern, deren Interessen und Praktiken abgewandelt werden können, deren Legitimität jedoch unanfechtbar ist, wird diese Mobilisierungsweise kontraproduktiv. Die Wissenschaftler, die »ihre Laboratorien verlassen«, um das öffentliche Interesse an dem, was sie vertreten, nutzbar zu machen, wüßten, daß die Klischees – Fortschritt, Leiden, Handlungsmöglichkeit, Objektivität – sie mit derselben Sicherheit disqualifizieren würden wie ein experimentelles Artefakt. Das »Profil« des Wissenschaftlers könnte sich also grundsätzlich wandeln.

Das »Parlament der Dinge« hat die Tugenden des Humors, der allein widerstehen kann, ohne zu hassen, ohne im Namen einer Kraft zu verurteilen, die höher ist als das, dem es sich zu widersetzen gilt. Wie Latour schreibt, ist dieses Parlament nicht »revolutionär«, da es in demselben Sinne bereits existiert wie die zahlreichen Netze, in denen die Repräsentanten diskutieren, verhandeln, sich gegenseitig interessieren. Doch ist es auch nicht »reformistisch«, da es einen Übergang zur Grenze vollzieht: Das Netz betätigt sich als *Wurzelstock* (Rhizom) ohne Schranken, ohne Ausschließungsprinzip, ohne »Gottesgericht«, das einen Höhenunterschied bezeichnet, der das Innere und das Äußere abgrenzt oder a priori ein besonderes Interesse als »korporatistisch« disqualifiziert.[5] Und in eben dem Maße, wie es den stabilen Boden einer Reihe von Evidenzen unterminiert, wie es dort, wo Lösungen herrschen, Probleme aufwirft, bildet es einen »Begriff« im Sinne von Deleuze und Guattari, für die die »Schaffung der Begriffe sich an eine zukünftige Form wendet; sie ruft eine neue Erde und ein Volk hervor, das noch nicht existiert«.[6]

»Es fehlt uns nicht an Kommunikation, im Gegenteil, wir haben zu viel davon, es fehlt uns an Schöpfung. Es fehlt uns an Widerstand gegen die Gegenwart.«[7] Das Parlament der Dinge gehört nicht der Zukunft an wie eine Utopie, die sich realisieren müßte – es ist nicht »realisierbar«; es gehört als Entwicklungskraft oder »Gedankenexperiment«, das heißt, als diagnostisches, Schöpfungs- oder Widerstandsinstrument der Gegenwart an.

---

5 Die Vorstellung einer »korporatistischen« Repräsentation hat offenbar nichts zu tun mit der des Parlaments der Dinge, da sie sich in eine statische Perspektive einschreibt, in der stabile und wohldifferenzierte Gruppen auf legitime Weise qualifizierte Interessen vertreten. Die große Stärke des Parlaments der »im Namen des allgemeinen Interesses versammelten nackten Bürger« besteht darin, die korporatistische Idee als einen Gegensatz benutzen zu können. Und es ist das große Interesse der Hybriden Latours und der Wurzelstöcke (Rhizome) Guattaris, deren gemeinsames Prinzip die Vervielfachung und das Fehlen stabiler Identität ist, daß sie es ermöglichen, dieser Falle zu entgehen.

6 *Qu'est-ce que la philosophie?*, op. cit., S. 104.

7 *Ibid.*, S. 104.

Nomaden der dritten Welt

In gewisser Weise entspricht das »Parlament der Dinge« Poppers Vorstellungen. Es kommt in seiner Dynamik des Auftretens jenen Bewohnern der »dritten Welt« nahe, die man an der Fähigkeit erkennt, jenseits von Glauben, Überzeugungen und Projekten Probleme aufzuwerfen. Nur Menschen haben darin einen Sitz, doch sind diese Menschen nicht als freie, durch Überzeugungen und Ambitionen charakterisierte Subjekte definiert, sondern als *Repräsentanten* eines Problems, mit dem sie beschäftigt sind und das ihnen einen Ort anweist. Nur Menschen haben darin einen Sitz, doch sind diese Menschen nicht durch eine Dynamik der Intersubjektivität vereint: Sie müssen im Gegenteil Verbindungen im Disparaten erfinden, Rhizomverlängerungen existent machen, die sich auf keinerlei Allgemeininteresse beziehen, das stärker ist als ein jeder von ihnen, sondern auf neue, durch ihre Vereinigung hervorgerufene Interessen. In diesem Sinne zwingt das Parlament der Dinge den Bewohnern der dritten Welt eine drastische Mutation auf und beraubt sie jeglicher Bestrebung, »objektive Erkenntnis« und Politik zu unterscheiden.

Für Popper war der typische Einwohner der dritten Welt die mathematische Aussage. Die theorematische Definition der rationalen Zahl eignet sich einen Komplex mathematischer Praktiken an, löst sie aus dem Bereich, in dem sie Sinn annahmen und verwandelt sie in Konsequenzen, die von einer Idealform gerechtfertigt werden, aus deren Sicht der Gesamtkomplex dieser Bereiche zu einem homogenen Raum wird. Doch öffnet diese Definition der Mathematik ein neues Feld, ruft eine Entwicklung der Mathematik und der Mathematiker hervor, die den Wandel des Kräfteverhältnisses zwischen Problem und Überzeugung zum Ausdruck bringt. Mit anderen Worten, der Poppersche Einwohner der dritten Welt verweist auf das, was Deleuze und Guattari in *Tausend Plateaus* die »Königswissenschaft« nannten. »Die Königswissenschaft ist nicht von einem ›hylemorphischen Modell‹ zu trennen, das sowohl eine Organi-

sationsform für die Materie als auch eine für die Form vorbereitete Materie voraussetzt.«[8]

Die Königswissenschaft bringt nicht zum Verschwinden, was
ihr vorausging, die »ambulanten« oder »nomadisierenden« Wissenschaften; diese verbanden nicht Wissenschaft und Macht, sie
bestimmten die Wissenschaft nicht zu einer autonomen Entwicklung, weil sie ihrem Forschungsfeld verpflichtet waren und
weil ihre Praktiken sich gemäß den von einer vereinzelten Materie aufgeworfenen Problemen verteilten, ohne die Macht zu
haben, zwischen dem zu differenzieren, was von den Besonderheiten zur »Materie selbst« und was zu den Überzeugungen und
Ambitionen der Praktiker zurückführt (die infolgedessen der
zweiten Welt angehören). Die Königswissenschaft »mobilisiert«
das ambulante Vorgehen.

Im Interaktionsfeld der beiden Wissenschaften begnügen sich die
ambulanten Wissenschaften damit, *Probleme zu erfinden,* deren Lösung
mit einem ganzen Komplex kollektiver und nicht-wissenschaftlicher
Aktivitäten verbunden ist, deren *wissenschaftliche Lösung* indessen von
der Königswissenschaft abhängt, und von der Art und Weise, in der
diese das Problem zunächst transformiert hat, indem sie es durch ihren
theorematischen Apparat und ihre Arbeitsteilung hindurchgehen ließ.[9]

Diese Mobilisierung ist also nicht bloß rhetorisch. Sie setzt das
Ereignis, die erfundene-entdeckte Möglichkeit voraus, die
Besonderheiten und die Probleme, die sie stellten, neu zu definieren, und zwar von einem doppelten Gesichtspunkt aus: Aus
einer ersten Sicht werden diese Besonderheiten im Namen einer
»Form« beurteilt, welche sie intelligibel zu machen, zu »integrieren« vermag und ihnen damit einen wesensgemäßen Status verleiht, von dem aus sie deduziert oder antizipiert werden können;
doch aus einer zweiten Sicht sind diese Besonderheiten bereits
insofern beurteilt und disqualifiziert, als sie zuvor den Bereich
einer Praxis schufen; denn diese ihrem Prinzip nach annektierte

8 Gille Deleuze und Félix Guattari, *Kapitalismus und Schizophrenie. Tausend Plateaus,*
   op. cit., S. 506–507.
9 *Ibid.,* S. 514.

Praxis ist seitdem durch die »besonderen«, »zufälligen«, bloß »praktischen« Interessen qualifiziert, die ihr eine gewisse faktische Autonomie sichern. Die Differenzierung zwischen königlicher und ambulanter Praxis ist übrigens unter diesen beiden Gesichtspunkten nicht absolut, sondern relativ: So ist für den theoretischen Physiker die Chemie »ambulant«, da sie sich zum Beispiel für die Vielfalt der chemischen Elemente interessiert, von denen ihm zufolge allein schon das Wasserstoffatom genügen würde, um das intelligible Modell zu liefern (die Physik versteht man, die Chemie lernt man[10]). Kurz, wir finden hier die hierarchisierte Landschaft der gegenwärtigen wissenschaftlichen Kenntnisse wieder, in der sich die Verbindungen als Eroberung und Reduktion darstellen, sich der Status an der »juridischen« Tragweite der Urteile ermißt, welche die Differenz zwischen dem intelligiblen »Selben« und der anekdotischen und untergeordneten Differenz setzen.

Die Erfindung der modernen Wissenschaften auf die Ordnung des Ereignisses und nicht des Rechts zurückzuführen, wie ich es versucht habe, heißt zunächst, daß man von der Differenz zwischen den »Materien« ausgeht, deren Verfügbarkeit die Königswissenschaft voraussetzt und manchmal schafft. Wenn das Laboratorium der Ort ist, an dem sich die gleichzeitige Aneignung der Materie und der Idee vollzieht, an dem ein »drittes Ziel« erfunden wird, das die Menschen nötigen kann, ihre Fiktionen zu gefährden, so ist es nur insofern »königlich«, als die Praxis der Wissenschaften von der Mobilisierung regiert wird. Es ist der Ort eines höchst seltsamen Verfahrens: der Schaffung eines Dritten, dem man das Vermögen zuschreiben kann, seine eigene Identifizierung zu bestätigen. Doch kann dieses Vermögen, wenn die Mobilisierung es nicht in ein Disqualifizierungsvermögen verwandelt, genauso den Bereich einer Praxis definieren, die zu den anderen hinzukommt und die an sich das Problem ihrer Fortsetzung aufwirft, ihrer Möglichkeiten, sich mit den anderen zu verbinden.

10 Siehe zu dieser Frage Bernadette Bensaude-Vincebt und Isabelle Stengers, *Histoire de la chimie, op. cit.*

Die Mutation ist gleichzeitig null und nichtig, denn so weit die Wissenschaftler nicht die Wissenschaft mimen, werfen sie schon unablässig das Problem der Fortsetzung und der Verbindungen auf, und sie ist drastisch, denn Fortsetzungen und Verbindungen sind heute zumeist neu definiert als Bestätigung der Macht eines Pols und der Unterwerfung des anderen. Also macht das Theorem, das »zur rationalen Ordnung« gehört, ständig das Problem vergessen, das »affektiv und untrennbar mit Metamorphosen, Generierungen und Schöpfungen in der Wissenschaft selber verbunden« ist, über die Fortsetzung und Verbindung zustandekommen.[11] Dementsprechend wird das, was die Königswissenschaft »existent macht«, nicht als eine Geschichte gewürdigt, die Aktualisierung eines durch vielfache Metamorphosen und das Hinzutreten immer neuer Bedeutungen in immer neuen Milieus neuen Existierenden. Die Aktualisierung wird auf eine Enthüllung reduziert: Die Atome, das Vakuum, die Schwerkraft, die Nukleinsäure, die Bakterien hatten von sich aus das Vermögen, auf dieselbe Weise »für uns« zu existieren, auf deren »Entdekken« sich die Wissenschaft beschränkt hat.

Kann man sich umgekehrt die Bewohner der dritten Welt als Nomaden, als Produzenten und Produkte »objektiver« Weisen vorstellen, welche die Macht der Fiktion gefährden, Probleme aufzuwerfen, ohne jedoch eine verfügbare Welt, in Erwartung ihrer objektiven Reduktion, zu bezeichnen? Es ist nicht uninteressant, daß die Mathematik selbst, Schöpferin der ersten theorematischen Aneignung, zumindest einige Mathematiker dazu aufzufordern scheint. René Thom, zum Beispiel, plädiert für eine Form »nomadischer« Mathematik, deren Aufgabe nicht darin bestünde, die Vielfalt der sinnlichen Phänomene auf die Einheit einer mathematischen Beschreibung zu reduzieren, die sie der Ordnung der Ähnlichkeit unterwerfen würde, sondern die mathematische Intelligibilität ihrer qualitativen Differenz zu konstruieren. Das Fallen eines Blattes wäre nun nicht mehr ein sehr komplizierter Fall des Falles Galileischer schwerer Körper,

---

11 *Kapitalismus und Schizophrenie. Tausend Plateaus, op. cit.*, S. 496.

sondern müßte seine eigene Mathematik erzeugen. Man kann die Fraktalmathematik von Benoît Mandelbrot anführen. Auch hier bedeutet Verstehen, eine Sprache zu schaffen, welche die Möglichkeit eröffnet, den verschiedenen sinnlichen Formen zu »begegnen«, sie zu reproduzieren, ohne sie indes einem allgemeinen Gesetz zu unterwerfen, das die Gründe dafür liefern würde und es erlaubte, sie zu manipulieren.

Dennoch, so wenig wie die Erfindung der theorematischen Mathematik die Erfindung der modernen Wissenschaften ankündigt oder erklärt, reichen die ästhetischen, technischen und praktischen Mutationen der zeitgenössischen Mathematik aus, um eine »Demobilisierung« der positiven Wissenschaften zu gewährleisten.[12] Die Bedeutung des Parlaments der Dinge besteht darin, vor allem anderen an den durch und durch politischen Charakter des Problems zu erinnern (natürlich in dem Sinne, als auch die Politik von der *Erklärung* der durch gewisse

---

12 In *L'Invention des Formes* (Éditions Odile Jacob, Paris, 1993) versammelt Alain Boutoi diese mathematischen und mathematisch-physikalischen Innovationen (Thoms Katastrophen, Prigogines dissipative Strukturen, Mandelbrots Fraktale, das Chaos von Ruelle und Konsorten) unter dem Zeichen eines »Neo-Aristotelismus«, der sich anscheinend der vom Autor, von Alexandre Koyré und von Martin Heidegger konstatierten »vorherrschenden Technowissenschaft« entgegenstellt. Diese Lektüre, die unmittelbar den wissenschaftlichen Stil der Theoretiker und den philosophischen ihrer Bezugsquellen verbindet, schafft dennoch eine falsche Symmetrie: Wie Koyré und übrigens auch Heidegger berücksichtigt Boutoi nicht die praktische Dimension (Geschichte herstellen) der wissenschaftlichen Tätigkeit. Er sieht in diesen neuen Formen der Mathematik »das Instrument, das (den Naturwissenschaften) fehlte, um die bewegliche Welt der Formen in ihrer Spezifität in den Griff zu bekommen, deren Komplexität sie der gewöhnlichen quantitativen Analyse unzugänglich macht« (S. 314). Doch verschweigt er eine »kleine« Differenz. Die Neuheit des mathematischen Instruments ist klar, da es Formen betrifft, die bisher niemanden interessiert hatten: den Fall eines Blattes, die Eidechse auf einer Mauer, den Küstenverlauf der Bretagne etc.; hingegen hat dieses »Instrument« nicht an sich das Vermögen, andere Weisen der Zusammenarbeit im Hinblick auf die von anderen Praktiken bereits erfaßten »Formen« hervorzubringen (siehe Thoms polemische Beziehungen zu den Biologen). Im übrigen haben die Inszenierungen, welche die Hybris der gestrigen Szene der neuen, mathematischen und pazifistischen Wahrnehmung der (sorgfältig von den, stets gleichermaßen Disqualifizierten, die sie bereits besetzten, entvölkerten) Welt in unserem Maßstab entgegensetzen, an sich nichts Pazifistisches, sondern gehören zur gewöhnlichen Rhetorik der wissenschaftlichen Mobilisierung.

Bewohner der Dritten Welt aufgeworfenen Probleme neuerfunden ist). Da wir inzwischen von der geheimen Komplizenschaft der mobilisierten Wissenschaftler mit all den Machtformen, die in der Lage sind, die Reichweite ihrer Urteile auszudehnen, und zwar mit einer *allgemeinen, kriegerischen und niederträchtigen* Definition der Wahrheit – wahr ist nur, was der Erprobung zu widerstehen vermag – wissen, müssen neue Beschränkungen die Berechtigung der Eingriffe »im Namen der Wissenschaft« bedingen. Da wäre zunächst einmal jene, die jede Strategie mit dem Ziel, einen Milieu- oder Bedeutungswechsel zu verschleiern, also von einer Verbindungsproblematik zu einer angemaßten Vereinheitlichung überzugehen, als *antidemokratisch, das heißt, irrational* erklärt. Hier muß von Beschränkung und nicht von Grenze die Rede sein, denn die Grenze trennt zwei Möglichkeiten, die ohne sie als äquivalent bezeichnet werden müßten. Sie oktroyiert eine Differenz. Die Beschränkung wiederum impliziert den Eingriff und das Risiko. Ohne Beschränkung werden die Netzwerke von Erfindung-Diskussion immer dort enden oder sich wesentlich ändern, wo das Interesse gefordert und nicht mehr erregt werden muß, dort wo die gesellschaftliche und politische Schichtung die Denunziation des Widerstandes als obskurantistisch, irrational, träge ausgeben und fordern kann, daß der Gesprächspartner »erst einmal« die Wissenschaft lernt, auf die es ankommt. Wenn es keine Beschränkungen gibt, warum würden dann die Wissenschaftler das Bündnis mit Mächten ablehnen, das es ihnen ermöglicht zu disqualifizieren, was die Geschichte kompliziert, die sie zu konstruieren suchen, ihnen die eigene Rationalität und die Unfähigkeit derer, die sie anzweifeln, bestätigt?

»Es ist dasselbe in komplizierter«, war der Slogan der mobilisierten Wissenschaft, was die Differenz, das »Komplizierteste«, unter das Zeichen des »Noch nicht« setzt, der Zukunft, in der das »Selbe« tatsächlich triumphiert haben wird, wie es von nun an von Rechts wegen zu triumphieren beabsichtigt. »Zu welchen Risiken drängt diese Situation unsere Urteile, welche Entwicklungen und welche Empfindsamkeiten erlegt sie uns auf?«, wäre die Frage, die das Parlament der Dinge organisiert.[13]

Expertisenproduktion

Es versteht sich von selbst, daß hier das theoretisch-experimentelle Verfahren keinen Modell-Status mehr hat. Doch beschränkt sich die Herausforderung des Parlaments der Dinge nicht darauf, samt und sonders die Abkömmlinge Galileis, Darwins und die schließlich erfundenen von Marx oder Freud aufzunehmen. Denn die Wissenschaftler sind selbstverständlich nicht die einzigen legitimen Repräsentanten der Dinge. Sie repräsentieren die Dinge nur so weit, wie es uns gelungen ist, zu ihnen Fragen zu erfinden, die ihnen erlauben, die Fiktionen, die sie angehen, auf die Probe zu stellen. Aber die meisten technisch-sozialen Innovationen heute betreffen die Dinge auf vielfältigere Weisen, als unsere Fragen vorwegnehmen, und schaffen dadurch eine Abstufung zwischen den »Dingen«, wie sie darin einbegriffen sind, und ihrer wissenschaftlichen Repräsentation.

Diese Abstufung will nicht herabmindern, ganz im Gegenteil, denn jede neue Frage enthüllt uns eine neue Vielfalt, wo unsere Fiktionen eine ihnen ähnliche Realität vorhersähe. Diese Abstufung impliziert, daß sich jede Innovation auf der Basis des Risikos vollzieht und wir nicht einmal sicher sind, was eigentlich Innovation ist: Die quantitative Intensivierung einer bereits vorhandenen Beziehung, selbst ihre Aufrechterhaltung unter leicht modifizierten Bedingungen, kann sich rückwirkend unter dem Zeichen des Neuen und Unvorhergesehenen einschreiben. Das gilt offenkundig und insbesonders für die Kontroversen zur

---

13 Aus dieser Sicht läßt sich die »Demobilisierung« der Wissenschaft mit der Frage der Komplexität verbinden. Siehe dazu Isabelle Stengers, »Complexité. Effet de mode ou problème?« in *D'une science à l'autre. Des concepts nomades,* unter der Leitung von Isabelle Stengers, Le Seuil, Paris, 1987.

Umwelt – Ozonloch, Treibhauseffekt, etc. –, bei denen man angesichts der Fragen, die nicht gestellt wurden, sich uns jedoch stellen, der Situationen, die sich im Laboratorium nicht inszenieren lassen, weil sie eine schlecht definierte Zahl ineinander verflochtener Variablen integrieren, feststellt, wieviele der wissenschaftlichen Kenntnisse partiell sind, zögerlich, unfähig, die Ökonomie des Risikos der Entscheidung zuzulassen.

Keine politische Beschränkung kann dieses Risiko unterdrükken. Dagegen kann es aktiv berücksichtigt werden. In eben diesem Sinne sieht Bruno Latour im Parlament der Dinge nicht nur wissenschaftliche Repräsentanten vor, sondern auch Industrielle, Beamte, Arbeiter und Bürger: Andere Empfindlichkeiten, die die Formulierung anderer Probleme einbeziehen, die Erklärung anderer Bedeutungen fordern, als die, welche die Wissenschaftler berücksichtigen sollen. Aber auch hier ist die hergestellte Sicht die einer Herausforderung. Denn die politische Beschränkung – daß nämlich jeder Vorschlag über jene läuft, die am besten dazu qualifiziert sind, ihn zu gefährden – setzt voraus, daß die Produktion öffentlicher Expertise aktiv angeregt wird.

Um den Sinn dieser Herausforderung zu illustrieren, greife ich auf das Beispiel der drei kleinen Schweinchen und des großen bösen Wolfs zurück. Auch wenn die Stroh- oder Zweighäuser nur fiktive Lösungen dieser Drei zur Notwendigkeit, »beschützt zu werden«, bieten und der tatsächlichen Erprobung nicht standhalten, die den großen bösen Wolf »wirklich« einbrechen läßt, ist es das Haus des dritten kleinen Schweinchens, aus Ziegeln und Zement, das »wirklich hält«. Es geht also nicht darum, daß wir uns der relativistischen Ironie überlassen, die, indem sie jede Differenz auf die Fiktion zurückführt, uns zu vergessen auffordert, daß der Wolf unseren Fiktionen nicht unterworfen ist, das heißt, zu vergessen, daß unsere Praktiken einer Realität standhalten müssen, die, wie der Wolf, sie hart auf die Probe stellt. Doch bevor wir den Experten zuhören, die die Ziegel und den Zement diskutieren, muß man problematisieren können, wozu die Lösung Ziegel und Zement jetzt herhält – und wozu die Geschichte der drei kleinen Schweinchen als Moralgeschichte jetzt herhält. Könnte man nicht andere Beziehungen zum Wolf erfinden? Worauf beruht die Definition des Wolfs als Bedrohung, das heißt, die Definition des Problems als »Schutzproblem«?

Im »Parlament der Dinge« wäre höchste Priorität, die Repräsentanten zu suchen, ja, hervorzurufen, die vielleicht den möglichen Unterschied zwischen dem zerstörerischen Wolf und anderen möglichen Wölfen geltend machen könnten, die gar nicht zerstörerisch wären, oder weniger, oder auf andere Weise, in andere Geschichten verstrickt. Die Experten für »Schutz gegen zerstörerische Wölfe« würden natürlich erwidern, daß diese anderen Geschichten riskant, wenn nicht sogar unmöglich seien. Aber sie müßten ziemlich schnell erkennen, daß sie nicht qualifiziert sind, um über die anderen Geschichten zu sprechen, noch der Geschichte, die sie verfechten, in all ihren logischen Konsequenzen zu folgen. Kann der Wolf nicht als eine punktuelle Bedrohung gesehen werden, oder, wenn wir nicht lernen, ihn anders zu definieren, betreten wir dann eine Geschichte, in der andere, noch bedrohlichere Wölfe vorkommen, in der Ziegel und Zement nicht ausreichen, in der wir in ein endloses Rennen nach immer teureren und starreren Sicherungsmethoden verwickelt werden?

Genau hier kreuzen sich auf etwas unerwartete Weise die Forderungen der »Politiken der Vernunft« und des Gemeinwesens in einem klassischeren Sinne, und in diesem Sinne könnte ich weiter oben die wenig gebräuchliche Doppelbestimmung verwenden, »antidemokratisch gleich irrational«. Denn wenn man einen Schritt vom Wege der klassischen Verantwortungsteilungen abgeht, den Schritt, der den Wissenschaften und ihren Experten die Aufgabe zugesteht, die Politik zu »informieren«, ihr zu sagen, »was ist«, und ihr zu überlassen, was »sein muß«, dann hat man mit einer *prinzipiellen Unteilbarkeit* zwischen der »demokratischen« Eigenschaft des politischen Entscheidungsprozesses und der »rationalen« Eigenschaft der Expertenkontroverse zu tun, die das Parlament der Dinge symbolisiert. Diese Doppeleigenschaft hängt davon ab, wie die Expertisenproduktion von all denen, ob Wissenschaftler oder nicht, bewerkstelligt wird, die an einer Entscheidung interessiert sind oder sein könnten.

Es geht hier nicht darum, den Bürger »zum Wählen« zu bewegen, sondern darum, Anordnungen zu erfinden, damit jene Bürger, von denen die Wissenschaftsexperten reden, wirksam präsent sein können, um die Fragen zu stellen, zu denen ihr Interesse sie sensibilisiert, und Erklärungen zu fordern, Bedingungen zu stellen, Möglichkeiten vorzuschlagen, kurz, an der Erfindung teilzunehmen. Dies setzt voraus, daß die betroffenen Bürger selbst auch Repräsentanten einer Instanz der »dritten Welt« wären, welche die Macht hat, ihre persönlichen Meinungen und Überzeugungen festzustellen und aufs Spiel zu setzen: Sie selbst müssen für mehr als einen sprechen können, ein Kollektiv vertreten, das seine Mitglieder befähigt hat, die Interessen geltend zu machen, durch die es sich bestimmt hat.

Auch hier geht es wieder nicht um Utopie, sondern um etwas, das bereits existiert. Die Rolle der Homosexuellengruppen in der Verhandlung der Maßnahmen gegen die Aids-Epidemie ist allgemein bekannt. Die Holländer, die mehr als einmal das Beispiel für die Untrennbarkeit von Demokratie und Rationalität geben, ermutigten den Zusammenschluß von Drogenabhängigen, den *Junkiebonden*, die gleichzeitig durch ihre Forderungen das Expertenproblem in Sachen verbotener Drogen komplizieren und Teil der Lösung sind: Daß die Drogenabhängigen selbst »Stellung beziehen« können zu den Maßnahmen, die sie betreffen, selber den Politikern nahebringen können, sie nicht als schutz- und »heilungsbedürftige« Opfer oder als Delinquenten hinzustellen, sondern sich an sie wenden wie an »Bürger wie die anderen«.[14]

In anderen Fällen betrifft die Herstellung von Expertisen Bürger, die sich durch keinerlei kenntliche Besonderheit auszeichnen. So hatte 1976 in Cambridge (Mass.) der Bürgermeister

14 Siehe Isabelle Stengers und Olivier Ralet, *Drogues, de défi hollandais, op. cit.*, und F. Caballero (Hg.), *Drogues et droits de l'homme, op. cit.*

Alfred Vellucci, als er erfahren hatte, daß an der Harvard-Universität gentechnische Experimente stattfanden, die Bevölkerung alarmiert, und die Wissenschaftler mußten sich bereitfinden, mit einer Bürgergruppe, ausgewählt von ihresgleichen, über die Bildung des »Cambridge Experimentation Review Board« zu verhandeln.[15] Trotz der von den meisten Spezialisten angesichts des Eindringens dieser Inkompetenten geäußerten Befürchtungen setzte sich die Gruppe als würdiger Gesprächspartner dieser Wissenschaftler durch, die sie als Zeugen des Vorgangs vorgeladen hatte. Laut Dan Hayes, ihres Vorsitzenden, kamen »alle Empfehlungen (die im Schlußbericht angeführt werden) samt gewisser von den Beamten und Experten des NIH vergessenen oder vernachlässigten komplizierten Maßnahmen von den Mitgliedern der Bürgergruppe und nicht von ihren wissenschaftlichen Beratern. Während der Arbeit erwarb die Gruppe technische Kompetenz und Selbstvertrauen. Einige Mitglieder, die zu Anfang ›nicht einmal eine Frage formulieren konnten‹, haben nicht nur gelernt, sachdienliche Fragen zu stellen, sondern auch klar denen entgegenzutreten, die unbefriedigende Antworten gaben. Einige konnten sogar Fälle ausmachen, in denen ein Zeuge jemanden anführte, der nicht zur Sache gehörte.«[16]

Wenn »inkompetente« Bürger nicht Wissenschaft »lernen« müssen »wie in der Schule«, sondern in die Lage versetzt werden, von den Wissenschaftlern zu verlangen, daß sie ihre Fragen beantworten, daß sie sich die Mühe geben, die »Informationen«, über die sie verfügen, triftig und brauchbar zu übermitteln, kurz, daß sie sich an jene als Gesprächspartner wenden, von denen ihre Arbeit abhängt, sind sie also in der Lage, zu einem sehr schwierigen technischen Problem Stellung zu nehmen, nämlich dem der Sicherheitsnormen von gentechnischen Forschungslaboratorien. Daran ist nichts Überraschendes, nur die Macht des Kon-

---

15 Siehe Diana B. Dutton, *Worse than the Disease. Pitfalls of Medical Progress, op. cit.*, S. 189–192 und S. 319–320.
16 *Ibid.*, S. 320.

texts, der qualifiziert oder disqualifiziert, Ohnmacht und Unterwerfung antizipiert und suggeriert, oder zum Denken befähigt und autorisiert. In der Entwicklung der Bürgergruppe von Cambridge zum Kollektiv – wie in vielen anderen – war der springende Punkt, daß die Bürger nicht an die Türen der Laboratorien klopfen mußten, sondern die Macht hatten, die Wissenschaftler herbeizuzitieren, ihnen nicht wie neutralen Autoritäten zuhören mußten, wie sie erwägen, was »ist«, sondern sie als Repräsentanten bestimmter Interessen über das, was »sein muß«, befragen konnten. Das Netzwerk technischer und wissenschaftlicher Verhandlungen hat keine anderen Grenzen als die der Orte, wo es den Wissenschaftlern aus Gründen, die meist nicht von ihnen abhängen, gestattet ist, »Autorität darzustellen«.

Das Parlament der Dinge bezeichnet nicht die Utopie der Intersubjektivität, sondern nötigt zur Herausforderung dessen, was Félix Guattari »kollektive Produktion von Subjektivität« genannt hat. »Die verschiedenen Praxisebenen müssen nicht nur nicht homogenisiert, unter einer transzendenten Vormundschaft miteinander verbunden werden, sondern es empfiehlt sich, sie in Prozesse der *Heterogenese* einzubeziehen. Niemals werden die Feministinnen genügend in ein Frau-Werden impliziert sein, und es gibt keinen Grund, von den Einwanderern zu verlangen, auf die kulturellen Merkmale, die ihnen anhaften, oder auf ihre Volkszugehörigkeit zu verzichten.«[17] Dieser Prozeß der Heterogenese darf natürlich nicht verwechselt werden mit der Bildung eines Universums unterschiedlicher »Ghettos«, die sich um eine Besonderheit abschließen, welche auf fetischistische Weise kultiviert oder nach Art des Ressentiments beansprucht wird. Deswegen kommuniziert er mit der Herausforderung des »Parlaments der Dinge«, wo ein jeder sich über »ein Quasi-Objekt äußert, das sie alle geschaffen haben«, das aber allein auf legitime Weise die disparate Zusammenfügung von Praktiken repräsentiert, aus der heraus sie es

---

17 Félix Guattari, *Les trois Écologies*, Galilée, Paris, 1989, S. 46. Ich habe absichtlich hier das Zitat gewählt, das es Luc Ferry erlaubt, Guattari in *Le Nouvel Ordre écologique* (*op. cit.*, S. 216) vorzuwerfen, er würde die »Werte der *res publica*« angreifen.

geschaffen haben und das sie verbindet. Es handelt sich also um ein »Poppersches« Auftauchen von Subjektivierungsweisen, die, indem sie fähig werden, sich als Zwang für die anderen zu behaupten und als solcher anerkannt zu werden, ebenfalls zu einem Prozeß fähig werden, in dem die Konsequenzen der Entwicklung, in die sie einbezogen sind, durch die Art, Probleme zu stellen, die ihnen auf den Nägeln brennen, und durch die Zugehörigkeit zu einer Tradition, die sie heraushebt, in Gefahr geraten.

In diesem Sinne hat der Prozeß der Heterogenese nichts Utopisches an sich, da er bereits in den wissenschaftlichen Kontroversen am Werke ist. Man kann tatsächlich sagen, daß die Teilnehmer an solchen Kontroversen sich vor jeglicher »transzendentalen Vormundschaft« hüten müssen, die sie zu Jüngern desjenigen machen würde, dessen Aussage sie akzeptieren. Doch müssen sie sich ebenso vor den transversalen Konsequenzen dessen in ihrem Feld hüten, was sich in einem anderen, heterogenen Feld anbietet. Die Existenzproduktion im wissenschaftlichen Sinne, wie auch die Anforderungen des neuen Gebrauchs der Vernunft, den wir erfunden haben und der zweifellos uns irreversibel erfunden hat, haben uns in eine Geschichte verwickelt, in der der Prozeß der Heterogenese seine politische Einschreibung gefunden hat. Das »Parlament der Dinge« übersetzt diese neue Definition des Politikers.

Rückkehr zu den Sophisten

Der Sophist Protagoras behauptete, wie man uns gelehrt hat, daß der Mensch das Maß aller Dinge sei. Die Bedeutung dieser Aussage ist unbestimmt. Am häufigsten wird sie natürlich im relativistischen Sinne aufgefaßt und im Namen eines Appells an die Wahrheit disqualifiziert, die zu verstehen, Berufung des Menschen sei – was auch immer der Sinn sein mag, der darauf von Platon bis Heidegger, von Augustinus bis Lacan dem Begriff »Wahrheit« gegeben wurde. Sie kann ebenfalls in einem dynamischen, konstruktivistischen Sinne aufgefaßt werden. In diesem Falle verbinden sich Maß und Werden, denn der Begriff Maß bezeichnet nicht das Ding, ohne ebensowohl den zu bezeichnen, der fähig wird, es zu messen, den, welchen die mit dem Ding geschaffene Verbindung in seiner ethischen, ästhetischen, praktischen und ethologischen Besonderheit hervorruft.

Man könnte diese Frage in ontologischen Begriffen fortsetzen, denn der Begriff Maß hat keinerlei Grund, strikt mit den menschlichen Praktiken solidarisch zu sein. Das Maß drückt eine Verbindung aus, die sich nicht mit einer »Interaktion« verwechseln läßt, eine Verbindung, die ihren beiden Polen zwei verschiedene Rollen überträgt, welche sie in (Quasi-)Subjekt und (Quasi-)Objekt einteilt. Ebenso wenig wie das Auto von dem gemessen wird, den es überfährt, ebenso wenig wird der Sturm von den Bäumen gemessen, die er umreißt. Doch vielleicht könnte man sagen, daß die Sonne von den Pflanzen »gemessen« wird, deren Sein sich erfunden hat, indem es sie als Quelle des Lebens bezeichnet. Ist es nicht das, was wir bestätigen, wenn wir die ganz bestimmten Wellenlängen des Sonnenlichts messen, das die Pflanzen absorbieren, oder die Relation zwischen Keimung und Tagesperiode charakterisieren? Doch ist das eine andere Geschichte und darf nicht die Besonderheit jener vergessen machen, die ich hier zu charakterisieren versuchte, nämlich die Relation zwischen Maß und Politik.[18]

18 In *Wir sind nie modern gewesen*, op. cit., kündigt Bruno Latour die Möglichkeit an, ausgehend vom Begriff der »Transzendenz ohne Gegenteil« das eine zu denken, ohne das andere zu vergessen: »Die Welt des Sinns und die Welt des Seins sind eine und dieselbe Welt, die Welt der Übersetzung, der Ersetzung, der Substitution, der Delegation, des Passes« (S. 172). Das Werk von Gilbert Simondon schafft, ausgehend vom Begriff der Transduktion, eine analoge Perspektive, unter der Bedingung, daß die »philosophisch-technologische« Aufgabe, wie er sie sich wünscht, keine simple Sache des »Denkens« sei (wie Gilbert Hottois in seiner nützlichen Darstellung, *Simondon et la philosophie de la »culture technique«*, De Boeck-Université, Brüssel, 1993, befürchtet), die Dissoziationen repariert, welche sich allein der Unzulänglichkeit der traditionellen Kultur verdanken, sondern die »transduktive Übersetzung« einer tatsächlichen ästhetischen, ethischen und politischen Mutation, die auf die Herausforderung des »Parlaments der Dinge« verweist. Was mich betrifft, so wird diese Perspektive sich eines Tages in Begriffen verdeutlichen, die aus der Philosophie von A. N. Whitehead hervorgehen.

»Es sind nicht alle Maße gleich« ist eine allgemeine Aussage im Hinblick auf das, was das Maß anderer Relationstypen betrifft, und man könnte in allen Bereichen, wo der Begriff »Maß« Sinn annehmen kann, eine andere Version formulieren. Seine eigentlich politische Formulierung verdeutlicht das Problem: Es geht also darum, die Kriterien für ein legitimes Maß zu konstruieren, das heißt, eines, das erlaubt, durch Designierung über den zu entscheiden, der legitimerweise für mehr als einen wird sprechen können. Vielleicht weil im Gegensatz zu Shirley Strums Pavianen die Menschen Legitimitätsformen aufgebaut haben, die stabiler sind als der Fluß unablässig bestätigter, unterhaltener, auf die Probe gestellter oder herausgeforderter interindividueller Beziehungen, ist es ihnen gelungen – ein griechisches Erbe –, dieses Problem auf einer Laienebene zu thematisieren. Dementsprechend haben sie eine Unterscheidung zwischen »Politik« und »Meinung« eingeführt, wobei die eine auf die eine oder andere Weise eine Instanz schafft, welche die andere als allgemein unverantwortlich, schwankend, unzuverlässig bezeichnet.

Laut der These, die dieses Buch durchzieht, sind wir auf dem Weg der Erfindung einer anderen Weise, Politik zu machen, die integriert, was das Gemeinwesen getrennt hatte, die menschlichen Angelegenheiten (*praxis*) und die Verwaltung-Produktion der Dinge (*technè*). Das Ereignis, dessen Erben wir sind, besteht darin, daß die Erfindung einer neuen Maßpraxis der Dinge durch den Menschen, die sich auf die Differenz zwischen »Faktum« und »Fiktion« richtet, eine »andere Weise« geschaffen hat, Politik zu machen, das heißt, ein anderes Prinzip der Unterscheidung zwischen legitimer Repräsentation und Meinung, und einen neuen Typ von Akteuren, die befähigt sind, die Anwärter auf diese Unterscheidung auf die Probe zu stellen. Dieses Ereignis ist kein Anfang; mit der Erfindung der Laboratorien entsteht keine allgemeine Praxis der Differenzierung zwischen den Maßen, welche die Menschen den Dingen vorschlagen können. Man kann sich vorstellen, daß in einer menschlichen Welt, in der nicht bereits die Gesamtheit der praktischen und begrifflichen

Maße, die uns mit den Dingen verbinden, instabil gemacht worden wäre, wo die Gesamtheit unserer Kenntnisse und unserer Praktiken nicht bereits unter das Zeichen der Fiktion, das heißt, der Meinung gestellt worden wäre, die Kugeln, die Galileis schiefe Ebene hinabrollen, ein zwar interessantes »Gadget«, doch ohne große Bedeutung gewesen wären. Die »Naturgesetze«, deren zugänglichen Charakter sie in unserer Welt angekündigt haben, übersetzen, daß die modernen Wissenschaften auf eine neue Weise das alte Projekt Platos wiederholen, nämlich ein Verhältnis zur Wahrheit zu schaffen, in dessen Namen die Sophisten aus dem Gemeinwesen verjagt werden können.

»Hätten die Abendländer nichts weiter getan, als Handel zu treiben und zu erobern, als zu plündern und zu unterjochen, so hätten sie sich von den anderen Händlern und Eroberern nicht radikal unterschieden. Aber sie haben eben die Wissenschaft erfunden, eine Aktivität, die etwas völlig anderes ist als Eroberung und Handel, Politik und Moral.«[19] Der Verfasser dieser Zeilen sagt zwei Dinge gleichzeitig. Zum einen denkt er nicht, die Wissenschaft sei »eine Aktivität, die etwas völlig anderes ist«, und kommentiert also die Überzeugung, die es uns anderen Abendländern erlaubt, uns für derart unterschieden von den anderen zu halten. Doch zum anderen erklärt er die furchtbare Waffe, die unsere spezifische Form von Überzeugung darstellt, unsere Überzeugung von der Wissenschaft als »etwas völlig anderes«, die uns das Recht auf einen völlig anderen Zugang zur Welt und zur Wahrheit sichert.

Gewiß, ein jedes Volk hält sich für ganz anders als die anderen, doch unsere eigene Überzeugung ermöglicht es uns, die anderen als interessant zu definieren – schließlich haben wir die Ethnologie erfunden – und sie gleichzeitig als von vornherein im Namen der schrecklichen Differenzierung verurteilt zu betrachten, deren Vektor wir sind, und zwar zwischen dem, was der Ordnung der Wissenschaft angehört, und dem was der Ordnung der Kultur angehört, zwischen Objektivität und subjektiven Fiktionen.

19 Bruno Latour, *Wir sind nie modern gewesen*, op. cit., S. 131.

Wir verurteilen weiterhin Plünderer und Händler, die ausbeuten und unterjochen, aber wir meinen zu wissen, daß »die anderen« sich auf die eine oder andere Weise bereitfinden müssen, kulturelle »Überzeugungen« aufzugeben, die vermengen, was wir trennen.

Die Perspektive, die dieses Buch zu eröffnen versucht, besteht darin, daß wir noch »verschiedener« werden müßten, das heißt, daß wir in unseren eigenen Begriffen ein Gegenmittel gegen die Überzeugung finden müßten, die uns furchtbar macht, jene nämlich, die Wahrheit und Fiktion in Begriffen des Gegensatzes definiert, in Begriffen der Macht, die die eine hat, um die andere zu zerstören, eine Überzeugung, die älter ist als die Erfindung der modernen Wissenschaften, doch durch diese Erfindung einen »Neubeginn« erlebte. Diese Perspektive antwortet für mich auf den doppelten Zwang des Ereignisses: Sie setzt eine Differenz zwischen Vergangenheit und Zukunft, in Bezug auf die jeder Traum von einer »Rückkehr in die Vergangenheit« ein Vektor der Ungeheuerlichkeit ist; sie hat nicht die Macht, ihren Erben zu diktieren, wie sie zu berücksichtigen sei. Das Ereignis, das die Erfindung einer neuen Bedeutung der sophistischen Aussage, »der Mensch ist das Maß aller Dinge«, konstruiert hat, hat nicht die Macht, uns als Erben dieser Maßmöglichkeit zu halluzinieren, es erfaßt uns in Begriffen der Forderung und nicht des Schicksals.

Im Gegensatz zu den Denkgewohnheiten, die wir einer vage hegelianischen Tradition verdanken, habe ich nicht in einer »stärkeren« Bezugnahme die Möglichkeit gesucht, unseren Glauben an die objektive Wahrheit zu »überwinden-überholen«. Es geht nicht darum, die Position zu schaffen, von der aus wir sie beurteilen könnten, sondern die Mittel zu erfinden, sie zu *zivilisieren*, sie fähig zu machen, mit dem zu koexistieren, was nicht sie ist, ohne, offen oder insgeheim, zu meinen, sie habe – oder hätte von rechts wegen, wenn sie sich nicht selbst beschränkte – die Macht, das Heterogene auf das Homogene zurückzuführen! »Ein weiterer Maß-Modus«, der zu den anderen hinzukommt und neue Möglichkeiten der Geschichte schafft, und nicht »der Maß-

Modus«, der endlich aufgetreten ist. Um die Differenz zwischen der Perspektive, die ich zu schaffen suche, und einer Perspektive der Selbstbeschränkung (Vektor dessen, was man »Paternalismus« nennen kann, denn es tut sich eine radikale Differenz zwischen der Instanz auf, die sich selbst beschränkt, um den anderen nicht zu zerstören, und dem anderen, der durch die Gnade des ersten überlebt) zu betonen, habe ich versucht, sie unter das Zeichen des Humors zu stellen. Der Humor, der uns gestatten würde, die Schwierigkeiten unseres Glaubens an die Wahrheit als kontingenten, für eine Neuerfindung mit »anderen Gegebenheiten« offenen Prozeß zu behandeln, ist, wie mir scheint, lebenswichtig, um der Schande der Gegenwart zu widerstehen.

Der Humor ist notwendig, um uns davor zu schützen, den Heroismus der Herausforderung zu überschätzen: Wir müssen uns nicht als radikal verschieden von dem, was wir sind, erfinden, denn wir sind bereits sehr verschieden von dem, was wir zu sein glauben. Daher brauchen wir uns nicht die heroische Aufgabe vorzunehmen, zwischen den beiden Weisen, Politik zu machen, die wir erfunden haben, Verbindungen herzustellen, jener, die offiziell nur die Menschen betrifft, und jener, die scheinbar mit Politik nichts zu tun hat. Diese Verbindungen haben immer existiert, und unser Glaube an die objektive Wahrheit hat dem nie im Weg gestanden. Die Wissenschaftler haben stets gewußt, sich an die Politiker zu wenden, und die Politiker haben rasch die vielfältigen und interessanten Möglichkeiten eines Bündnisses mit den Wissenschaftlern begriffen. Es geht also nicht darum, Verbindungen herzustellen, sondern sie als Politiken zu erfinden-thematisieren. Was natürlich nicht bedeutet, daß die Entscheidungen, die heute »im Namen der Wissenschaft«, »im Namen der Rationalität« getroffen werden, wie durch ein Wunder zu jenen zurückkehren könnten, die sie betreffen. Das hängt von einer anderen Geschichte ab, der unser Glaube an die Wahrheit und den Fortschritt als Alibi dienen konnte, aber man muß Heideggerianer sein oder die »Technowissenschaft« verurteilen, um mit ihr die Unterwerfung der Welt unter die operatorische Rationalität der Wissenschaften und der Techniken gleichzustellen.

Doch der Humor, die Kunst eines Widerstandes ohne Transzendenz[20], steht vor allem in Verbindung mit einer zweiten Bedeutung der sophistischen Aussage, »der Mensch ist das Maß aller Dinge«: Sie bezeichnet das Werden desjenigen, der *fähig wird zu messen*, das heißt ebenfalls, zu dem wird, was das Maß des Dinges von ihm fordert, das, wozu dieses *ihn verpflichtet*. »Maß aller Dinge zu sein«, bezeichnet also den Menschen als Leidenschaft, als fähig, »von allen Dingen berührt« zu werden in einer Weise, die nicht die der kontingenten Interaktion ist, sondern der Sinnschöpfung. Dort, wo die sophistische Aussage, in einer relativistischen Weise verstanden, ein statisches Recht der Meinung zu bezeichnen schien, den Triumph der Macht der Fiktion, können wir eine Charakterisierung des menschlichen Abenteuers lesen, das Wahrheit und Fiktion verbindet, sie beide in der Leidenschaft verwurzelt, die uns sowohl zur Fiktion, als auch zur Erprobung unserer Fiktionen befähigt.

Es ist kein »Inhalt«, der die Meinung disqualifiziert, sondern eine Differenzierung politischer Art zwischen zwei Bedeutungen des Begriffs »Leidenschaft«. Leidenschaft bedeutet Unterwerfung, wenn eine Differenzierungsstrategie jene antizipiert, suggeriert – und eben dadurch konstituiert –, die sie als unterworfen qualifiziert. Es ist ebenfalls kein »Inhalt«, der die Aussagen qualifiziert, die wir als wissenschaftlich anerkennen, sondern die Erfindung aktiver Leidenschaften, die eine Forderung implizieren, suggerieren und antizipieren, welche die Wissenschaftler bisher »Autonomie« tauften: Die Schaffung von Arten der Kontroverse, die eine gemeinsame Leidenschaft ihrer Teilnehmer und folglich ein spezifisches Milieu – das Laboratorium, das Feld – voraussetzen, das man nicht betritt wie einen Bahnhof. Nicht indem man sie verurteilt, kann man diese Leidenschaft der Differenzierung zivilisieren, sondern indem man sie

20 Oder auch, laut Latour, die Kunst eines Widerstandes, der sich auf keine Transzendenz berufen kann, da die Transzendenz ohne Gegenteil ist.

mit Humor aufnimmt, das heißt, indem man voraussetzt, antizipiert, suggeriert, daß die Wissenschaftler in der Lage sind zu wissen, daß ihre Leidenschaft die Bedeutung wechselt, sobald sie selbst das Milieu wechseln. Dies impliziert, wie wir gesehen haben, ein politisches Problem: Die nicht von den Wissenschaften erfundenen »Milieus« sind nicht a priori als verfügbar definiert, das heißt, als beherrscht von der Meinung und auf Rationalität harrend, sondern aktiv anerkannt als Orte anderer Weisen des »Messens«: der Problemstellungen, der Erwägung der Konsequenzen, der Erfindung von Bedeutungen. Was ebenfalls erfordert, daß wir, wenn wir von der Weise sprechen, auf die die Wissenschaften ihre »Maße« erfinden, sie mit der Art von Leidenschaft in Beziehung setzen, die ihr spezifisches Milieu definiert, ein affektives Problem eines Humors der Wahrheit.

Die erste Erfindung der modernen Wissenschaften, die der experimentellen Wissenschaften, erforderte eine Art von Leidenschaft, die aus dem wissenschaftlichen Autor einen seltsamen Hybriden zwischen dem Richter und dem Poeten macht. Der Wissenschaftler-Poet »erschafft« sein Objekt, er »fabriziert« eine Realität, die als solche nicht in der Welt existiert, sondern die vielmehr zur Ordnung der Fiktion gehört. Der Wissenschaftler-Richter muß das Eingeständnis erringen können, daß die Realität, die er fabriziert hat, in der Lage ist, ein zuverlässiges Zeugnis abzulegen, das heißt, daß seine Fabrikation auf Grund simpler Reinigung, Beseitigung der Parasiten, praktischer Inszenierung Kategorien behaupten kann, nach deren Maßgabe man das Objekt befragen sollte. Das Artefakt muß als nicht auf ein Artefakt reduzierbar anerkannt werden. Vom Poeten-Richter, der mit Leidenschaft an einem Spiel teilnimmt, dessen boshafter Humor vielen bekannt ist – nämlich ein scheinbar unbedeutendes Detail in die Differenz zu verwandeln, die den Kollegen-Rivalen zittern läßt –, zum Propheten, der verkündet, was sein wird oder was sein müßte, ist es, wie wir wissen, ein kurzer Weg, umso kürzer, als es der »Prophet« ist, der von der Öffentlichkeit erwartet und antizipiert wird. Der Humor der Theoretiker und Experimentatoren hat außerhalb des homogenen Netzes der Kollegen-Rivalen kein Bürgerrecht, das ist der Preis, den sie selbst für das Mobilisierungsregime zahlen, das ihr Modellvorgehen konstituiert.

Die Leidenschaft der »darwinistischen Erzähler« macht aus ihnen weder Poeten im Sinne von Herstellern, noch Richter, noch Propheten, sondern macht sie verletzlich für Ironie, denn das »Maß« der Geschichten der Erde, die sie zu erzählen lernen, erfordert von ihnen eine »Ästhetik der Kontingenz«, ein Engagement, das sie zwingt, alles, was uns dazu bringen könnte, die Frage nach den Menschheitsentwicklungen überzubewerten, als »Denkgewohnheiten«, als Quellen moralisierender Fiktionen zu behandeln. Die darwinistischen Geschichten wimmeln von Innovationen, deren Bedeutung sich wandelt, von Umständen, die ohne höheren Grund, von kleinen Differenzen ausgehend, das Verschwinden der einen und den, vielleicht vorübergehenden, Erfolg der anderen bewirken. Der Humor des darwinistischen Erzählers hängt damit zusammen, wie er gleichzeitig die Kontingenz und die nicht kontingente Forderung berichten kann, die ihn existent macht und mit dem menschlichen Abenteuer verbindet.

Der Humor muß nicht nur Schutzgitter für die wissenschaftlichen Leidenschaften sein. Er kann auch konstitutive Bedingung dieser Leidenschaften sein. Und dies wird der Fall sein, wenn die Forderungen erfunden werden, denen zufolge die Wissenschaftler »Maß« von Entwicklungen werden könnten, die keine Trennung zwischen Wissensproduktion und Existenzproduktion zulassen. Denn zweifellos laufen hier die beiden Bedeutungen der sophistischen Aussagen zusammen, jene, die Maß und Politik verbindet, und jene, die Maß und Werden verbindet. In den beiden Fällen wird die Fiktion zum Vektor des Werdens, und die Differenzierung zwischen legitimer Repräsentation und Meinung, die der Wahrheit zugeschriebene Macht, die Fiktion zu besiegen, wird die »Denkgewohnheit«, die zu gefährden wir lernen müssen. In den beiden Fällen würde unsere westliche Leidenschaft für die Wahrheit es also dahinbringen, von sich selbst die Lösung des Bandes zwischen Wahrheit und Macht und die Verknüpfung von Wahrheiten und Werden zu verlangen.

REGISTER

EDITION PANDORA

Florian Coulmas
GEWÄHLTE WORTE
Über Sprache als Wille und Bekenntnis
188 Seiten · ISBN 3-593-35580-9

Wer spricht, wählt aus. Die Sprache, die wir benutzen, ist kein Naturphänomen, das uns beherrscht. Zu jeder Äußerung gibt es eine Vielzahl von Alternativen. Sprachen zu beherrschen, bedeutet über Wahlmöglichkeiten zu verfügen. In Wortschatz, Grammatik und Stil, aber auch Aussprache und Tonfall gestaltet jeder einzelne seine Sprache höchst individuell. Gruppen wählen ihre Sprache, indem sie bestimmte Varianten kodifizieren und ihnen einen besonderen Status zuweisen. Amtssprache, Nationalsprache, Schulsprache, Publikumssprache, Kirchensprache, ja sogar die Muttersprache wird durch Entscheidungen festgelegt. Wahl und Statuszuweisungen einer Sprache sind von politischen Entscheidungen geprägt, Sprachen werden bewußt gewählt, um Herrschaftsansprüchen symbolisch Ausdruck zu verleihen, aber auch, um sich zu einer Gruppe zu bekennen oder kollektive Identität zu demonstrieren. Nicht die Sprache bestimmt uns, sondern wir bestimmen sie.

»Coulmas öffnet den Blick für die diffuse Vielfalt der sprachlichen Phänomene, über die er eine Fülle von beispielhaften Geschichten zu erzählen weiß – aus allen möglichen Gegenden der Erde und Zeiten.«

Frankfurter Allgemeine Zeitung

CAMPUS VERLAG · FRANKFURT / NEW YORK

EUROPÄISCHE VORLESUNGEN IN DER EDITION PANDORA

Ilya Prigogine
DIE GESETZE DES CHAOS
Aus dem Französischen von Friedrich Griese
115 Seiten · ISBN 3-593-35327-X

Hilary Putnam
PRAGMATISMUS – EINE OFFENE FRAGE
Aus dem Englischen von Reiner Grundmann
99 Seiten · ISBN 3-593-35260-5

Francisco J. Varela
ETHISCHES KÖNNEN
Aus dem Englischen von Robin Cackett
115 Seiten · ISBN 3-593-35039-4

John D. Barrow
WARUM DIE WELT MATHEMATISCH IST
Aus dem Englischen und mit einem Nachwort
von Herbert Mertens
108 Seiten · ISBN 3-593-34956-6

Aldo G. Gargani
DER TEXT DER ZEIT
Dekonstruktionen einer Autobiographie
Aus dem Italienischen von Reiner Grundmann
132 Seiten · ISBN 3-593-34958-2

Wolf Lepenies
AUFSTIEG UND FALL DER INTELLEKTUELLEN IN EUROPA
96 Seiten · ISBN 3-593-34787-3

CAMPUS VERLAG · FRANKFURT / NEW YORK